高分子材料加工工程实验教程

吴智华　主编

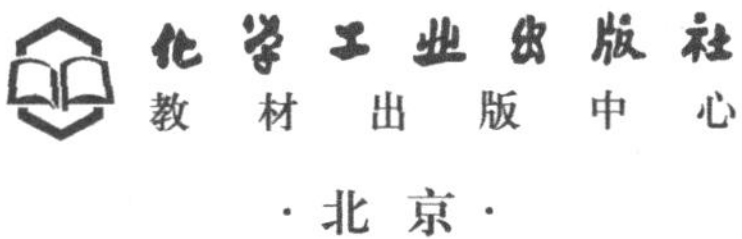

·北京·

图书在版编目（CIP）数据

高分子材料加工工程实验教程/吴智华主编．—北京：化学工业出版社，2004.7（2023.9 重印）
ISBN 978-7-5025-5847-5

Ⅰ．高…　Ⅱ．吴…　Ⅲ．高分子材料-加工-教材
Ⅳ．TB324

中国版本图书馆 CIP 数据核字（2004）第 077316 号

责任编辑：杨　菁　　　　装帧设计：潘　峰
责任校对：凌亚男

出版发行：化学工业出版社（北京市东城区青年湖南街 13 号　邮政编码 100011）
印　　装：北京七彩京通数码快印有限公司
787mm×1092mm　1/16　印张 14½　字数 338 千字　　2023 年 9 月北京第 1 版第 7 次印刷

购书咨询：010-64518888　　　　售后服务：010-64518899
网　　址：http：//www.cip.com.cn
凡购买本书，如有缺损质量问题，本社销售中心负责调换。

定　　价：46.00 元　　

前　言

《高分子材料加工工程实验教程》是根据教育部高分子材料加工工程本科专业实验教学大纲，在本校原塑料工程实验讲义基础上进行修改和编写。本教程共分6章：第1章介绍高分子材料加工工程专业实验基础知识，第2章介绍高分子材料成型工艺性能（水分、密度、塑化性能、热塑性塑料熔体流动性能、热固性塑料流动性能）测定8个实验，第3章介绍高分子材料和制品性能（力学性能、热性能、电性能、燃烧性能、光学性能、渗透性能）测定23个实验，第4章介绍高分子材料成型加工（模压成型、挤出成型、注射成型、中空吹塑成型、泡沫塑料成型、热成型、塑性溶胶制备及搪塑成型、中空纤维成型）16个实验，第5章介绍注塑机和挤出机特性分析9个实验，第6章介绍塑料注射模具组装实验，共计57个实验。本教程实验涉及高分子材料加工工程中原材料、成型加工、成型制品、成型设备及模具诸方面，包括性能检测、规范操作、设备控制和工艺技术等实际操作能力的综合训练内容，性能测试条件、操作方法和数据处理均参照执行相应的国家标准，加工实验实施性强、操作规范，除了用作高等学校高分子材料加工工程专业、高分子材料与工程专业实验教材外，还可供从事高分子材料和高分子材料制品生产、应用、研究开发的工程技术人员参考。

本教程1、4（除4.2.2、4.5.1和4.8实验外）由四川大学吴智华编写，2、3.3由四川大学阮文红编写，3.1的1～4实验部分和3.4由四川大学陈军编写，3.1的5～8实验部分由四川大学张卫勤编写，3.2、3.5、3.6由四川大学杨其编写，4.2的第2个实验、4.5的第1个实验和4.8由四川大学何成生编写，5和6由四川大学严正编写。本教程由吴智华主编、主审。

本教程在编写过程中得到了四川大学黄锐教授、万昌秀教授以及学院领导的关心和支持，谨此致谢。

因水平有限，教程内容中有不妥或错漏之处，敬请批评指正。

编者

2004年2月

目　录

1 高分子材料加工工程专业实验基础知识

1.1 原材料特性

高分子材料加工工程专业实验所涉及的主要原材料为塑料及一些化学药品。化学药品包括塑料添加剂，胶黏剂，有机、无机溶剂和化学反应试剂。在进行实验之前，应了解所用的原材料特性，以正确拟定实验条件，避免操作错误，保证实验顺利、安全地进行完成。

1.1.1 塑料特性

塑料属有机高分子材料。塑料特性是塑料微观结构的反映，由于塑料结构随合成方法、合成工艺以及塑料添加剂品种和用量变化，故塑料特性因塑料品种、牌号而异。一般而言，与金属和无机材料相比，塑料具有易燃、绝热、无毒、耐腐蚀、耐溶剂、延展性和加工性好等特点。表 1-1 至表 1-6 分别列出了部分塑料的化学键和离解能、热性能、电性能、燃烧性、耐溶剂性能和吸水率指标。

表 1-1 塑料中一些主键的键长和离解能

化学键	键长/R	离解能/kJ·mol^{-1}	化学键	键长/R	离解能/kJ·mol^{-1}
O—O	1.32	146.7	N—H	1.01	389.7
Si—Si	2.35	178.5	C—H	1.10	414.8
S—S	1.9～2.1	268.2	C—F	1.32～1.39	431.6～515.4
C—N	1.47	305.9	O—H	0.96	465.1
C—Cl	1.77	339.4	C═C	1.34	611.7
C—C	1.54	347.8	C═O	1.21	750.0
C—O	1.46	360.3	C≡C	1.15	892.5

表 1-2 部分塑料的热性能

塑 料 品 种	线膨胀系数 /10^{-5}K^{-1}	热比容 /kJ·(kg·K)$^{-1}$	热导率 /W·(mK)$^{-1}$	90 天以上的使用温度 /℃
聚甲基丙烯酸甲酯	4.5	1.39	0.19	120～130
聚苯乙烯	6～8	1.20	0.16	<80
聚氨基甲酸酯	10～20	1.76	0.31	
聚氯乙烯(未增塑)	5～18.5	1.05	0.16	89～90
聚氯乙烯(含增塑剂 35%)	7～25	—	0.15	60～70
低密度聚乙烯	13～20	1.90	0.35	70
高密度聚乙烯	11～13	2.31	0.44	80
聚丙烯	6～10	1.93	0.24	100～120
共聚甲醛	10	1.47	0.23	100
聚酰胺 6	6	1.60	0.31	>150
聚酰胺 66	9	1.70	0.25	>160

续表

塑料品种	线膨胀系数 /$10^{-5}K^{-1}$	热比容 /kJ・(kg・K)$^{-1}$	热导率 /W・(mK)$^{-1}$	90天以上的使用温度 /℃
聚对苯二甲酸乙二酯	—	1.01	0.14	120
聚四氟乙烯	10	1.05	0.27	>250
聚三氟氯乙烯	5	0.92	0.14	>200
环氧树脂	6	1.05	0.17	95～100
氯丁橡胶	24	1.70	0.21	—
天然橡胶	—	1.92	0.18	—
氟碳弹性体	16	1.66	0.23	—
聚酯弹性体	17～21	—	—	—
聚异丁烯	—	1.95	—	88
聚醚砜	5.5	1.12	0.18	—
聚碳酸酯				120
ABS				90
酚醛				200
聚酰亚胺				320～370
聚苯醚				190
聚硅烷				320

表 1-3　部分塑料的电性能

塑料品种	体积电阻率 /(Ω・m)	介电强度 (3.2mm 样品) /(kV・cm^{-1})	介电常数		功率因素	
			60Hz	10^6Hz	60Hz	10^6Hz
聚四氟乙烯	>10^{20}	180	2.1	2.1	<0.0003	<0.0003
低密度聚乙烯	10^{20}	180	2.3	2.3	<0.0003	<0.0003
聚苯乙烯	10^{20}	240	2.55	2.55	<0.0003	<0.0003
聚丙烯	>10^{19}	320	2.15	2.15	0.0008	0.0004
聚甲基丙烯酸甲酯	10^{16}	140	3.7	3.0	0.06	0.02
硬聚氯乙烯	10^{17}	240	3.2	2.9	0.013	0.016
软聚氯乙烯①	10^{15}	280	6.9	3.6	0.082	0.089
聚酰胺 66②	10^{15}	145	4.0	3.4	0.014	0.04
聚碳酸酯	10^{18}	160	3.17	2.96	0.0009	0.01
酚醛③	10^{13}	100	5.0～9.0	5.0	0.08	0.04
脲醛③	10^{14}	120	4.0	4.5	0.04	0.3
聚醚醚酮	>10^{15}	513	2.18	—	—	0.017

① 59%聚氯乙烯树脂，30%邻苯二甲酸二（2-乙基己）酯，5%填料，6%稳定剂；

② 含水 0.2%；

③ 普遍用于压塑模塑。

表 1-4　部分塑料的极限氧指数

聚甲醛	0.16	聚碳酸酯	0.27
聚甲基丙烯酸甲酯	0.17	聚氯乙烯	0.47
聚丙烯	0.17	聚砜	0.24～0.53
聚乙烯	0.17	聚偏二氯乙烯	0.60
聚苯乙烯	0.18	聚四氟乙烯	0.95
环氧树脂	0.20		

表 1-5　室温下部分塑料耐溶剂的性能

溶剂	低密度聚乙烯	聚丙烯	高密度聚乙烯	硬质聚氯乙烯	聚甲基丙烯酸甲酯	尼龙	聚碳酸酯	聚酯	聚苯乙烯
浓盐酸	差	差	差	差	差	差	差	差	一般
浓硝酸	差	差	差	差	差	差	差	差	差
浓过氯酸	差	差	差	差	差	差	差	差	差
浓硫酸	差	差	差	差	差	差	差	差	良
氢氟酸	一般	良	良	差	一般	差	差	差	良
常用的碱	优良	优良	优良	优良	优良	差	差	一般	优良
常用的盐	优良	优良	优良	优良	优良	一般	优良	一般	优良
烷烃	溶胀	溶胀	溶胀	溶胀	优良	优良	优良	一般	一般
芳烃	溶胀	溶胀	溶胀	溶胀	溶胀	优良	溶胀	一般	溶胀
醇类	优良	优良	优良	优良	少量溶解	一般	良	一般	良
醛类	一般	良	良	良	溶胀	良	良	良	良
酮类	优良	优良	优良	溶胀	溶胀	良	溶胀	一般	良
醚类	优良	优良	优良	溶胀	溶胀	良	溶胀	良	良
有机酸	优良	优良	优良	优良	优良	良	优良	优良	优良
四氢呋喃	一般	良	良	良	溶胀	溶解	溶胀	溶胀	一般
酯类	少量溶解	优良	优良	少量溶解	溶解	良	溶解	溶解	少量溶解
苯酚	一般	良	良	一般	溶解	溶解	溶解	溶胀	一般
卤化烷烃	溶胀	溶胀	溶胀	优良	溶解	良	溶解	溶胀	少量溶解
硝基苯	良	良	良	良	溶胀	溶胀	溶胀	溶胀	一般
硅油	溶胀	一般	一般	一般	溶胀	优良	良	良	一般
机油	溶胀	一般	优良	优良	优良	优良	优良	优良	一般
二硫化碳	少量溶解	一般	一般	一般	溶胀	溶胀	溶胀	溶胀	一般
汽油	溶胀	溶胀	溶胀	优良	优良	优良	优良	优良	溶胀
植物油	优良	优良	优良	优良	溶胀	优良	优良	优良	优良

表 1-6　部分塑料的吸水率

塑　料	吸水率/%	塑　料	吸水率/%	塑　料	吸水率/%
氟塑料	0.00	聚苯乙烯	0.03	聚甲醛	0.21
高密度聚乙烯	0.01	聚苯醚	0.05	丙烯酸系树脂	0.28
乙丙嵌段共聚物	0.01	环氧树脂	0.10	ABS	0.34
聚丙烯	0.01	聚硅烷	0.11	聚酯	0.50
聚苯氧	0.13	酚醛	0.60	醋酸纤维素	3.85
聚碳酸酯	0.14	聚氨酯	0.75	离子型聚合物	0.30
聚砜	0.21	聚酰胺	1.45	聚氯乙烯	0.40

1.1.2　化学药品特性

化学药品可分为普通化学药品和危险化学药品。普通化学药品无毒、无腐蚀性、对热、光及氧稳定，对环境污染小。常见的普通化学药品有邻苯二甲酸酯系列增塑剂，部分磷酸酯，聚烯烃蜡类润滑剂，氧化锌、二氧化钛、碳酸钙等无机填料。危险化学品根据国家标准 GB 13690—92，按其主要危险特性分类，常用危险化学品分为下列 8 类。

（1）爆炸品　系指在外界作用下（如受热、受压、撞击等），能发生剧烈的化学反应，瞬时产生大量的气体和热量，使周围压力急剧上升，发生爆炸，对周围环境造成破坏的物品，也包括无整体爆炸危险，但具有燃烧、抛射及较小爆炸危险的物品。

（2）压缩气体和液化气体

（3）易燃液体　系指易燃的液体、液体混合物或含有固体物质的液体，但不包括由于其危险特性已列入其他类别的液体。其闭杯实验闪点等于或低于 61℃。

（4）易燃固体、自燃物品和遇湿易燃物品　易燃固体系指燃点低，对热、撞击、摩擦敏感，易被外部火源点燃，燃烧迅速，并可能散发出有毒烟雾或有毒气体的固体，但不包括已列入爆炸品的物品。

自燃物品系指自燃点低，在空气中易发生氧化反应，放出热量，而自行燃烧的物品。

遇湿易燃物品系指遇水或受潮时，发生剧烈化学反应，放出大量的易燃气体和热量的物品。有的不需明火，即能燃烧或爆炸。

（5）氧化剂和有机过氧化物　氧化剂系指处于高氧化态，具有强氧化性，易分解并放出氧和热量的物质。包括含有过氧基的无机物，其本身不一定燃烧，但能导致可燃物的燃烧，与松软的粉末状可燃物能组成爆炸性混合物，对热震动或摩擦较敏感。

有机过氧化物系指分子组成中含有过氧基的有机物，其本身易燃易爆，极易分解，对热、震动或摩擦极为敏感。

（6）有毒品　系指进入肌体后，累积达一定的量，能与体液和器官组织发生生物化学作用或生物物理学作用，扰乱或破坏肌体的正常生理功能，引起某些器官和系统暂时性或持久性的病理改变，甚至危及生命的物品。经口摄取半数致死量：固体 $LD_{50}\leqslant 500mg/g$，液体 $LD_{50}\leqslant 2000mg/kg$；经皮肤接触 24h，半数致死量 $LD_{50}\leqslant 1000mg/kg$；粉尘飞烟雾及蒸气吸入半数致死量 $LD_{50}\leqslant 10mg/L$ 的固体或液体。

（7）放射性物品　系指放射性比活度大于 $7.4\times 10^4 Bq/kg$ 的物品。

（8）腐蚀品　系指能灼伤人体组织并对金属等物品造成损坏的固体或液体《与皮肤接触在 4h 内出现可见坏死现象，或温度在 55℃时，对 20 号钢的表面均匀年腐蚀率超过 6.25mm/L 的固体或液体。

每种常用危险化学品都易发生某些具有基本危险特性的反应。例如含硫着色剂锌钡白遇酸液分解释放出硫化氢，长期日晒会变色；二亚硝基对苯二甲酸酰胺发泡剂为爆炸物，对冲击和摩擦敏感；胺类尤其多胺固化剂有毒性；玻璃纤维、石棉等增强物的粉末吸入人体肺中会导致矽肺病，直接接触人体皮肤会引起瘙痒、红斑等症状。常用危险化学品的基本危险特性如下：

① 与还原剂及硫、磷混合能形成爆炸性混合物；

② 与乙炔、氢、甲烷等易燃气体能形成有爆炸性的混合物；

③ 与氧化剂会发生反应，遇明火、高热易引起燃烧；

④ 遇明火极易燃烧爆炸；

⑤ 遇明火、高热或强氧化剂易引起燃烧；

⑥ 遇高温剧烈分解，会引起爆炸；

⑦ 受热、光照会引起燃烧爆炸；

⑧ 遇水会分解；

⑨ 遇水爆溅；

⑩ 遇酸类、碱类、胺类、二氧化硫、硫脲、金属盐类、氧化剂、氨、硫化氢、卤素、磷、强碱等燃烧物品发生剧烈反应；

⑪ 有燃烧爆炸危险；

⑫ 与还原剂发生剧烈反应，甚至引起燃烧；

⑬ 见光、受热或久贮易聚合，有燃烧爆炸危险；

⑭ 冲击、摩擦、振动有燃烧爆炸危险；

⑮ 受高热或燃烧发生分解放出有毒气体；

⑯ 受热分解放出腐蚀性气体；

⑰ 对眼黏膜或皮肤有强烈刺激性，会造成严重烧伤；

⑱ 触及皮肤易经皮肤吸收或误食、吸入蒸气、粉尘会引起中毒；

⑲ 有腐蚀性、麻醉性或催泪性；

⑳ 有毒或其蒸气有毒。

普通化学药品在特定条件下也可能发生上列基本危险特性的反应。

1.2 试样制备

高分子材料加工工程实验试样获取途径有四个：直接从塑料制品上截取试样、直接从树脂取样、直接注塑成型标准试样、间接从压制板材上切取试样。

1.2.1 直接从塑料制品上截取试样

直接从塑料制品上截取试样应根据制品相应的标准规定或按制品提供者的要求进行，略。

1.2.2 直接从树脂取样

从树脂直接取样的方法应按国家标准 GB 2547—81 规定进行。首先应确定样本大小，然后选定抽样单位，最后进行取样。

1.2.2.1 样本大小确定

为了使样本能满意地反映总体的真实情况，必须从总体中求取适量的抽样单位（即最小包装件）。样本大小可由下式求得：

$$n=(A\sigma_0/E)^2 \tag{1-1}$$

式中 n——样本大小，即抽样单位数；

σ_0——产品总体质量的标准差估计值；

E——由样本得到的产品总体质量平均值的估计值与用相同方法对每个抽样单位测量得到的产品总体质量平均值之间存在的最大允许误差；

A——概率系数，它表示从样本得到的产品总体质量平均值的估计值与对每个抽样单位测量得到的产品总体质量平均值之间存在的误差超过最大允许误差 E 的相应的概率。

由（1-1）式可变换为式（1-2），有时使用起来更为方便：

$$n=(AV_0/e)^2 \tag{1-2}$$

式中 $V_0=\sigma_0/\overline{x}$——产品总体质量的变差系数估计值；

$e=E/\overline{x}$——用 x 的百分数表示的最大允许误差；

$\overline{x}$——产品总体质量平均值。

（1） σ_0 或 V_0 的求取

① 根据同种产品的历史数据，分别用下式算出样本大小相等或相近的几批产品的样本的标准差或变差系数。

$$S=\sqrt{\frac{\sum(X_i-\overline{X})^2}{n-1}} \tag{1-3}$$

$$V'=S/\overline{X} \tag{1-4}$$

式中 S——标准偏差值；

X_i——单个测定值；

$\overline{X}$——一组测定值的算数平均值；

n——测定个数；

V'——批的变差系数。

然后，再算出它们的平均值。$\overline{S}=(\sum S_i^2/L)^{1/2}$ 或 $\overline{V}=(\sum V_i'^2/L)^{1/2}$ 分别作为 σ_0 或 V_0 的估计值。式中 L 为批数。

注：在按①求取 σ_0 或 V_0 时，一般地讲，样本大小 n' 越大，批数 L 越大，则所得结果越准确。但在实际应用时，若数 n' 越大，则批数 L 可小些，若数 n' 越小，则批数 L 要大些。如 n' 大于 20 时，L 取4～5 即可。n' 为 10 左右时，则 L 最好大于 10。

② 若没有这样的历史数据可用时，则可按①中“注”的原则，着手资料的积累工作，以便估计出符合要求的 σ_0 或 V_0。

必须定期地抽取足够的样本进行分别检验，以便不断地修正 σ_0 或 V_0。

（2） 最大允许误差 E 或 e 的确定　最大允许误差 E 或 e 可根据需要和可能进行规定。

所谓“需要”是指对某项质量特性估计值所要求的准确度，这要根据该项质量特性对产品的应用所产生的影响大小来考虑。如某项质量特性的一点变化就会使产品转型，或对成型加工、制品应用产生很大影响，则从样本得到的特性估计值的准确度就该高些，即 E 或 e 要规定得小些，反之 E 或 e 可规定得大些。

所谓“可能”是指对样本大小 n 进行测试所需要花费的人力物力是否合适而言。样本大小 n 与最大允许误差 E 或 e 的平方成反比，若不必要地把 E 或 e 规定得太小，则 n 将会变得过大，花费的检验费用就很大，这往往是不经济的，所以如果对某一规定的 E 或 e 求出的 n 太大，则可调整 E 或 e（将 E 或 e 增大，也即降低估计值的准确度）以求出较小的 n。

总之，确定最大允许误差 E 或 e 时，所考虑的问题是在所要求的估计值准确度和要得到这样准确度的估计值所花的费用大小之间取得适当的平衡。

（3） 概率系数 A 的确定　概率系数可根据对结果所要求的可信区间来定。在工业生产上一般定为 1.96 就够了，这时从样本得到的产品总体质量平均值的估计值与对每个抽样单位测量得到的产品总体质量平均值之间、存在的误差超过最大允许误差 E 或 e 的概率为 5％。相应于其他概率的 A 值。可根据需要，从正态分布表得到，例如：

系数	3	2.58	2	3.64
概率	3％	1％	4.5％	10％

（4） 对于塑料树脂产品来说，通常有几项质量特性，则可分别算出各项质量特性所需要的 n 数，然后取其中最大的一个作为检验批的样本大小。也可用与产品主要用途有关的关键性质量中变差系数最大一个来计算 n 数。

1.2.2.2 抽样单位选定

根据 n 式计算得到的样本大小，要随机地从产品总体中选出，具体步骤可按下述两种方法之一进行。

(1) 随机抽样法

① 将产品的抽样单位总数 N，按一定（或生产）顺序连续编号，从 1 编到 N。

② 利用随机数表，确定被抽取的抽样单位的号数（随机数表及其使用法参见 GB 2547—81 标准）。

(2) 系统抽样法

① 把产品的抽样单位总数 N 用样本大小 n 除，取其商值的整数部分 h 为取样间隔。

② 在第 1 至第 h 个抽样单位中，随机地确定一个抽样单位，然后每隔 h 个抽样单位取一个样。

如果放料口取样是方便的或产品处在移动过程中，则可采用系统抽样法。

1.2.2.3 取样

取样时，取样工具、取样方式应保证能取出该抽样单位中有代表性的样品，特别对那些在包装中或运输中会造成不均匀性的产品更要注意这一点。这时用大小合适的扦筒从不同部位取样是适宜的。对于包装件中均匀的产品，勺状取样器是合适的。

若取样目的只是要求得到产品总体质量平均值，则由各包装件中取出的样品可以混合实验。取出的样品总量至少应为做实验的需要用量的二倍。在每个选中的抽样单位中取出大体等量的样品混合均匀后，一分为二，一份送交实验，一份放在密封、不污染产品的容器中保存。每份都得注明产品名称、销售批号、生产日期、取样日期等。

若取样目的是要求得到整批产品内各抽样单位间质量分散性情况，则取出的样品决不可混合，要分开单独实验，这时从每个抽样单位中取出的样品量应为做实验必须用量的两倍，分别混合均匀后，一分为二，一份送交实验，一份放在密封且不污染产品的容器中保存。每份都得注明产品名称、批号、生产日期、取样日期等。

对用样量极少的实验，应从确定的抽样单位中取出几倍、几十倍于实验用量的样品。取出后，用锥形四分法均匀缩样，直至取得合适的用量。有些颗粒料粒子较大，可在缩至一定程度后，用机械粉碎的方法，粉碎成小颗粒后，再行缩样，直至取得合适的用量为止。机械粉碎时，注意不要使样品过热，以防降解。

对塑料树脂而言，求取质量平均值的情况较多，故在日常检验中，可进行混合实验。这时在产品传送过程中，或在产品包装过程中，用自动连续取样器进行连续取样也是合理的取样方法。但是为了了解和掌握批内质量分散性的资料，则必须定期地抽取适当大小的样本进行分别实验。由此积累的分散性资料，可用于 σ_0 或 V_0 的求取及控制改进生产工艺。

1.2.3 直接注射成型标准试样

直接注射成型标准试样主要是用于热塑性塑料和热塑性聚合物基复合材料测试试样成型。由于注射成型工艺条件、模具结构、注塑机控制精确度都影响熔体流动，从而对试样微观结构形态有重要影响，尤其是成型工艺条件和模具结构，因此必须使用统一规定的模具结构，并在实验报告中标明材料注射成型工艺条件，保证

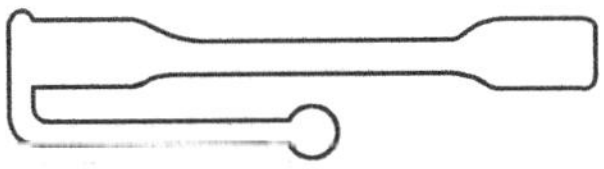

图 1-1 单型腔模具示意图

试样的微观结构和性能基本一致。

目前，注射成型标准测试试样的模具一般可分为两大类：单型腔模具和多型腔模具，如图 1-1 和图 1-2 所示。单型腔模具一般使用较少，多型腔模具（a）、（c）、（d）因一次成型的几个试样之间差异很小，性能一致，较为常用。

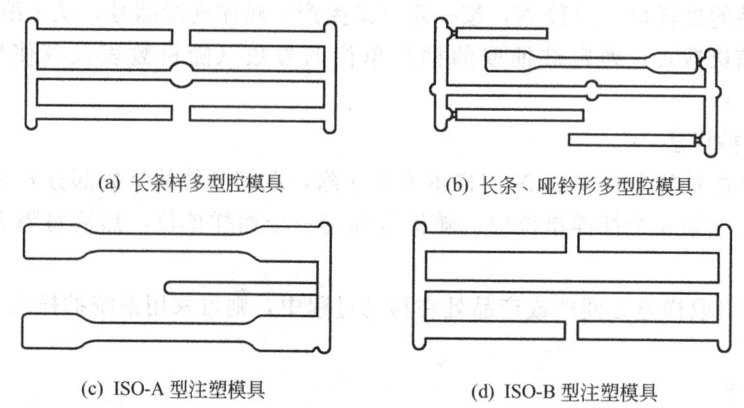

(a) 长条样多型腔模具　　(b) 长条、哑铃形多型腔模具

(c) ISO-A 型注塑模具　　(d) ISO-B 型注塑模具

图 1-2　多型腔模具示意图

注塑试样一般采用往复式螺杆注射机。注塑机的控制系统应满足一定的精度要求，如：注射压力±3%，熔体温度±3℃，注射时间±0.1s，注保压力±5%，模具温度±3℃（≤80℃）或±5℃（>80℃），注射量±1%。

注塑条件参照材料的相关标准或与提供材料者协商确定。具体的操作方法和步骤见第 4.3.1 节。

1.2.4　间接从压制板材上切取试样

1.2.4.1　热塑性塑料压缩模塑试样制备

热塑性塑料压缩模塑试样制备参照国家标准 GB 9352—88 规定进行。压塑试样制备在模压机上进行，要求模压机加热时模温温差≤±2℃，冷却时模温温差≤±4℃，模压机合模力≥10MPa。

模具结构形式有两种：溢料式和不溢料式模具两种，如图 1-3 和图 1-4 所示。溢料式模具适用于制备试样与片料厚度相似或具有可比性的低内应力的试样。不溢料式模具适用于制备表面坚固平整、内部没有空隙的试样。

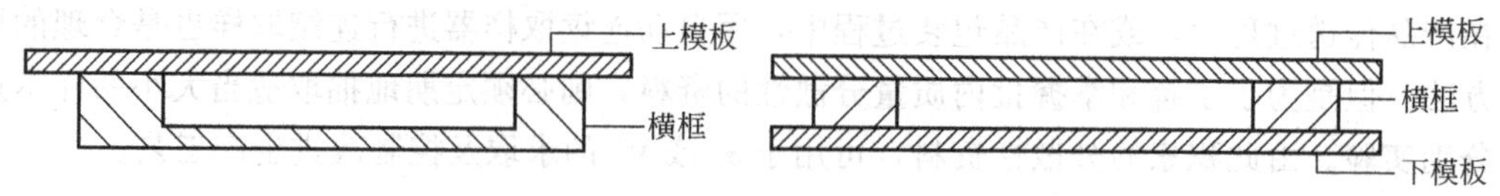

图 1-3　溢料式模具结构示意图

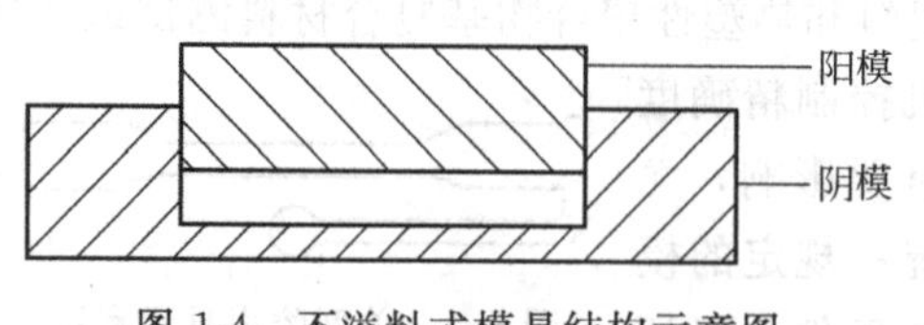

图 1-4　不溢料式模具结构示意图

具体操作步骤如下。

（1）原料　可用粒料或片状料。根据原料有关标准或材料提供者说明选择是否干燥以及干燥条件。

（2）预成型　通常，用物料直接模塑能得

到平整均匀的片料。但是，如果物料需要均化时，可用双辊塑炼均化原料。为了不使聚合物降解，塑炼时物料在熔融状态停留的时间不要超过 5min。预成型片需在干燥密封的容器内贮存。

(3) 模塑　将压板或模具的温度调节到有关标准规定的模塑温度。当温度恒定后，将称量过的材料（粒料或预成型片）放入模具中。使用粒料时，应将粒料铺平在模具型腔里面，材料的量要足以熔融充满模腔。对溢料式模具允许有约 10%的损失；对不溢式模具允许有约 3%的损失。然后将模具置于模压机的下压板上，闭合压板，在接触压力（压机刚好闭合时不致使材料流动的最高压力）下对材料预热 5min，然后施加全压（足够使材料成型并把多余的材料挤出的压力）2min，随即冷却。在预热和热压期间，温度波动允许在±5℃之内。

对于厚度为 2mm 的试片，标准的预热时间是 5min。对较厚的模塑件预热时间应相应调整。

(4) 冷却　对于某些热塑性塑料冷却速率影响其最终性能，本标准中规定了四种冷却方法（见表 1-7）。冷却方法应根据材料的有关标准来选取，若无标准或约定，可使用方法 B。

表 1-7　冷却方法

冷却方法	平均冷却速率/(℃/min)	冷却速率/(℃/h)	备　注
A	10±5	—	—
B	15±5	—	—
C	60±30	—	急冷
D	—	5±0.5	缓冷

(5) 从压塑片材上截取试样　当塑性塑料压塑片材成型冷却后，选取表面无缺陷的片材，应用专门的制样机械或冲压加工，从片材中心部分（离模片周边宽 20mm 的区域）制取试样。试样几何形状按照测试的相应标准规定选取。试样的机械加工参照ISO 2818—1980 标准进行。

1.2.4.2　热固性模塑料压塑试样制备

热固性模塑料压塑试样制备参照国家标准 GB 5471—85 规定进行。

(1) 原料　酚醛、氨基热固性模塑料的粉、粒料或预锭件。

(2) 设备　最好选用有两种闭模速度的压机，快速闭模（如 150～300mm/s），避免模塑料在闭模前开始固化。慢速闭模（如 5mm/s），防止空气或气体包入材料中。

钢制模具，可以是单模腔或多模腔，全压式或半全压式结构。图 1-5 为全压式单模腔模具结构示意图。模具应设有顶出销或活动底模，便于脱模。模具工作表面应具有 3.2▽ ～ 1.9▽ 的粗糙度（▽ 8～▽ 9 的光洁度），并镀铬。

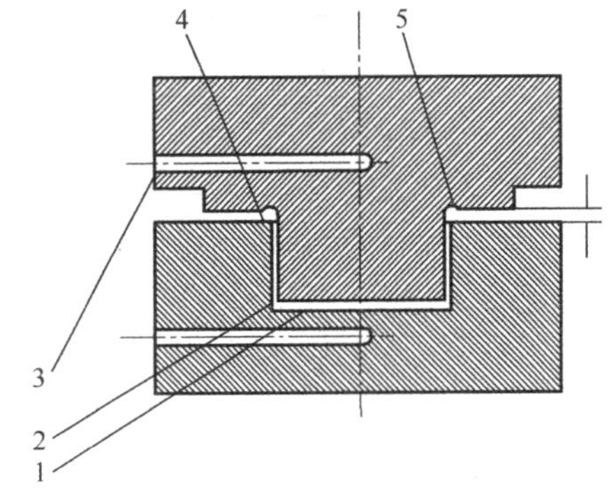

图 1-5　全压式单模腔模具结构

1—模腔；2—边缘斜度小于 3°；3—测温孔；4—间隙不大于 0.1mm；5—空腔

两块试样定型板，由金属板制成，其面积与试样相同，用于试样脱模后的冷却定型。

(3) 操作步骤

① 按表1-7、表1-8和材料相关标准，确定模塑温度、预热和压制时间、冷却方式。模塑压力（表压）p_0 与模塑料承受压力 P 关系如下：

$$P=F\times10^{-6}/S \tag{1-5}$$

$$F=p_0\times S_p\times10^4 \tag{1-6}$$

式中 P——模塑料承受压力，MPa，由材料性质决定，可从塑料手册中查得；

F——压机施加压力，N；

S——模腔投影总面积，cm^2；

p_0——油压，MPa；

S_p——活塞头面积，cm^2。

由 P 关系式可求出模塑压力（表压）p_0。

② 调节模塑温度，恒定温度，温差不超过±2℃。

③ 用点温计测量模腔温度。

④ 按试样体积称取所需的模塑料量。

模塑料量＝试样体积×模制件密度(由生产者提供)＋损耗(损耗由以前的实验确定)。

⑤ 模塑料需预热，按要求进行预热。

⑥ 装料。例如粉、粒料或预锭件加入模腔，合模，必要时排气。

⑦ 加压。当压力达到规定值时，开动计时装置。

⑧ 固化结束，卸压，脱模，立即取出试样并置于试样定形板上冷却。

⑨ 检查模制件是否符合要求（充模情况、外观等）。

未经预热的材料，允许开模排气，对程序控制压机，排气操作自动进行。经过预热的材料一般不需排气，除非产品标准中有规定，但必须在实验报告中说明。

(4) 从压塑片材上截取试样　从压塑片材上截取试样参照ISO 2818—1980标准进行。

表1-8　模塑条件

模塑料种类 / 项目和条件	酚醛模塑料		氨基模塑料		
	细粒	粗粒	脲醛	三聚氰胺-甲醛	
				通用	食用
预处理 干燥	如试样进行电性能测试				
预压锭	允许		允许	允许	允许
高频预热	可以,并能改进性能,缩短固化时间				
排气	允许		允许	允许	允许
模塑温度/℃	160±2		150±2	150±2	160±2
压力/MPa	25～40	40～60	20～40	20～40	20～40
固化时间/(min/mm)	1		0.5～1.0		

1.3 数据处理

高分子材料加工工程实验总离不开利用量具或仪器对试样进行测量，并对测得值进行计算和分析。如何确定测量的精确度、误差、测得值的有效位数，即如何正确地进行数据处理，这直接关系到实验数据的可靠性，是一个很重要的问题。

1.3.1 测量误差

所谓测量，是为了确定被测对象的量值而进行的实验过程。测量方法可分为下列几种：

(1) 直接比较测量法　将被测的量直接与已知真值的同类量相比较的测量方法。

(2) 微差测量法　将被测的量与同它的量值只有微小差别的同类已知量相比较并测出这两个量值间的差值的一种测量方法。

(3) 零差测量法　用平衡法确定被测量值的测量方法，需要调整一个或几个（或已知其值的）并与被测量值有已知平衡关系的量。

(4) 组合测量法　用直接或间接测量一定数目的被测量值的不同组合，求解这些不同组合的方法组来确定这些量值的一种测量方法。

(5) 内插测量法　根据不同量值之间的相关法则和该量的两个已知值，来确定位于该两个已知值间的待测量值的一种方法。

(6) 计量器具的示值法　由计量器具指示的被测量值。

在高分子材料加工工程实验中，最常用的是计量器具的示值法。用这种方法进行测量时可能存在器具误差（器具本身所具有的误差）、调整误差（测量前未能将计量器具或被测件调整在正确位置或状态所造成的误差）、观测误差、读数误差、视差和估读误差。因此，测量结果与被测量真值之间存在差值，即测量误差。

测量误差可以用绝对误差或相对误差来表示。绝对误差＝测量结果－被测量的真值，相对误差＝绝对误差/被测量的真值。

有时，为了便于分析测量结果，将偏离测量规定条件时或由于测量方法所引入的因素，并按照某确定规律引起的误差称为系统误差；将在实际测量条件下，多次测量同一量值时，误差的绝对值和符号以不可预定方式变化着的误差，称为随机误差。理论上，对已定系统误差可用修正值来消除。测量结果中的系统误差大小的程度可用测量的正确度表示。用测量的精密度，即在一定条件下进行多次测量时，所得测量结果彼此之间的符合程度来表示测量结果中的随机误差大小的程度。也用正态分布描述随机误差及其概率的分布情况。

1.3.2 近似数

正如以上所述，测量值以及对其进行计算的所得值均为近似值（又称为近似数）。因此在进行实验数据处理时，存在合理取舍所得数字位数的问题。对那些小于测量误差的数字，数位取得再多也没有意义，而且计算复杂麻烦。为了计算方便，而将近似数的数位取得过少，甚至少于测量精确度，就极为不合理。

1.3.2.1 近似数截取

通常用“四舍五入”法截取近似数。这种方法截取近似数所引入的误差，就其绝对值来讲，不会超过截取到第 n 个数位上的半个单位。例如 5.3546，截取成 5.355，截取到第 4 位，其误差的绝对值为：

$$|5.355-5.3546|=0.0004<\frac{1}{2}\times 0.0001=0.0005$$

1.3.2.2 有效数字确定

有效数字系指当截得近似数的绝对误差是末位上的半个单位时，这个近似数从第1个不为零的数字起，到这个数位止的所有数字。一个近似数有几个有效数字，就叫这个近似数有几个有效位数。例如5.355为四位有效数，5.3546为五位有效数。

在处理实验数据时，要求确定有效数字后的绝对误差一定要与测量精度相一致。

1.3.2.3 近似数的运算

近似数经过加、减、乘、除、乘方和开方运算后，其有效数字应按以下规则确定。

(1) 在近似数相加（加数不超过10个）或相减时，小数位数较多的近似数，只要求比小数位数最少的那个数多保留一位，其余按“四舍五入”法均将它们舍去，然后进行运算，在计算的结果里，应保留的小数位数和原来近似数的小数位数最少的那个数的位数相同。

(2) 当两个近似数相乘或相除时，有效数字较多的近似数，只要比有效数字少的那个多保留一位，其余的均舍去。在计算的结果中，从第一个不是零的数字起，应保留的数字的位数和原来近似数里有效数字最少的那个相同。

(3) 对近似数进行乘方或开方时，计算的结果从第1个不是零的数字起，应保留的数字和原来近似数的有效数字的位数相同。

(4) 在多步运算时，中间步骤计算的结果，所保留的数字要比上面的规定多取一位。

(5) 对于一些无穷小数（无理数）参于的运算，则应根据需要而取。

对于在求算术平均值时，如果是四个以上的数进行平均，则平均值的有效位数可多取一位。因为平均值的误差要比其他任何一个数的误差小。

在对于测量结果和评定这个测量结果的精确度时，它们的末位应取得一致，如3.64±125应写成：3.64±0.12。

1.3.3 数据分析

高分子材料加工工程实验中，常用的数据分析表示法有以下几种。

1.3.3.1 算术平均值与均方根偏差

算术平均值为一个量的 n 个测得值的代数和除以 n 而得的商。算术平均值 $\bar{a}$ 可表示为：

$$\bar{a}=\sum a_i/n \tag{1-7}$$

或

$$\bar{a}=\frac{1}{n}(a_1+a_2+\cdots+a_n)$$

式中 a_i——测量列中单次测量的测得值；

符号 $\sum$ 表示对所有 $a_i(i=1,2,\cdots,n)$ 求和；

均方根偏差也称测量列中单次测量的标准偏差，是表征同一被测量值的 n 次测量所得结果的分散性的参数，并按下式计算：

$$\sigma=[(\sum d_i^2)/n]^{1/2} \tag{1-8}$$

式中 n——测量次数（应充分大）；

d_i——测得值与被测的量的真值之差；

符号$\sum$表示对所有 $d_i^2(i=1,2,\cdots,n)$求和；

实际上，在有限次测量的情况下，用残余误差 V_i 代替 d_i，并按下列公式计算标准偏差的估计值：

$$\sigma=[(\sum V_i^2)/(n-1)]^{1/2} \tag{1-9}$$

其中，残余误差 V_i 为测量列中的一个测得值 a_i 和该列的算术平均值 $\overline{a}$ 单次测量的标准偏差之间的差，即 $V_i=a_i-\overline{a}$。

1.3.3.2 正态分布

正态分布又称高斯分布，是测量误差理论中常见的一种误差分布方式，用以描述随机误差及其概率的分布情况，其概率分布曲线用下列函数来表示：

$$f(\delta)=e^{\delta^2/2\sigma^2}/[\sigma(2\pi)^{1/2}] \tag{1-10}$$

式中 $f(\delta)$——误差为 δ 所出现的概率分布密度；

δ——随机误差；

σ——标准偏差；

e——自然对数的底。

1.3.3.3 实验曲线

当需用实验数据绘图时，通常将数据描出的点作为节点，由节点连成线段。有时，为了使实验结果的变化趋势看起来更加细微，往往要对所连的实验线段进行光滑处理，最后得到光滑的实验曲线。这些处理方法有回归法、滑动平均法和拟合法等。目前随着计算机运用的广泛普及，出现了一些有用的计算软件专门用于处理实验数据，即绘制实验曲线软件，例如 Oring6.0 绘图软件，使用起来很方便。

1.4 影响实验结果的因素

影响高分子材料加工工程实验结果的因素很多，可概括为原材料、制样和测试条件三个方面因素。

1.4.1 原材料因素

高分子材料常常由树脂和添加剂组成。高分子材料的基本性能随树脂和添加剂品种牌号及其用量而异。树脂品种牌号代表了一定的树脂合成工艺路线、分子量大小及分布、支化度、大分子链结构、共聚添加剂品种和用量等信息，因此不同牌号的树脂，甚至不同厂家生产的同一牌号树脂，其性能可能有较大差异。加之，为了便于加工和改善材料的性价比，需加入各种添加剂，最终所得高分子材料的某些性能明显优于树脂。而添加剂的品级、生产工艺、包装储存等情况对添加剂在高分子材料中的功效有显著影响，故在高分子材料加工实验结果中，很有必要注明所用原材料牌号、品级、生产厂家、组成配比等原材料信息。

1.4.2 制样因素

在高分子材料加工实验中所用的实验试样的几何形态有粉状、粒状、板、片、膜、丝和条棒等。制备实验试样的方法、条件和设备均会通过试样的受热历史、受力历史、分散状态差异，影响实验试样的加工性、微观结构及宏观性能。因此，高分子材料加工工程实验需按一定的实验约定或根据一定的测试标准所规定的方法和条件，制备标准测试试样，并注明制备试样所用的方法、条件、设备型号、器具等。例如挤出成型硬制品用 PVC 混合粉料，可直接从生产厂家购进，也可自己配制，无论以何种方式得到粉状试样，都必须在实验报告中注明混合方法（高速热混合、高速热混合＋低速冷混合或捏和）、设备型号、混合时间和温度、包装储存时间环境。又例如测试高密度聚乙烯拉伸强度试样，可从板材、片、棒或制品上直接裁取，也可直接用注射等成型方法成型。用前一种方法得到试样的测试结果不仅与成型板材、片、棒或制品的模具结构、成型机器及成型温度、成型压力、冷却速度等工艺有关，而且还与裁取试样所用器具、裁取速度、试样整修等有关。而用后一种方法获取试样，影响测试结果的因素相对简单较少。

另外，试样的几何尺寸也会明显影响实验结果。试样几何尺寸的影响又称尺寸效应。它是由试样内在微观缺陷和微观不同性而引起。微观缺陷系指：试样在制备或加工过程中，受到热、力或其他因素作用而产生的显微隙缝（试样表面最容易损伤）。微观不同性指结构上存在的缺陷或不均匀性。微观缺陷在试样受力过程中会增长、延伸，直接影响强度和塑性变形。微观不同性会导致与力学性质、取向结构、分子量不相同的微区域相关的一些材料性能测定存在差异，如热性能、光学性能、声学性能、电性能等。故在高分子材料加工工程实验报告中，尤其是测定所列举的性能项目，需注明试样尺寸或测试标准。试样体积或表面积愈大，微观缺陷出现的机率则愈大，故从理论上讲，大试样的强度结果会比小试样结果低。

由于试样在制备过程中总会产生一些内应力，为了避免这种残余应力对测试结果的影响，在实验之前，可根据高分子材料性质，选择性地对试样进行退火处理。退火处理条件取决于高分子材料性质、组成、成型过程及结构，原则上退火温度比材料的玻璃化温度约高（5～10℃），退火过程中试样不能发生变形，退火效果很大程度上由退火时间决定。

1.4.3 测试条件

测试环境条件包括测试温度、湿度、试样的状态和变形速率以及测试设备状况等。测试温度和湿度对测试结果的影响程度取决于所测性能项目和试样材料。一般而言，热塑性塑料比热固性塑料更敏感，耐热性低的比耐热性高的更敏感。例如聚氯乙烯在 10℃测定的拉伸强度比在 30℃下测定的拉伸强度高 15％。由此看来，测试温度、湿度标准化很有必要。

同理，试样的环境状态也应标准化。当试样制备之后，测试之前，均应进行状态调节。目前国内外各类标准对标准状态调节的条件规定都相同。在温度 23℃，相对湿度 50％，气压 86～106kPa 条件下，放置 24h。

对于某些比较特殊的材料如聚酰胺和玻纤增强的热塑性塑料的力学性能受吸湿影响，需进行特殊状态调节。

由于高分子材料属黏弹性材料，具有明显的形变滞后、应力松弛、蠕变、绝缘等现象，因此试样的变形速率对测定高分子材料对外界响应性能结果有极大的影响。各类相关性能测试标准均已按材料类别、性能类别一一做了规定，实验操作时必须按规定条件进行，以保证实验数据结果的重复性和可比性。

1.5 安全知识

在实验过程中或在实验室里遇到突发的实验事故时，应立即采取应对措施。

1.5.1 现场人员意外受到危险化学品伤害和玻璃划伤

当人皮肤接触了剧毒、中等毒品、有害品或腐蚀品时，应立即脱去衣着，用大量水冲洗至少 15min。就医。

当人眼睛接触接触了剧毒、中等毒品、有害品或腐蚀品时，应立即提起眼睑用大量流动清水或生理盐水冲洗眼睛至少 15min。就医。

当人吸入剧毒、中等毒品、有害品或腐蚀品时，应迅速撤离现场到空气新鲜处；如呼吸困难，应供给输氧（如有适当的解毒剂，立即服用），必要时进行人工呼吸。就医。

当人某部位被玻璃割伤时，如果为一般轻伤，应及时挤出污血，并用消毒过的镊子取出玻璃碎片，用蒸馏水洗净伤口，贴上创可贴；如果为大伤口，应立即用绷带扎紧伤口上部，使伤口停止出血，急送医疗所。

1.5.2 火灾及火伤

在实验室里操作和处理易爆、易燃溶剂时，应远离火源。所有仪器设备在使用前一定按操作说明书安装、调试、检查。一旦发生火灾事故，应首先切断电源，然后迅速将周围易燃东西移开。

有机物着火燃烧时，应向火源撒沙子、用石棉布覆盖火源以及使用灭火器，在大多数情况下，严禁用水灭火。衣服着火时，应立刻用石棉布覆盖着火处或迅速将衣服脱下；若火势较大，应在呼救的同时，立刻卧地打滚，绝不能用水浇泼。

如果人体被烧伤或烫伤，在伤处涂以苦味酸溶液、玉树油、兰油烃或硼酸油膏；如为重伤，立即送往医院。

1.5.3 爆炸

某些化合物容易爆炸，例如有机过氧化物、芳香族多硝基化合物和硝酸酯等，受热或敲击均会爆炸。芳香族多硝基化合物不宜在烘箱内干燥。乙醇和浓硝酸混合在一起，会引起极强烈的爆炸。因此应尽可能将易燃易爆物品分隔存放在通风阴凉处。若发生爆炸，应立即切断电源，撤离现场，拨打 119 报警。

2 高分子材料成型工艺性能测试

2.1 水 分

2.1.1 实验目的与原理

（1）实验目的 通过本实验使学生了解高分子材料吸湿特性、含水量测定方法及原理。

（2）实验原理 高分子材料含水量过高时，对其制品的外观质量、力学性能、电性能、光学性能以及成型性能都会产生不良影响。因此，在高分子材料成型加工中往往要控制树脂或塑料的含水量，必要时还应尽可能地除去水分以保制品质量要求。

用来测定塑料水分的方法很多：诸如干燥失重法、蒸气测压法、溶剂共沸蒸馏法、卡尔-费休滴定法以及气相色谱、红外光谱等仪器分析法。对不同的塑料，由于各种方法的特殊性（高温下的化学反应、被测聚合物的难溶解、与试剂的某些副反应干扰等），其适用范围都有一定限制。

干燥失重法简单方便，不需特殊仪器装置，但干燥过程常常是在较长时间的高温下进行，对于耐热性差的某些塑料易造成过热分解而产生挥发性物质；对另一些塑料还有可能进一步发生缩聚反应而放出水，致使实验结果偏高。其次，由于树脂中或多或少含有一定量的未聚合体，因此在干燥失重的挥发物中，水并不是惟一的组分。

卡尔-费休滴定法是普遍采用的微量水分测定方法，对大多数的有机物和无机物中水的分析都能成功。此方法被广泛用于测定塑料含水量，它具有反应专一、灵敏度高等特点。不过这种方法实验操作较麻烦，尤其是对某些能和卡尔-费休试剂起反应的聚合物不能直接滴定，必须将试剂的配方或操作过程进行相应的改进，方能得到良好的效果。

本实验采用的蒸汽测压法。其实验原理为：将高分子材料试样置于密闭的真空系统中，系统加热温度恒定在高于该系统压力下水的沸点的某一温度下，塑料中的水受热汽化使容器系统压力升高，其压力升高值通过一准确压力计（经参比物校正）计量，即测出该试样的含水量。

测压法快速、灵敏度较高、适应广泛。但测压法因压力的升高有可能来源于高分子材料中其他的挥发性组分。因此，测压法与干燥失重法具有类似的局限性，当被测塑料仅含少量挥发性成分且在测定温度下不明显降解时，此方法可得到较准确的结果。

2.1.2 实验原料与设备

2.1.2.1 原料与试剂

（1）原料 PC、PA、PE 等树脂或塑料。

（2）试剂 蒸馏水和指示剂（液体石蜡）。

2.1.2.2 实验设备

(1) 主要实验设备为压差式水分测定装置，见图 2-1。

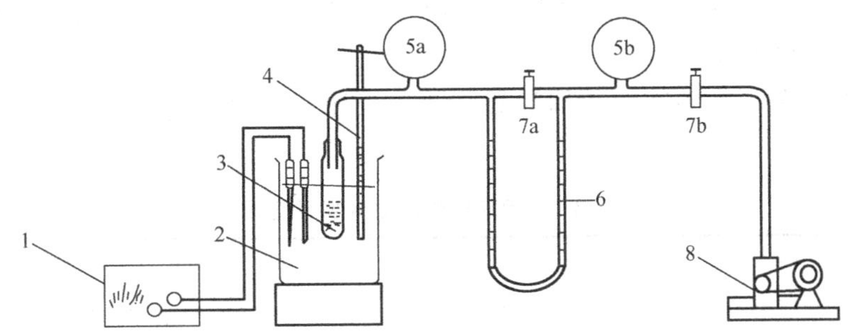

图 2-1 水分测定装置示意图

1—实验综合控制仪；2—油浴；3—试样；4—温度计；

5a、5b—缓冲瓶；6—U 形管；7a、7b—阀门；8—真空泵

(2) 其他实验用具 玻璃毛细管 10 只，医用注射器（10mL）1 支，天平（感量 0.00019）1 台，磁铁、小铁块、酒精喷灯等实验用工具。

2.1.2.3 实验步骤

(1) 选择压力计内指示剂 压力计内所用指示剂一般应选用密度、挥发性和热膨胀系数小，与水不发生作用且稳定性好的油状液体。本实验采用液体石蜡作指示剂，测量精度较高，可考虑适当减小压力计的 U 形管管径。

(2) 标定仪器常数 K K 值的大小与参比物的特性、测定条件和测试仪器的灵敏度有直接关系。可用的参比物除纯水外还可用胆矾（$CuSO_4 \cdot 5H_2O$）等，本实验采用不等量纯水来测定气压差，作图求得 K，其标定步骤如下：

① 将一组（4 只以上）玻璃毛细管洗净烘干，在酒精喷灯上先封闭管的一端，依次编号、称重（准确至 0.0001g），随后用注射器在毛细管中分别注入不等量（0.001～0.01g）的蒸馏水，细心地熔封管的另一端。再分别称量已封装的毛细管，计算出各管中蒸馏水的质量（准确至 0.0001g）。

② 在 U 形管压力计内装入一定量的液体石蜡，把一只已装水封端的毛细管和一小铁块同时装入磨口玻管中，按图 2-1 接入实验装置系统。

③ 检查系统密封状况，首先观测各器件是否连接良好并及时调整至工作状态，然后开启管道上的阀 7a，启动真空泵，再缓慢开启阀 7b。当真空表的液位差约 133.3Pa（1mmHg）时，关闭阀 7b，停止抽真空且随即关闭阀 7a（此时 U 形管内两液面应稳定在同一水平上）。

④ 将实验综合控制仪（即控温加热电压调节器）的两只传感器插头分别插入该仪器“控制 Rt”和“显示 Rt”插座，同时将传感器插入油浴缸的 50mm 深处，且把带插头的电源线一端插入该仪器“电源插座”，另一端与 50Hz、220V 电源接通。再把“温度调节”旋钮调到预定的控温刻度上（使用时详见该仪器说明书），加热油浴至实验温度±1℃。

⑤ 在已加热的玻管外用一磁铁吸起管内的小铁块，让它下落击碎装水的毛细管。瞬间，释放出的汽化压力将使压力计内两液面出现高度差。恒温 20min（油浴温度应控制在实验温度±1℃），待液位稳定后记录下液位差值 Δh_1。开启三通阀排空，最后截断电源。

⑥ 再将另一只已装水封端的毛细管和同一铁块装入玻管中，重复上述操作过程，测得另一液位差值 Δh_2。依此类推可测得各对应的液位差值 Δh_i，分别记录填入表 2-1 中，按 K_i 式计算出各对应的 K_i 值，再求其算术平均值 K(g/mm)。或利用仪器特性曲线的斜率也可得到仪器常数 K。

⑦ 标定完毕后，把小铁块放回装置系统（缓冲瓶）中，以减小测试塑料时的实验误差。

表 2-1 标定仪器常数 K 实验记录

项目 \ 序号	1	2	3	4
蒸馏水的质量 W_i/g				
液位差值 Δh_i/mm				
仪器常数 K_i/(g/mm)				

(3) 高分子材料含水量的测定　在天平上称取 1～2g（其量随试料不同而异，准确至 0.0001g）试样，加入玻璃管中，按图 2-1 接入实验装置系统。在与标定仪器常数 K 相同的操作步骤下检查系统密闭情况，备好加热控温部件，用大于该系统压力下水的沸点，小于试样熔点的温度加热玻璃管，使玻璃管内试样所含水分被蒸出。让其恒温 20min 待 V 形管内液位差稳定后，读取其差值 Δh。然后，打开三通阀解除真空，切断电源，实验完毕。

2.1.2.4　实验结果

(1) 计算法求 K_i

$$K_i=\frac{W_i}{\Delta h_i} \tag{2-1}$$

式中　K_i——每次测样计算出的仪器常数，g/mm；

W_i——每次所测液位差值，mm。

(2) 试样含水量 X

$$X=\frac{K\Delta h}{W}\times 100\% \tag{2-2}$$

式中　X——试样水分百分含量，%；

K——仪器常数的平均值，g/mm；

Δh——液位差值，mm；

W——试样质量，g。

(3) 同批高分子材料的含水量重复测定 3 次以上，取其算术平均值作为结果，保留 4 位有效数字。

2.1.2.5　实验报告

实验报告应包括下列内容：

① 实验名称、要求和实验原理；

② 实验仪器、原材料名称、型号、生产厂商；

③ 实验操作步骤；

④ 实验条件（标准）和实验结果记录；

⑤ 异常实验现象的记录及其原因分析；

⑥ 解答思考题。

2.1.2.6 思考题

（1）高分子材料中的水分是如何产生的？如何尽量减少高分子材料中的含水量？

（2）水分测定中，有哪些操作条件影响测定结果的准确性？

2.2 密　　度

高分子材料的密度是表征其物理性质的一个重要参数，它受聚合物的化学结构和形态结构以及高分子材料组成的影响，尤其是结晶性的聚合物，密度与表征内部结构规整程度的结晶度有密切的关系。密度的测定可用来计算聚合物的结晶度，配合其他实验技术以探索聚合物的结构和性能特征。另外，从结构和质量的变化可鉴别不同塑料及其复合物的组成与分散状况，从而控制高分子材料性质、评价其使用范围。在生产上往往利用密度来计算高分子材料的比强度和体积成本以及控制产品质量。

测定密度常见的方法有比重瓶法、浸渍法、分析天平法，膨胀计法、密度梯度法以及折射法等。各种方法的测试原理和适应性有所不同，使用的仪器设备、操作难易和精确程度也有差异。例如比重瓶法是用称重来测定被测试样所置换的液体体积，它既可测液体密度也可测固体密度，在测固体密度时，所用参比物必须是对被测固体不发生化学作用，不溶解也不溶胀，挥发性小且密度已知的水或其他液体。

高分子材料粉状、粒状、片状或纤维状物料在自然堆砌时，单位体积的质量称为堆砌密度，又称表观密度。堆砌密度衡量着树脂或塑料相对松散性和相对体积大小，因此在高分子材料成型加工中，有时了解材料的堆砌密度指标很重要。

本实验通过测定高分子材料密度和堆砌密度，使学生了解密度梯度法原理及仪器操作程序；掌握正确测定高分子材料密度及其堆砌密度的方法。

2.2.1 材料密度

2.2.1.1 实验原理

密度梯度法是采用一定的实验技术，在细而长的玻璃管内，放入不同密度的可互相混合的两种轻、重液体（密度大者为重液，小者为轻液），使在接触界面互相扩散达到沉降平衡，配制成密度由上而下递增的并呈连续分布的密度梯度混合液柱（即密度梯度管）。配制时将一组已知密度的玻璃小球投入管中，标定其在液柱中的高度，即得有关的二元混合液的密度与液柱高度的标定曲线。然后向恒温管中投放被测试样，根据悬浮原理，当试样稳定地悬浮于液柱中某位置时，此位置的液层密度正好就是该试样的密度。

密度梯度法能在一个相当范围内同时测定不同密度的试样，对密度相差极小的试样更是一种灵敏度较高的测试技术。

2.2.1.2 试样及试剂

各种高分子材料液体、固体。固体试样颗粒大小以能准确测量体积中心位置且不致搅动梯度管为宜，要求试样清洁、表面光滑、无裂缝、无凹陷、气泡等缺陷。对于测定高分子材料制品密度，在切割制样时，应防止外应力引起试样的密度变化。

蒸馏水、工业乙醇、苯、四氯化碳等试剂。

本次实验测定共聚聚丙烯粒料的密度。

2.2.1.3　实验设备

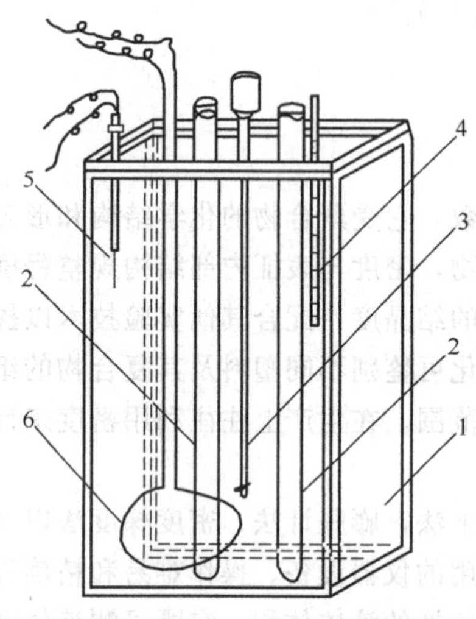

图 2-2　密度梯度管测定装置示意图

1—玻箱恒温水浴；2—梯度管；3—搅拌器；4—温度计；5—接点温度计；6—加热器

(1) 密度梯度管测定仪　本实验采用密度测定仪，其装置示意图见图 2-2。该仪器主体结构是由密度梯度管、恒温水浴、控温测量电器系统等部件组成。三支梯度管由有机玻璃底座垂直固定在水浴缸中，玻璃浴缸内盛蒸馏水，由插入水浴中的热敏电阻传感元件发出电讯号达到控温和测温指示。梯度管内备有不锈钢网，可通过顶部电机传动以实现匀速提升或下降捞取试样而不至破坏密度梯度的目的。

该仪器的主要技术指标为：带磨口梯度管容量400mL；标准密度玻璃球 0.8000～16000g/cm³，间隔 0.003g/cm³，精确度±0.0002g/cm³，可在 20～23℃使用；温度控制 10～50℃；恒温水浴温度波动±0.2℃

(2) 其他实验用具　玻璃联通瓶 2 个；磁力搅拌器 1 套；密度计 1 组，分度为 0.001g/cm³；测高仪，注射器、移液管、量筒、细玻管、塑料细管、夹子等实验用具。

2.2.1.4　实验步骤

(1) 测试前的准备

① 梯度管内液体的选择　在试样的密度范围，梯度管内液体应能满足：不被试样吸收，不与试样起化学反应，两种液体能以任何比例相互混合，混合时不发生化学作用，混合体积具有加和性，黏度和挥发性必须很低且价廉易得。

常用的密度梯度管二元混合体系如表 2-2 所列，可按试样选用。

表 2-2　常用的密度梯度管二元混合体系

二元体系	密度范围 /(g/cm³)	二元体系	密度范围 /(g/cm³)	二元体系	密度范围 /(g/cm³)
甲醇-苯甲醇	0.80～0.92	异丙醇-乙二醇	0.79～1.11	水-溴化钠	1.00～1.41
乙醇-水	0.79～1.00	乙醇-四氯化碳	0.79～1.59	水-硝酸钙	1.00～1.60
异丙醇-水	0.79～1.00	甲苯-四氯化碳	0.87～1.59	四氯化碳-二溴丙烷	1.60～1.99

② 轻、重液体溶剂量的估算和配制　首先估计被测试样密度范围，再根据梯度管的容量和上、下限密度要求（上限拟比试样的最大密度略高，下限拟比试样的最小密度略低），按重液体积约等于梯度管容量一半，轻液体积不大于 5%重液体积的经验法则，用下式计算出两种液体的密度和溶剂量。

$$\rho_M=[\rho_1 V_1+\rho_2(V_M-V_1)]/V_M \tag{2-3}$$

式中 ρ_M——混合液体密度，g/cm^3；

ρ_1——重液密度，g/cm^3；

ρ_2——轻液密度，g/cm^2；

V_M——混合液体积，cm^3；

V_1——重液体积，cm^3。

然后，按需要量用移液管量取两种溶剂分别注入量筒中，加入计量的蒸馏水，搅匀混合后用密度计检测之，并调整至轻、重液的密度要求。

(2) 密度梯度管的配制和标定

① 配制方法　配制密度梯度管的方法有多种，可以选用其中任意一种方法配制，但必须保证密度梯度管的灵敏度对每厘米柱高不低于 $0.001g/cm^3$。

常用的配制方法有两种：a. 使连续注入梯度管中液体密度逐渐变小的方法，见图 2-3；b. 使连续注入梯度管中液体密度逐渐变大的方法。

以图 2-3 方法为例，将符合要求的轻、重液体分别装入联通瓶 A、B 中，用套有塑料细管的注射器捕尽气泡。然后开动磁力搅拌器，同时拧开活塞 a 和 b 向梯度管中输液，调节搅拌速度使液面不致波动太大，并控制沿梯度管壁流下的液体流速为 5～6mL/min（配制过程中应经常用秒表检查流速）。随着 B 瓶中液面的匀速下降，A 瓶中的液体不断地向 B 瓶流入，使 B 瓶中液体密度随时间而逐渐减小，从而在两种液体的混合转移过程中促使梯度管内形成连续的密度梯度液柱，直至梯度管注液到所需液柱高度为止。

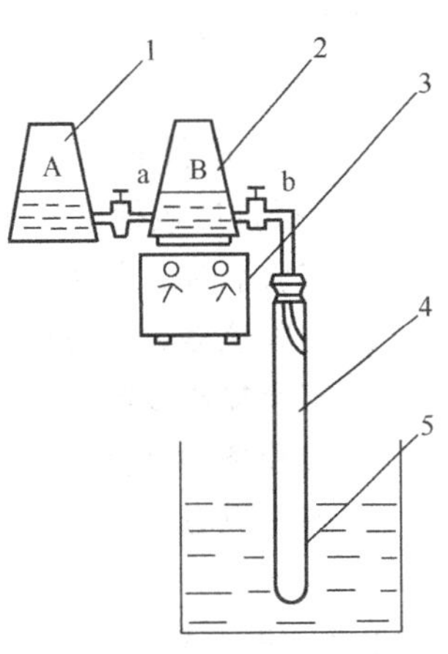

图 2-3　密度梯度管配管装置
1—轻液容器（A）；2—重液容器（B）；3—电磁搅拌器；4—梯度管；5—恒温水浴

② 操作步骤　按密度测定仪操作技术规程（使用时详见该仪器说明书），调节控温、测验温系统至工作状况，恒温控制在(20±0.2)℃。随即将配制成的密度梯度管平稳地移至密度测定仪水浴中，待温度平衡后，把已知密度的玻璃球（不少于 5 个）按密度大小依次用轻液湿润后轻轻地投入管中，使其纵贯梯度管液柱的有效区间。盖紧磨口塞，恒温 2h 以上，便可对应梯度管的刻度，测量悬浮在液柱中小球中心的高度，然后在坐标纸上以小球密度对相应的梯度管高度作图，即得该密度梯度管的标定曲线。此图线应符合线性关系，否则要废弃混合液，重新配制梯度管。

(3) 试样密度的测定　按实验原材料的要求，每种高分子材料试样选取三粒，用轻液浸泡数分钟，防止试样表面吸附空气泡，然后将浸润良好的试样依次间隔一定时间轻轻地投入已恒温的梯度管中，注意不让试样黏附于管壁，盖紧磨口塞，恒温平衡 10min 以上（厚度小于 0.05mm 的薄膜要 2h 方能稳定）。待试样完全静止后，对应梯度管的刻度测得悬浮在液柱中的试样体积中心高度，再利用标定曲线查出对应的密度值。

当发现梯度管中试样过密，对下沉试样碰撞过多而影响测试时，可开动顶部电机提升不锈钢网，慢速将梯度管中试样及玻璃球打捞出来，待液柱充分稳定后再行使用。

2.2.1.5 实验结果表述

(1) 密度梯度管的标定

① 将下列实验数据列表记录：

序号

小球密度

小球在液柱中高度

② 绘制密度管的标定曲线

(2) 列表记录试样的测试结果

序号

试样在液柱中高度

平均高度

对应的密度

2.2.1.6 实验报告

实验报告应包括下列内容：

① 实验名称、要求和实验原理；

② 实验仪器、原材料名称、型号、生产厂商；

③ 实验操作步骤；

④ 实验条件（标准）和实验结果记录；

⑤ 解答思考题。

2.2.1.7 思考题

① 如果试样表面不平整，对测定结果有何影响？

② 同种高分子材料，牌号不同，其密度有无差别？为什么？

③ 高分子材料的密度与其力学性能之间有何关系？举例说明。

2.2.2 堆砌密度

2.2.2.1 实验原理

本实验原理为：利用树脂或塑料的自重，将试样从规定的高度自由落入已知容积的容器中，测量单位体积的树脂或塑料的质量，即得该试样的堆砌密度（表观密度）的大小。

堆砌密度与树脂或塑料的颗粒形状、粒度分布、空隙率、湿含量等因素有关。一般来讲，粒度组成愈均匀，水分和细小颗粒愈少，其松散性愈好，即该种材料从加料器中均匀流出的能力愈好。在塑料的配制和加工设备的利用上能获得更好的效益。堆砌密度对塑料包装储存、混合器容积和成型模具型腔的设计等具有实际意义。

2.2.2.2 原材料与仪器设备

(1) 原材料

粉状、粒状、片状或纤维状树脂或塑料。

本次实验采用酚醛模塑粉作为原材料试样。

(2) 主要仪器设备

天平（感量 0.1g） 1台

漏斗（金属制，内表面光滑、形状及尺寸见图 2-4）； 1个

测量圆筒（金属制，内表面光滑、容积为 $100\pm0.5cm^3$，内径为 40mm） 1个

量筒或量杯（150～200mL） 1个

刮料板（直尺） 1块

2.2.2.3 实验步骤

(1) 按图 2-4，把漏斗垂直架置，其下端小口距测量量筒正上方 20～40mm 处，尽可能与测量量筒同轴。

(2) 用挡料板封闭漏斗下端小口，在天平上称量量筒质量（准确至 0.1g），将 $(115\pm5)cm^3$ 试样混匀后轻轻倒入漏斗中。

(3) 迅速抽开漏斗挡料板，让试样自由流进测量量筒，不容许震动或敲击容器。

(4) 当测量量筒已装满试样，用一刮板垂直刮去测量量筒顶部多余的试样。然后在天平上称量圆筒中试样的质量（准确至 0.1g）。

(5) 把已用过的试样倒入瓷盘，可用于压制成型。重新取料，重复按实验步骤(2)～(4)进行实验。需重复二次实验。

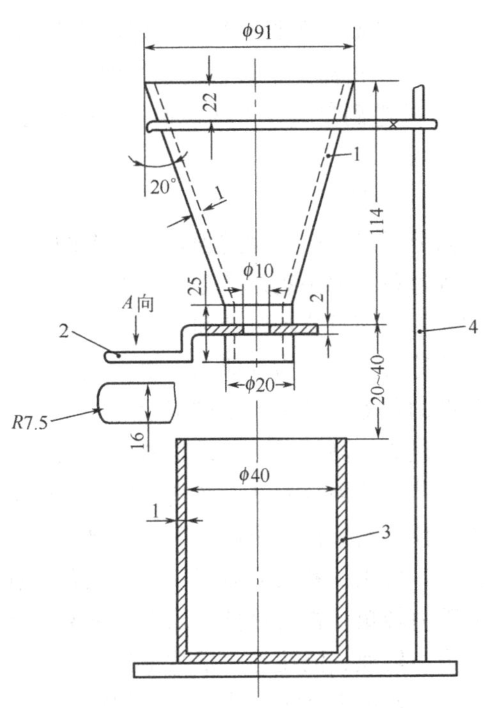

图 2-4 堆砌密度测量装置

1—漏斗；2—挡料板；3—测量圆筒·[容积$(100\pm0.5)cm^3$]；4—支架

2.2.2.4 实验结果表述与报告

(1) 实验结果表述 试样的堆砌密度按式（2-4）计算：

$$D=(W_2-W_1)/V \qquad (2-4)$$

式中 D——堆砌密度，g/cm^3；

W_2——装满试样的测量量筒质量，g；

W_1——测量量筒质量，g；

V——测量量筒的体积，cm^3。

用三次实验数据计算的 D 值的算术平均值作为实验结果。

(2) 实验报告 实验报告应包括下列内容：

① 实验名称、要求和实验原理；

② 实验仪器、原材料名称、型号、生产厂商；

③ 实验操作步骤；

④ 实验条件（标准）和实验结果记录；

⑤ 解答思考题。

2.2.2.5 思考题

① 何谓堆砌密度？测定堆砌密度有何意义？

② 影响实验误差的主要因素有哪些？如何正确控制使实验误差最小？

2.3 塑化性能（转矩流变仪）

2.3.1 实验目的与原理

2.3.1.1 实验目的

① 了解高分子材料塑化性能与成型加工性的关系；

② 掌握由高分子材料塑化特性拟定成型加工工艺的方法；

③ 熟悉测定高分子材料塑化性能的方法及原理。

2.3.1.2 实验原理

高分子材料的成型过程，如塑料的压制、压延、挤出、注射等工艺，化纤纺丝，橡胶加工等过程，都是利用高分子材料熔体的塑化特性进行的。熔体受力作用，不但表现有流动和变形、而且这种流动和变形行为强烈地依赖于材料结构和外界条件，高分子材料的这种性质称为流变行为（即流变性）。测定高聚物熔体流变性质，根据施力方式不同，有多种类型的仪器，转矩流变仪是其中一种。它由微机控制系统、混合装置（挤出机、混合器）等组成。测量时，测试物料放入混合装置中，动力系统对混合装置外部进行加热并驱使混合装置的混合元件（螺杆、转子）转动，微处理机按照测试条件给予给定值，保证转矩流变仪在实验控制条件下工作。物料受混合元件的混炼、剪切作用以及摩擦热、外部加热作用，发生一系列的物理、化学变化。在不同的变化状态下，测试出物料对转动元件产生的阻力转矩、物料热量、压力等参数。微处理机再将物料的时间、转矩、熔体温度、熔体压力、转速、流速等测量数据进行处理，得出图、表形式的实验结果。

利用转矩流变仪不同的转子结构、螺杆数、螺杆结构、挤出模具以及辅机，可以测量高分子材料在凝胶、熔融、交联、固化、发泡、分解等作用状态下的转矩-温度-时间曲线，表观黏度-剪切应力（或剪切速率）曲线，了解成型加工过程中的流变行为及其规律。还可以对不同塑料的挤出成型过程进行研究，探索原材料与成型工艺、设备间的影响关系。

总之，测量塑料熔体的塑化曲线，对于成型工艺的合理选择，正确操作，优化控制，获得优质、高效、低耗的制品以及为制造成型工艺装备提供必要的设计参数等，都有非常重要的意义。

2.3.2 原材料试样

本次实验试样采用硬质 PVC 粉状复合物，其配方如下：

PVC	58.9g	Ca-St	0.6g
DOP	2.4g	H-St	0.7g
三碱式硫酸铅	2.9g	$CaCO_3$	8.9g
Ba-St	0.9g		

原材料应干燥、不含有强腐蚀、强磨损性组分，材质和粒度均匀，粒径小于 3.2mm。

2.3.3 实验设备及实验条件

实验主要采用 HAAKE 微处理控制转矩流变仪（系统 40 型）测量塑料熔体的塑化曲

线。实验条件控制与材料性质、实验目的有关。实验条件包括加料量、温度、转速和时间。

(1) 加料量　实验开始物料自混合器上部的加料口加入混合室，受到上顶栓对物料施加的压力，并且通过转子外表面与混合室壁间的剪切、搅拌、挤压；转子之间的捏合、撕拉；转子轴向间的翻捣、捏炼等作用，以连续变化的速度梯度和转子对物料产生的轴向力的形式，实现物料的混炼、塑化。显然混合室内的物料量不足，转子难于充分接触物料，达不到混炼塑化的最佳效果。反之，加入的物料过量，部分物料集中于加料口不能进入混合室混炼塑化均匀或出现超额的阻力转矩，使仪器安全装置发生作用，停止运转，中断实验。若实验过程中，去除上顶栓对物料施压作用，仪器转矩值变化不突出时，说明加料量基本合适。加料量应由混合室空腔容积、转子容积、物料（固体或熔体）的密度以及相应的加料系数来计算确定。此外，为了保证测度准确性和重现性，原料的粒度和材质也应均匀。

(2) 温度与转速

混合器加热温度一般取作物料的熔融温度或成型温度，如果选择的温度过低出现超额的阻力转矩会造成安全装置发生作用，使仪器停止运转。而温度过高时，高聚物的链段活动能力增加，体积膨胀，分子间相互作用减小，流动性增大，黏度随温度提高而降低。物料在混炼塑化过程中的微小变化不易显示出来，由此影响测试的准确性。对于 PS、PVC、PC 等高聚物，因为黏流活化能很大，熔体黏度对温度十分敏感，增高温度可以大大降低熔体的黏度，应注意温度的控制与调节，使测试结果准确可靠。

一般来说，用近于生产条件的成型温度、螺杆转速作为测试仪器的加热温度、转子转速的条件下，所得到的物料转矩-温度-时间曲线更能预测或说明制品成型过程中发生的问题。此外，用动态热稳定性实验研究材料热稳定效果时用较高的温度和转速，使分解反应在较短时间内发生，则可以缩短实验的时间。对于不同的高分子材料和不同的实验目的必须选择最佳的条件，以求得可靠的实验结果。

(3) 时间　混炼时间应根据高分子材料的耐热性、实验观察现象出现的时间区域等因素确定。一般来讲，仅实验材料的加工流动性时，实验时间设定为 5min 内即可。

2.3.4 实验步骤

(1) 准备工作

① 了解转矩流变仪的工作原理、技术规格和安装、使用、清理的有关规定。

② 根据实验需要，将所用的混合器与动力系统组装起来。

③ 接通动力电源和压缩空气。稳定电源电压在 220V+10V。

④ 按式 (2-5) 计算加料量，并用天平准确称量。

$$W_1=(V_1-V_0)\times\rho\times a_0 \tag{2-5}$$

式中　W_1——加料量，g；

V_1——混合器容积，cm^3；

V_0——转子体积，cm^3；

ρ——原材料的固体或熔体密度，g/cm^3；

a_0——加料系数，按固体或熔体密度计算分别为 0.65、0.80。

(2) 测试操作

① 启动转矩流变仪的微机及动力系统，按照输入程序，使用S指令把标题、加热温度、转子转速、运行控制、参数显示、指令代码等实验条件输入微机处理。

② 当显示的温度偏差为0时，表示混合器加热已达到规定的温度。接通电机，加入被测试试样，开启打印机，开始实验。当达到指令编定的时间时，实验自动停止。

③ 将磁盘插入磁盘驱动器，使用W指令，贮存全部的实验数据。

④ 拆卸、清理干净混合器，为再次实验做好准备。

2.3.5 实验结果与报告

2.3.5.1 实验结果

(1) 数据整理

① 把系统40程序及贮存实验数据的两磁盘分别插入一号、二号磁盘驱动器，用T指令，阅读存入的实验数据。

② 使用R指令，输入欲得实验数据的起、止时间和显示数据的间隔时间，得到实验数值表，用P指令打印出来。

③ 使用A指令，输入欲得实验图形的起、止时间和图形X、Y、Z轴表征的实验参数，得出实验图，用P指令打印出来。

(2) 实验结果表述

① 写出转矩流变仪测试高聚物流变性的原理及测试时的各项实验条件。

② 以实验所得数值、图形为例，讨论在高聚物结构研究、材料配方选择、成型工艺条件控制、成型机械及模具设计等方面的应用。

2.3.5.2 实验报告

实验报告应包括下列内容如下：

① 实验名称、要求和实验原理；

② 实验仪器、原材料名称、型号、生产厂商；

③ 实验操作步骤；

④ 实验条件（标准）和实验结果表述；

⑤ 解答思考题。

2.3.5.3 思考题

① 塑化曲线上的各拐点、极值点和平台代表什么意义？

② 如何确定实验时间，如果在190℃下，实验时间延长至20min，会出现什么现象？塑化曲线会如何变化？

③ 从测试物料及实验过程如何保证实验结果的可靠性？

④ 试比较毛细管流变仪和转矩流变仪各自的特点。

2.4 热塑性塑料熔体流动性

热塑性塑料熔体流动性是塑料本性在熔融流动状态下的反映。了解热塑性塑料熔体流动性对指导熔融成型加工塑料，如设计模具结构、选择成型机械、确定成型工艺参数有重要作用。热塑性塑料熔体流动性可用熔体黏度、特性黏数、流变曲线、熔体流动速率（熔体指数）、标准螺旋形流道流动长度等参数、函数或技术指标的测定加以表征。其中熔体黏度、特性黏数测定和流变曲线实验在材料及其成型加工应用研究中广泛被使用，而熔体流动指数和标准螺旋形流道流动长度测定普遍应用于工业生产。

2.4.1 熔体流变曲线

2.4.1.1 实验目的与原理

（1）实验目的　通过本实验使学生了解高分子材料熔体流动变形特性以及随温度、应力、材料性质塑化性能变化规律，掌握由高分子材料流变特性拟定成型加工工艺的方法，熟悉毛细管流变仪测定高分子材料流变性能的原理及操作。

（2）实验原理　塑料熔体流变性有多种测定方法。通常随使用的仪器类型而不同。用于测量流变性能的仪器一般称为流变仪，有时又叫黏度计，其类型按施力的状况主要有落球式、转矩式和毛细管挤出式等几种，这些不同类型的仪器，分别适用于不同黏性流体在不同剪切速率范围的测定。各种流变仪测定的剪切速率和黏度范围如表 2-3 所示。

表 2-3　几种流变仪适用范围

流 变 仪	黏度范围/Pa·s	剪切速率/s^{-1}	流 变 仪	黏度范围/Pa·s	剪切速率/s^{-1}
毛细管挤出式	$10^{-1}\sim10^{7}$	$10^{-1}\sim10^{6}$	平行平板式	$10^{2}\sim10^{3}$	极低
旋转圆筒式	$10^{-1}\sim10^{11}$	$10^{-3}\sim10^{1}$	落球式	$10^{-3}\sim10^{3}$	极低
旋转锥板式	$10^{2}\sim10^{11}$	$10^{-3}\sim10^{1}$			

在测定和研究塑料熔体流变性的各种仪器中，毛细管流变仪是一种常用的较为合适的实验仪器，它具有多种功能和宽广范围的剪切速率容量。毛细管流变仪既可以测定塑料熔体在毛细管中的剪切应力和剪切速率的关系，又可以根据挤出物的直径和外观或在恒定应力下通过改变毛细管的长径比来研究熔体的弹性和不稳定流动（包括熔体破碎）现象；从而预测其加工行为，作为选择复合物配方、寻求最佳成型工艺条件和控制产品质量的凭借；或者为辅助成型模具和塑料机械设计提供基本数据。

毛细管流变仪测试的基本原理是：设在一个无限长的圆形毛细管中，塑料熔体在管中的流动为一种不可压缩的黏性流体的稳定层流流动；毛细管两端的压力差为 ΔP，由于流体具有黏性，它必然受到自管体与流动方向相反的作用力，通过黏滞阻力应与推动力相平衡等流体力学过程原理的推导，可得到管壁处的剪切应力（τ_w）和剪切速率（γ_m）与压力、熔体流率的关系。

$$\tau_w=\frac{R\Delta P}{2L} \tag{2-6}$$

式中　R——毛细管的半径，cm；

L——毛细管的长度，cm；

ΔP——毛细管两端的压力差，Pa。

$$\gamma_w=\frac{4Q}{\pi R^3} \tag{2-7}$$

式中　Q——熔体容积流率，cm^3/s。

由此，在温度和毛细管长径比（L/D）一定的条件下，测定在不同的压力下塑料熔体通过毛细管的流动速率（Q），由流动速率和毛细管两端的压力差 ΔP，可计算出相应的 τ_w 和 γ_w 值，将一组对应的 τ_w 和 γ_w 在双对数坐标纸上绘制流动曲线图，即可求得非牛顿指数（n）和熔体的表观黏度（η_a）；改变温度或改变毛细管长径比，则可得到代表黏度对温度依赖性的黏流活化能（$E\eta$）；以及离模膨胀比（B）等表征流变特性的物理参数。

但是，对大多数塑料熔体来说都属于非牛顿液体，它在管中流动时具有弹性效应、壁面滑移和流动过程的压力降等特性。况且在实验中毛细管的长度都是有限的，由上述假设推导测得的实验结果将产生一定的偏差。为此，对假设熔体为牛顿流体推导的剪切速率 γ_w 和适用于无限长毛细管的剪切应力 τ_w 必须进行“非牛顿改正”和“入口改正”，方能得到毛细管管壁上的真实剪切速率和真实剪切应力。不过，改正手续较繁复，工作量很大，如若毛细管的 $L/D>40$，或该测试数据仅用于实验对比时，也可不作改正要求。

2.4.1.2 原材料试样与设备

（1）原材料试样　热塑性塑料及其复合物粉料、粒料等。根据塑料类型按相应规定进行干燥处理。

本次实验试样采用低密度聚乙烯粒料，$MFR=1\sim5$g/10min。

（2）毛细管流变仪　本实验采用 HAAKE 微机控制转矩流变仪及其 ϕ25 单螺杆挤出机和不同长径比的毛细管口模进行实验。所测塑料在单螺杆挤出机中熔融塑化后被输送，并通过毛细管口模挤出。当塑料熔体通过毛细管口模时，由安装在毛细管口模入口处的压力传感器和热电偶，测试出熔体的压力和温度，微机记录下熔体压力和温度数值并显示打印出来。毛细管规格为：直径 0.05 寸（1.27mm），长径比（$L:D$）：15∶1、20∶1、30∶1 和 40∶1。其主体结构如图 2-5 所示。

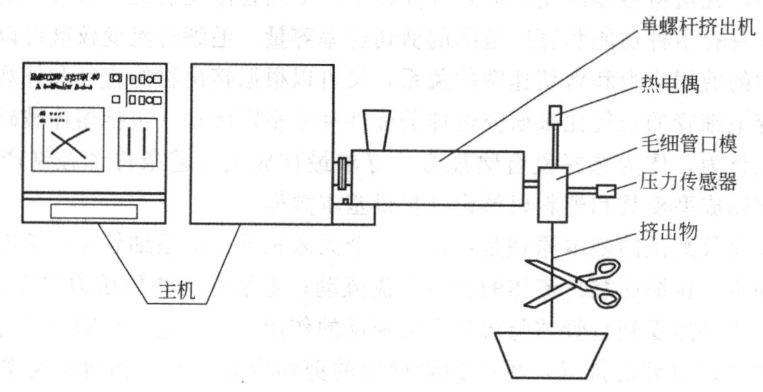

图 2-5　哈克转矩流变仪工作示意图

（3）其他实验用具　天平 1 台，感量 0.1g；秒表 1 个；游标卡尺，最小分度 0.02mm。

2.4.1.3 实验步骤

（1）准备工作

① 阅读 HAAKE 微机控制转矩流变仪说明书，了解其工作原理、技术规格和安装、使用、清理等有关规定。

② 把 ϕ25 单螺杆挤出机安装在 HAAKE 微机控制转矩流变仪动力系统的支架上，再

把毛细管口模紧密安装在挤出机上。

③ 把压力传感器、测试熔体温度的热电偶安装在毛细管口模上，并连接好所有插头。

(2) 实验操作

① 启动 HAAKE 微机控制转矩流变仪的微机及动力系统，按实验要求设定所有的实验参数。

② 当达到指定温度（显示的温度偏差为 0）时，恒温 15min，并校正流变仪系统和压力传感器。

③ 启动挤出机，将螺杆转速调至 10r/min，加料，当挤出条件达到平衡时，开启打印机，开始实验，记录实验数据。取样，测试塑料熔体的质量流速（g/min）。收集挤出物，观察外形，测量直径。

④ 调节螺杆转速，在同一温度，不同的转速下，重复上述实验操作。建议螺杆转速以 10r/min 之差递增，从 10～100r/min 进行实验。

⑤ 实验结束后，把数据文件储存在磁盘上。

⑥ 清理挤出机、毛细管口模，为再次实验做好准备。

2.4.1.4 实验结果及数据处理

方法一：用 HAAKE 微机控制转矩流变仪（sys40）毛细管流变性软件程序进行数据处理。将该程序磁盘及数据磁盘分别插入一号和二号磁盘驱动器，根据程序磁盘的提问，输入相应的数据，最后打印输出各转速下的压力降、表观剪切速率、剪切应力、真实剪切速率、黏度等参数，并作出 $\gamma_{w改}$-τ_w、γ_w-η_a 曲线图。

方法二：

(1) 根据公式计算

① 熔体容积流率 Q（cm^3/s）

$$Q=\frac{M}{60\rho_m} \tag{2-8}$$

式中 M——熔体质量流率，g/min；

ρ_m——试样的熔体密度，g/cm^3。

② 熔体的表观黏度 η_a（Pa・s）

$$\eta_a=\frac{\tau_w}{\gamma_w} \tag{2-9}$$

式中 τ_w——管壁处的表观剪切应力，Pa；

γ_w——管壁处的表观剪切速率，s^{-1}。

③ 非牛顿改正

$$\gamma_{w改}=\frac{(3n+1)}{4n}\gamma_w \tag{2-10}$$

式中 $\gamma_{w改}$——管壁处的真实剪切速率，s^{-1}；

n——非牛顿指数。

④ 入口改正

$$\tau_{w改}=\frac{\Delta P}{2(L/R+e)} \tag{2-11}$$

式中　$\tau_{w改}$——管壁处的真实剪切应力，Pa；

e——改正因子。

⑤ 离模膨胀比 B

$$B=\frac{D_s}{D} \tag{2-12}$$

式中　D_s——挤出物的直径，mm；

D——毛细管的直径，mm。

(2) 数据处理及作图

① 将测试数据代入以上公式中，分别计算出各转速下熔体容积流率（Q）及其对应的表观剪切应力（τ_w）和表观剪切速率（γ_w）。

② 计算出表观黏度（η_a）后，将各 Q、τ_w、γ_w、η_a 的计算值列入表 2-4 中，同时在双对数坐标纸上绘制 τ_w 对 γ_w 的流变曲线，在 γ_w 不大的范围内可得一直线，该直线的斜率则为非牛顿指数（n）。

③ 将 n 代入 γ_w 式中，进行非牛顿改正可得到毛细管管壁处的真实剪切速率（$\gamma_{w改}$）。

④ 把恒定温度下测得不同长径比（L/D）毛细管的一系列压力降（ΔP）对表观剪切速率（γ_w）作图，再在恒定 γ_w 下绘制 $\Delta P \sim L/R$ 图形，将其所得直线外推与 L/R 轴相交，该 L/R 轴上的截距（e）即为 Bagley 改正因子。把 e 代入 τ_w 式，就可得到毛细管壁处的真实剪切应力（$\tau_{w改}$）。

⑤ 利用不同温度下测得的塑料熔体表观黏度绘制 $\ln \eta_a$-$\frac{1}{T}$关系图，在一定的温度范围内图形是一直线，该直线的斜率即能表征熔体的黏流活化能 $E\eta$。

⑥ 将挤出物（单丝）冷却后用测微器测量其直径（D_s）（为减少挤出物自重所引起的单丝变细，测量应靠单丝端部进行，最好选用溶液接托法取样）。由 B 式可计算出膨胀比（B）；另外还可用放大镜观察挤出物的外观（表面粗糙无光和表面呈微细不规则且有相当间距的棱柱形者为鲨鱼皮症；挤出物被扭曲为波纹，竹节或螺旋以及支离破碎的料团称熔体破碎）。

表 2-4　LDPE 熔体流变数据测试记录

转速 /(r/min)	L/D	T /℃	ΔP /Pa	M /g	T /s	Q /(cm³/s)	t_w /Pa	γ_w /s^{-1}	η_a /(Pa·s)	B

2.4.1.5　实验报告与思考题

(1) 实验报告应包括下列内容：

① 实验名称、要求和实验原理；

② 实验仪器、原材料名称、型号、生产厂商；

③ 实验操作步骤和实验条件（标准）；

④ LDPE 熔体流变数据测试记录及数据处理

⑤ 解答思考题。

（2）思考题

① 试考虑为什么要进行“非牛顿改正”和“入口改正”？怎样进行改正？

② 为保证实验结果的可靠性，操作及数据处理中应特别注意哪些问题？

③ 如何使用高分子材料的流变曲线指导拟定成型加工工艺？

2.4.2 熔体流动速率

2.4.2.1 实验目的与原理

（1）实验目的　通过本实验使学生了解塑料熔体流动指数与分子量大小及其分布的关系，熟悉测定塑料熔体流动指数的原理及操作。

（2）实验原理　塑料熔体流动速率（*MFR*）是指在一定温度和负荷下，塑料熔体每10min通过标准口模的质量（g/10min）。

在塑料成型加工中，熔体流动速率是用来衡量塑料熔体流动性的一个重要指标，其测试仪器通常称为塑料熔体流动速率测试仪（或熔体指数仪）。对一定结构的塑料熔体，若所测得*MFR*愈大，表征该塑料熔体的平均分子量愈低，成型时流动性愈好。但此种仪器测得的流动性能指标，是在低剪切速率下获得的，不存在广泛的应力-应变速率关系。因而不能用来研究塑料熔体黏度与温度，黏度与剪切速率的依赖关系，仅能比较相同结构聚合物分子量或熔体黏度的相对数值。

此法测定熔体流动速率简便易行，对材料的选择和成型工艺条件的确定有其重要的实用价值，工业生产上得到广泛采用。

2.4.2.2 原材料试样

（1）试样形状　颗粒、粉料、小块、薄片或其他形状的热料性塑料。

（2）试样干燥处理　吸湿性塑料，测试前应按产品标准规定进行干燥处理。

2.4.2.3 实验设备

（1）塑料熔体流动速率测试仪　该仪器系由试料挤出系统和加热控温系统两部分组成。其主体结构（试料挤出系统）示意图如图2-6。

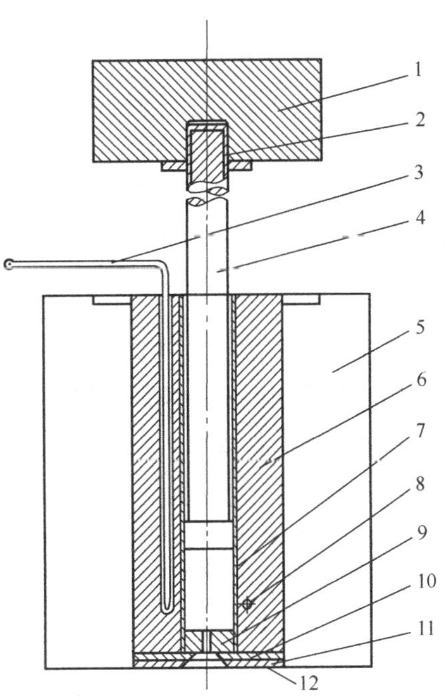

图2-6　熔体流动速率仪示意图

1—砝码；2—砝码托盘；3—温度计；4—活塞；5—隔热套；6—炉体；7—料筒；8—控温元件；9—标准口模；10—隔热层；11—隔热垫；12—托盘

熔体流动速率仪主要技术特性

负荷由砝码、托盘（231g）、活塞（94g）之和组成，分为325g、1200g、2160g、5000g几个档次。

标准口模直径 $\phi(2.095\pm0.005)$mm 和 $\phi(1.180\pm0.010)$mm；

标准口模长度 (8.000 ± 0.025)mm，内壁粗糙度不低于 $\stackrel{3.2}{\bigtriangledown}$；

料筒长度160mm，料筒直径 $\phi(9.55\pm0.025)$mm；

温度范围：室温～400℃连续可调，出料口上端127mm处温度波动≤±0.5℃。

(2) 其他实验用具　天平1台（感量0.001g），秒表1个（精确至0.1s），装料漏斗，切割和放置切取样条的锋利刮刀，玻璃镜，液体石蜡，绸布和棉纱，镊子，清洗杆和铜丝等清洗用具。

2.4.2.4　实验条件

(1) 标准实验条件　测定结构不同的塑料熔体流动速率，所选择的温度、负荷等各不相同，其规定标准如表2-5。

表2-5　标准实验条件

序　号	标准口模内径/mm	实验温度/℃	口模系数/(g/mm³)	负　荷
1	1.180	190	46.6	2.160
2	2.095	190	70	0.325
3	2.095	190	464	2.160
4	2.095	190	1073	5.000
5	2.095	190	2146	10.000
6	2.095	190	4635	21.600
7	2.095	200	1073	5.000
8	2.095	200	2146	10.000
9	2.095	220	2146	10.000
10	2.095	230	70	0.325
11	2.095	230	258	1.200
12	2.095	230	464	2.160
13	2.095	230	815	3.800
14	2.095	230	1073	5.000
15	2.095	275	70	0.325
16	2.095	300	258	1.200

(2) 有关塑料实验条件　按表2-6序号选用。共聚、共混和改性等类型的塑料可参照上述分类实验条件选用。

表2-6　塑料实验条件

塑料种类	实验序号	塑料种类	实验序号	塑料种类	实验序号
聚乙烯	1、2、3、4、6	ABS	7、9	聚甲醛	3
聚苯乙烯	5、7、11、13	聚苯醚	12、14	丙烯酸酯	8、11、13
聚酰胺	10、15	聚碳酸酯	16	纤维素酯	2、3

2.4.2.5　实验步骤

(1) 实验准备　熟悉熔体流动速率仪主体结构和操作规程，根据塑料类型按表2-5选择测试条件，安装好口模，在料筒内插入活塞。接通电源开始升温，调节加热控制系统使温度达到要求温度，恒温至少 15min。

预计试料的 MFR 范围，按表 2-7 称取试料（准确至 0.1g）。

表 2-7　试样加入量与切样时间间隔

流动速率/(g/10min)	试样加入量/g	切样时间间隔/s	流动速率/(g/10min)	试样加入量/g	切样时间间隔/s
0.1～0.5	3～4	120～240	>3.5～10	6～8	10～30
>0.5～1.0	3～4	60～120	>10～25	6～8	5～10
>1.0～3.5	4～5	30～60			

（2）取出活塞将试料加入料筒，随即把活塞再插入料筒并压紧试料，预热 4min 使炉温回复至要求温度。

（3）在活塞顶托盘上加上砝码，随即用手轻轻下压，促使活塞在 1min 内降至下环形标记距料筒口 5～10mm 处。待活塞（不用手）继续降至下环形标记与料筒口相平行时，切除已流出的样条，并按表 2-7 规定的切样时间间隔开始切样，保留连续切取的无气泡样条三个。当活塞下降至上环形标记和料筒口相平行时，停止切样。

（4）停止切样后，趁热将余料全部压出，立即取出活塞和口模，除去表面的余料并用合适的黄铜丝顶出口模内的残料。然后取出料筒用绸布蘸少许溶剂伸入筒中边推边转地清洗几次，直至料筒内表面清洁光亮为止。

（5）所取样条冷却后，置于天平上分别称其质量（准确至 0.001g）。若其质量的最大值和最小值之差大于平均值的 10%，则实验重作。

2.4.2.6　实验结果与报告

（1）实验结果

试料的熔体流动速率按式（2-13）计算：

$$MFR=\frac{600\times W}{t} \tag{2-13}$$

式中　MFR——熔体流动速率，g/10min；

W——切取样条质量的算术平均值，g；

t——切样时间间隔，min。

实验结果取二位有效数字。

（2）实验报告　实验报告应包括下列内容：

① 实验名称、要求和实验原理；

② 实验仪器、原材料名称、型号、生产厂商；

③ 实验操作步骤和实验条件（标准）；

④ 实验数据处理；

⑤ 解答思考题。

（3）思考题

① 哪些因素影响测定结果？举例说明。

② 是否所有热塑性塑料均可进行 MFR 测定？塑料合金呢？

2.5 热固性塑料流动性

2.5.1 实验目的与原理

(1) 实验目的　通过本实验使学生了解热固性塑料在熔融状态下流动性与组成和温度、压力、时间等工艺参数之间的关系，熟悉测定热固性塑料熔体流动度的原理及操作。

(2) 实验原理

热固性塑料受热时也像热塑性塑料一样，有较宽的流动温度区间（即成型温度区间）。在这区间内，温度愈高树脂的熔体黏度愈低，在压力的作用下充满模具型腔的能力愈强，即流动愈好。但高温下树脂形成交联的化学反应进行得很快，致使低黏度下的停留时间缩短，有可能物料尚未充满型腔时树脂黏度已过大而流动停止，给成型带来困难。

通常按流动性的大小将热固性塑料分成几级，对不同的制品流动性等级要求是不同的。模塑形状复杂的大型制件时，以流动性较大者为好，但如果流动性太大也是不适宜的，会出现塑料的型腔内填塞不紧，溢料或树脂与填料分头集中等不良现象，造成上下模面粘住或使导向部件发生阻塞，给脱模和清理工作添加麻烦，从而影响制品质量。

本实验采用拉西格流程法测试热固性塑料的流动性，其测试原理是在规定的温度、压力和压制时间内，用一定质量的热固性塑料粉，经拉西格流动性压模压制成型，测量物料在压模内棱柱体流槽中，所得杆状试样的长度，用以表征该试料的流动性。杆状试样越长，表示流动性越好。

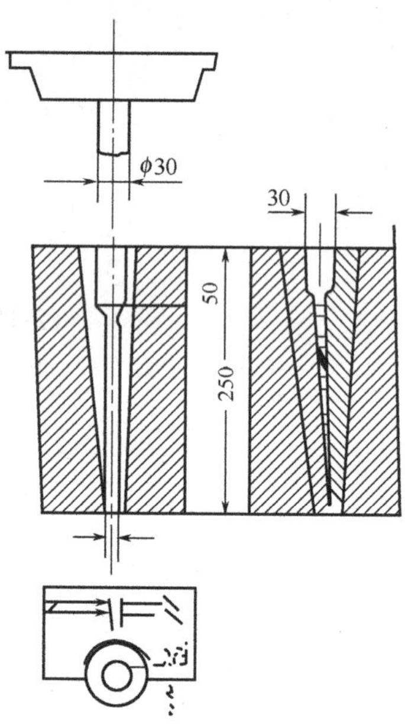

图 2-7　拉西格压模主体结构示意

热固性塑料流动的大小，除原料中树脂的缩聚程度、水分含量等主要影响因素外，与填料的性质、状态、比率以及其他添加剂的组成、用量和分散状况都有密切关系，此外，流动性模具型腔表面的粗糙度、传热情况和模塑过程的工艺条件等对杆状试样的长度变化也有直接影响。

2.5.2 原材料、实验设备与方法

酚醛压塑粉等热固性塑料为本试验用原材料。

2.5.2.1　实验设备

(1) 拉西格流动性压模　拉西格压模主体结构如图 2-7 所示，是由两个半片模所组成的钢质圆锥体，在半片圆锥体中具有横截面逐渐减小的棱柱体流道，表面粗糙度 $\overset{0.2}{\bigtriangledown}$（光洁度为▽10），锥体半模嵌装在钢质圆形模套中，模套外备有电热装置以控制压模的加热温度。

(2) 其他实验用具

液压机（压力 30～50MPa）　1～2 台

圆锭模（直径 28mm）　1 付

水银温度计（0～200℃）　2 支

直尺（精度1mm） 1个

天平（感量0.1g） 1台

小铜刀、石棉手套、脱模架、钳子等实验用具

2.5.2.2 实验步骤

(1) 按照液压机操作规程（详见该机使用说明书）检查机器加热、运转情况，并调整至工作状态。根据预压模、拉西格模的受压面积，模塑压强［分别为(50±2)MPa，(30±1)MPa］和液压机的特性参数，由 $P_{表}$ 式分别计算出液压机的表压（油表压力）。

(2) 在天平上称取酚醛塑料粉8g左右（视其密度而定，参见表2-8），在室温下加入圆锭模中；放入液压机工作台中心位置。启动压机，当模具快闭合时应注意放慢速度以防粉料被挤出模外而造成缺料。待油压表指针达到拟定表压时开始计时，保压30s，制得预压圆锭。

(3) 将拉西格模具组装好放入液压机加热板中心位置上，利用加热和控温装置把压机上、下电热极加热至（150±2)℃，继续预热模具5～10min，随后将圆锭轻轻放入模槽圆柱体装料室内，立即施压［要求在20s内使单位压力达到(30±1)MPa］，保温、保压3min。

(4) 切断电源，解除压力，从压机上取出拉西格模具。在脱模架上脱开半片模，取出试样用直尺测量棱柱体细杆的长度（端部缺料、松散部位不计在内）。

(5) 用铜刀清除模具内残留物质、再次组装拉西格模。按上述工艺过程和操作条件重复三次实验。

表 2-8 酚醛塑料粉用量与密度的关系

密度/(g/cm^3)	1.4～1.45	1.5～1.55	1.6～1.65	1.7～1.75	1.8～1.85
酚醛粉用量/g	7.5	8.0	8.5	9.0	9.5

2.5.3 实验结果与报告

2.5.3.1 实验结果

(1) 计算液压机表压 $P_{表}$

$$P_{表}=\frac{P_0 A\times P_{max}}{N_{机}\times 10^3} \tag{2-14}$$

式中 $P_{表}$——机油压表读数，MPa；

P_0——模压压强，MPa；

A——模具投影面积，cm；

P_{max}——大工作液压，t；

$N_{机}$——压机公称吨位，t。

(2) 以三次实验所得棱柱体细杆长度的算术平均值（mm）表实验结果。每次实验与算术平均值之差应在10mm以内，否则要求重作实验。

2.5.3.2 实验报告

实验报告应包括下列内容：

① 实验名称、要求和实验原理；

② 实验设备、原材料名称、型号、生产厂商；

③ 实验操作步骤和实验条件记录表；

④ 实验结果及处理；

⑤ 解答思考题。

2.5.3.3 思考题

① 如何改善热固性塑料熔体流动度？

② 哪些成型加工条件影响热固性塑料熔体流动度？

3 高分子材料性能测试

3.1 力学性能

高分子材料力学性能测试均应按国家标准规定进行，其实验方法总则如下：

(1) 试样制备

① 薄膜试样　用锋利切样刀或锋利刀片裁切。

② 软板、片试样　用锋利切样刀在衬垫物上冲切。衬垫物的硬度为70～95（邵氏A)。

③ 模塑试样　按有关标准或协议模塑。

④ 硬质板材试样　用机械加工方法加工。加工时不应使试样受到过分的冲击、挤压和受热。

⑤ 各向异性材料试样　应沿纵、横方向分别取样。

(2) 试样外观检查　试样表面应平整，无气泡、裂纹、分层、明显杂质和加工损伤等缺陷。

(3) 实验环境

① 温度　热塑性塑料为(25±2)℃；热固性塑料为(25±5)℃。

② 湿度　相对湿度为(65±5)％。

(4) 试样预处理　将试样置放于第三条规定的环境中，使其表面尽可能暴露在环境中，不同厚度（d）的试样其处理时间如下：

$d \leqslant 0.25$mm 的试样不少于4h；

$0.25 < d \leqslant 2$mm 的试样不少于8h；

$d > 2$mm 的试样不少于16h。

(5) 材料实验机应定期经国家计量部门鉴定。

(6) 试样如有特殊要求时，可按产品标准规定进行。

3.1.1 拉伸实验

3.1.1.1 实验目的与原理

(1) 实验目的

① 熟悉高分子材料拉伸性能测试标准条件、测试原理及其操作。

② 了解测试条件对测定结果的影响。

(2) 实验原理　将试样夹持在专用夹具上，对试样施加静态拉伸负荷，通过压力传感器、形变测量装置以及计算机处理，测绘出试样在拉伸变形过程中的拉伸应力～应变曲线，计算出曲线上的特征点如试样直至断裂为止所承受的最大拉伸应力（拉伸强度）、试样断裂时的拉伸应力（拉伸断裂应力）、在拉伸应力-应变曲线上屈服点处的应力（拉伸屈服应力）、应力-应变曲线偏离直线性达规定应变百分数（偏置）时的应力（偏置屈服应力）和试样断裂时标线间距离的增加量与初始标距之比（断裂伸长率，以百分率表示）。

3.1.1.2 实验试样

（1）试样的类型和尺寸

① Ⅰ型试样 Ⅰ型试样形状及尺寸分别见图 3-1 和表 3-1。

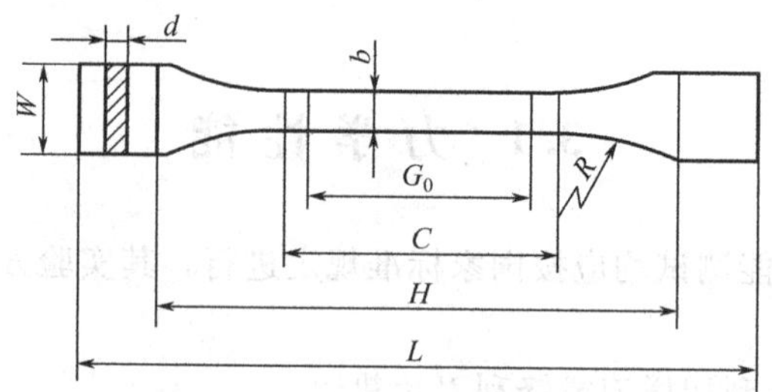

图 3-1 Ⅰ型试样

表 3-1 Ⅰ型试样尺寸（mm）

符号	名称	尺寸	公差	符号	名称	尺寸	公差
L	总长(最小)	150	—	W	端部宽度	20	±0.2
H	夹具间距离	115	±5.0	d	厚度	见 3.1(4)	—
C	中间平行部分长度	60	±0.5	b	中间平行部分宽度	10	±0.2
G_0	标距(或有效部分)	50	±0.5	R	半径[最小]	60	±

② Ⅱ型试样 Ⅱ型试样形状及尺寸分别见图 3-2 和表 3-2。

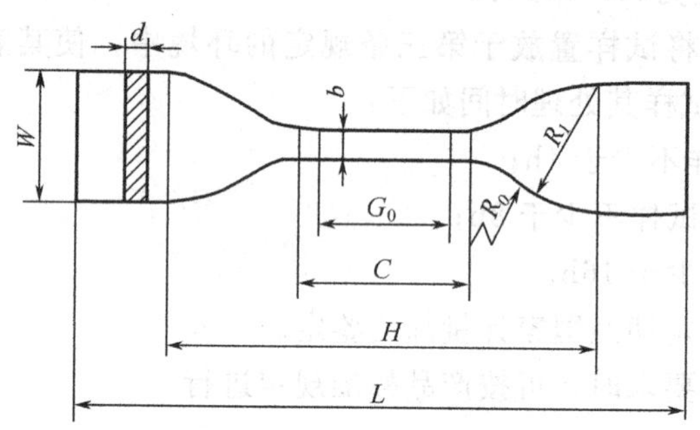

图 3-2 Ⅱ型试样

表 3-2 Ⅱ型试样尺寸（mm）

符号	名称	尺寸	公差	符号	名称	尺寸	公差
L	总长(最小)	115	—	d	厚度	见 3.1(4)	—
H	夹具间距离	80	±5.0	b	中间平行部分宽度	6	±0.4
C	中间平行部分长度	33	±2.0	R_0	小半径	14	±1.0
G_0	标距(或有效部分)	25	±1.0	R_1	大半径	25	±2.0
W	端部宽度	25	±1.0				

③ Ⅲ型试样 Ⅲ型试样形状及尺寸分别见图 3-3 和表 3-3。

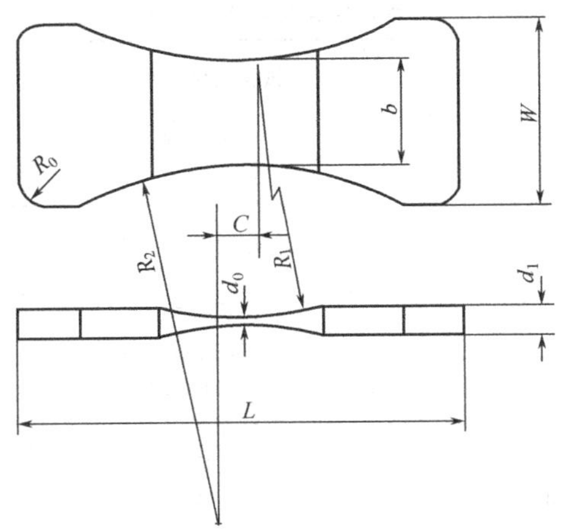

图 3-3　Ⅲ型试样

表 3-3　Ⅲ型试样尺寸（mm）

符　号	名　　称	尺　寸	公　差	符　号	名　　称	尺　寸	公　差
L	总长	110	±5%	b	中间平行部分宽度	25	±5%
C	中间平行部分长度	9.5		R_0	端部半径	6.5	
W	端部宽度	45		R_1	表面半径	75	
d_0	中间平行部分厚度	3.2		R_2	侧面半径	75	
d_1	端部厚度	6.5					

④ Ⅳ型试样　Ⅳ型试样形状及尺寸分别见图 3-4 和表 3-4。

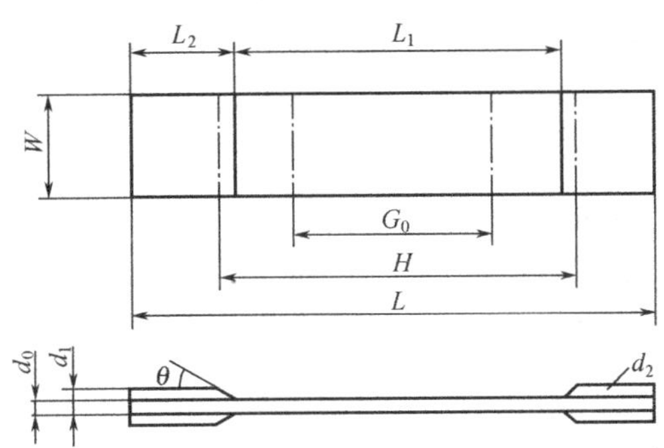

图 3-4　Ⅳ型试样

表 3-4　Ⅳ型试样尺寸（mm）

符　号	名　　称	尺　寸	公　差	符　号	名　　称	尺　寸	公　差
L	总长[最小]	250	—	L_1	加强片间长度	150	±5.0
H	夹具间距离	170	±5.0	d_0	厚度	2～10	—
W	宽度	25 或 50	±0.5	d_1	加强片厚度	3～10	—
G_0	标距[或有效部分]	100	±0.5	θ	加强片角度	5°～30°	—
L_2	加强片最小长度	50	—	d_2	加强片	—	—

（2）试样类型的选择　不同的材料由于尺寸效应不同，故应尽量减少缺陷和结构不均匀性对测定结果的影响，按表 3-5 选用国家标准规定的拉伸试样类型以及相应的实验速度。

表 3-5 拉伸试样类型以及相应的实验速度

试样材料	试样类型	试样制备方法	试样最佳厚度/mm	试验速度
硬质热塑性塑料 热塑性增强塑料	Ⅰ型	注塑成型 压制成型	4	B、C、D、E、F
硬质热塑性塑料板热固性塑料板 (包括层压板)	Ⅰ型	机械加工	4	A、B、C、D、E、F、G
软质热塑性塑料 软质热塑性塑料板	Ⅱ型	注塑成型 压制成型 板材机械加工 板材冲切加工	2	F、G、H、I
热固性塑料 包括经填充和纤维增强的塑料	Ⅲ型①	注塑成型 压制成型	—	C
热固性增强塑料板	Ⅳ型	机械加工	—	B、C、D

① Ⅲ型试样仅用于测定拉伸强度。

(3) 试样的制备及要求

① 试样制备和外观检查，按 GB 1039 规定进行。

② 试样厚度除表中规定外，板材厚度 $d \leqslant 10$mm 时，可用原厚为试样厚度；当厚度 $d > 10$mm 时，应从两面等量机械加工至 10mm，或按产品标准规定加工。

③ 每组试样不少于 5 个。对各向异性的板材应分别从平行与主轴和垂直与主轴的方向各取一组试样。

3.1.1.3 实验条件

实验速度设有以下九种：

速度 A 1mm/min±50%；

速度 B 2mm/min±50%；

速度 C 5mm/min±50%；

速度 D 10mm/min±50%；

速度 E 20mm/min±50%；

速度 F 50mm/min±50%；

速度 G 100mm/min±50%；

速度 H 200mm/min±50%；

速度 I 500mm/min±50%。

实验速度应从表 3-5 中与各种试样类型所对应的实验速度范围内选取。实验速度应为试样在 0.5～5min 实验时间内断裂的最低速度。实验速度也允许按产品标准的规定另选其他实验速度。

本次实验采用试样为 4.3.2 实验中制备的 PS 多功能用途的拉伸试样以及用多型腔模具注塑成型的 PS 拉伸试样。

3.1.1.4 实验设备

(1) 实验机 任何能满足实验要求的、具有多种移动速率的实验机均可使用。

实验机示值应在每级表盘满刻度的 10%～90% 之间，不得小于实验机最大载荷的

4%读取，示值的误差应在±1%之内。电子拉力实验机按有关规定执行。

(2) 形变测量装置　测量误差应在±1%之内。

(3) 夹具　实验夹具移动速度应符合规定要求。测量Ⅲ型试样时，推荐使用图 3-5 所示的专用夹具。也可以使用能满足实验要求的其他夹具。

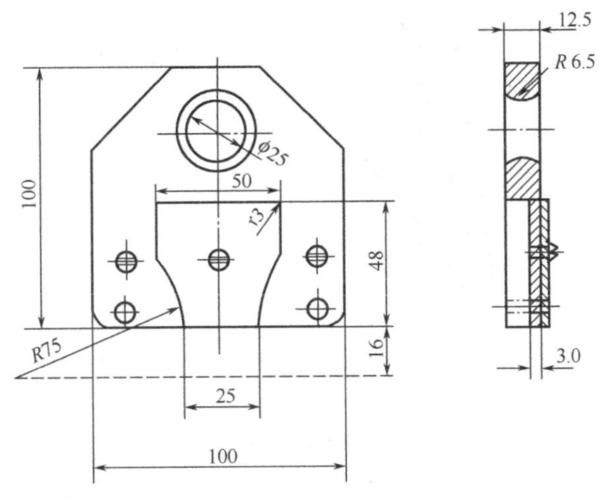

图 3-5　Ⅲ型试样夹具

3.1.1.5　实验步骤

(1) 试样的状态调节和实验环境按 GB 2918 规定进行。

(2) 测量试样中间平行部分的宽度和厚度，精确至 0.01mm。Ⅱ型试样中间平行部分的宽度，精确至 0.05mm。每个试样测量三点，取算术平均值。

(3) 在试样中间平行部分做标线示明标距，此标线对测试结果不应有影响。

(4) 夹持试样，夹具夹持试样时，要使试样纵轴与上、下夹具中心连线相重合，并且要松紧适宜，以防止试样滑脱或断在夹具内。

(5) 选定实验速度，进行实验。

(6) 记录屈服时的负荷，或断裂负荷及标距间伸长。若试样断裂在中间平行部分之外时，此试样作废，另取试样补做。

3.1.1.6　结果的计算和表示

(1) 拉伸强度或拉伸断裂应力或拉伸屈服应力或偏置屈服应力 σ_t

σ_t 按式 (3-1) 计算：

$$\sigma_t=\frac{p}{bd} \tag{3-1}$$

式中　σ_t——抗拉伸强度或拉伸断裂应力或拉伸屈服应力或偏置屈服应力，MPa；

p——最大负荷或断裂负荷或屈服负荷或偏置屈服负荷，N；

b——试样宽度，mm；

d——试样厚度，mm。

各应力值在拉伸应力-应变曲线上的位置见图 3-6。

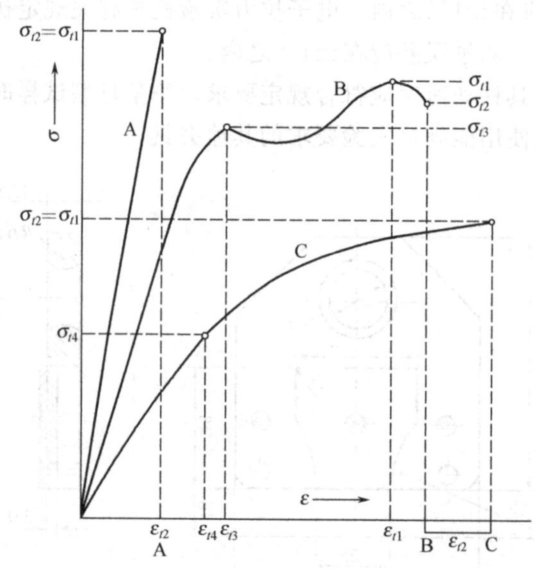

图 3-6 拉伸应力-应变曲线

σ_{t1}—拉伸强度；ε_{t1}—拉伸时的应变；σ_{t2}—拉伸断裂应力；ε_{t2}—断裂时的应变；σ_{t3}—拉伸屈服应力；ε_{t3}—屈服时的应变；σ_{t4}—偏置屈服应力；ε_{t4}—偏置屈服时的应变 $X\%$；A—脆性材料；B—具有屈服点的韧性材料；C—无屈服点的韧性材料

(2) 断裂伸长率 ε_t　ε_t 按式 (3-2) 计算：

$$\varepsilon_t=\frac{G-G_0}{G_0}\times 100\% \tag{3-2}$$

式中　ε_t—— 断裂伸长率,%；

G_0——试样原始标距，mm；

G——试样断裂时标线间距离，mm。

(3) 标准偏差值 S　S 按式 (3-3) 计算：

$$S=\sqrt{\frac{\sum(X_i-\overline{X})^2}{n-1}} \tag{3-3}$$

式中　S——标准偏差值；

X_i——单个测定值；

$\overline{X}$——一组测定值的算数平均值；

n——测定个数。

(4) 计算结果以算术平均值表示，σ_t 取三位有效数值，ε_t 取二位有效数值，S 取二位有效数值。

3.1.1.7　实验报告与思考题

(1) 实验报告　包括下列内容：

① 材料名称、规格、来源及生产厂；

② 试样的类型、尺寸、制备方法和试样的主轴方向；

③ 实验温度、湿度及试样状态调节；

④ 实验机型号，实验速度；

⑤ 拉伸强度和断裂伸长率；

⑥ 拉伸断裂应力、偏置屈服应力和拉伸屈服应力；

⑦ 解答思考题。

(2) 思考题

① 分析试样断裂在先外的原因。

② 拉伸速度对测试结果有何影响？

③ 同样是 PS 材料，为什么测定的拉伸性能（强度、断裂伸长率、模量）有差异？

3.1.2 压缩实验

3.1.2.1 实验目的与原理

(1) 实验目的

① 熟悉高分子材料压缩性能测试标准条件、测试原理及其操作；

② 了解测试条件对测定结果的影响。

(2) 实验原理 将试样夹持在专用压缩夹具上，对试样施加静态压缩负荷，通过负荷指示器、变形指示器以及计算机处理，测绘出试样的压缩负荷-变形曲线以及变形过程中的特征量如在压缩实验过程中的任一时刻，试样单位原始横截面积所承受的压缩负荷（压缩应力）、由压缩负荷引起的试样高度的改变量（压缩变形）、在压缩实验的负荷-变形曲线上第一次出现的应变或变形增加而负荷不增大的压应力值（压缩屈服应力）、在压缩实验的负荷-变形曲线的横坐标上，在规定的变形百分数处（如 0.2%的压缩应变）平行于曲线的直线部分划一直线，取直线与负荷-变形曲线交点的负荷值与试样的原始截面积之比（压缩偏置屈服应力）、在压缩实验过程中，试样所承受的最大压缩应力（压缩强度）、在应力-应变曲线的线性范围内，压缩应力与压缩应变之比（压缩模量）。

3.1.2.2 原材料试样与实验设备

(1) 原材料试样

① 试样形状和尺寸 试样应为正方柱体或矩形柱体或圆柱体，试样各处高度相差不大于 0.1mm，两端面与主轴必须垂直。

圆柱体：直径(10±0.2)mm，高(20±0.2)mm。

正方柱体：横截面边长(10±0.2)mm，高(20±0.2)mm。

矩形柱体：截面边长(15±0.2)mm，(10±0.2)mm，高(20±0.2) mm。

② 试样所有表面均应无可见裂纹、刮痕或其他可能影响结果的缺陷。

③ 各向同性材料每组试样至少 5 个。

④ 各向异性材料每组取 10 个试样，垂直于和平行于各向异性的主轴方向各取 5 个试样。

本次实验试样采用注射成型高密度聚乙烯弯曲大试样。

(2) 设备 能以规定恒定速度移动，并具有下列各组件的实验机均可使用。实验机应由国家计量部门定期检定。

① 压缩夹具 能准确地沿试样轴向施加负荷，表面粗糙度为 Ra0.8 的硬化钢压板，并应装有自动对中装置。

② 负荷指示器　指示试样所承受的压缩负荷，在规定的实验速度内没有惯性滞后，指示负荷的精度为指示值的±1%或更高。

③ 变形指示器　测定在实验过程中任何时刻两个压板与试样接触面之间或试样两固定点之间距离的装置。在规定负荷速率下不应有滞后，其精确度应为指示值的±1%或更高。

④ 测微计　适用于测量试样的尺寸，精度为0.01mm。

3.1.2.3　实验步骤

(1) 除非产品标准另有规定，否则试样应按GB 2918进行状态调节实验。

(2) 沿试样高度方向测量三处横截面尺寸计算平均值。测量试样高度精度到0.01mm。

(3) 必要时安装变形指示器。

(4) 把试样放在两压板之间，并使试样中心线与两压板中心连线重合，确保试样端面与压板表面平行。调整实验机，使压板表面恰好与试样端面接触，并把此时定为测定形变的零点。

(5) 根据材料的规定调整实验速度。若没有规定，则调整速度1mm/min（表3-6中速度A2)。易变形的材料可以采用表中给出的较高速度。

表3-6　实验速度

项　目	速度/(mm/min)	公差/%	项　目	速度/(mm/min)	公差/%
速度A1	1	±50	速度B	5	±20
速度A2	2	±20	速度C	10	±20

(6) 开动实验机并记录下列各项：

① 适当应变间隔时的负荷及相应的压缩应变；

② 试样破裂瞬间所承受的负荷，以牛顿为单位；

③ 如试样不破裂，记录在屈服或偏置屈服点及规定应变值为25%时的压缩负荷，以牛顿为单位。

3.1.2.4　实验结果表示

(1) 压缩强度、压缩屈服应力、压缩偏置屈服应力和在规定应变时的压缩应力按式(3-4)计算。结果以每组试样结果的算术平均值表示，取三位有效数字。

$$\sigma=\frac{p}{F} \tag{3-4}$$

式中　σ——为压缩强度、压缩屈服应力、压缩偏置屈服应力和规定应变时的压缩应力，MPa；

p——分别为相应应力或强度的负荷值，N；

F——试样的原始横截面积，mm^2。

(2) 压缩应变和压缩屈服应力时的压缩应变按式(3-5)计算。结果以每组试样的算术平均值表示，取三位有效数字。

$$\varepsilon=\frac{\Delta h}{h_0} \tag{3-5}$$

式中　ε——计算的应变值；

Δh——试样的原始高度的变化，mm；

h_0——试样的原始高度，mm。

(3) 压缩模量按式（3-6）计算。结果以三位有效数字表示。

$$E=\frac{\sigma}{\varepsilon} \tag{3-6}$$

式中　E——压缩模量，MPa；

σ——应力-应变曲线的线性范围内的任意应力值，MPa；

ε——与应力-应变曲线的线性范围内的应力相对应的应变值。

(4) 若要求计算标准偏差（s），可按式（3-7）计算：取M位有效数字。

$$s=\sqrt{\frac{\sum(X_i-\overline{X})^2}{n-1}} \tag{3-7}$$

式中　s——标准偏差；

X_i——单个测定值；

$\overline{X}$——组测定值的算术平均值；

n——测定个数。

3.1.2.5　实验报告与思考题

(1) 实验报告　应包括下列内容：

① 材料名称、规格、来源及生产厂；

② 试样的形状、尺寸和制备方法；

③ 在试样上施加模压力的方向；

④ 实验机型号和实验速度；

⑤ 所用的变形指示器的类型；

⑥ 所测试样的数量和报废的数目；

⑦ 实验环境条件；

⑧ 单个实验结果及平均值；

⑨ 解答思考题。

(2) 思考题

① 实验过程中哪些因素会影响测定结果？如何避免？

② 从实验结果，分析高密度聚乙烯试样的压缩特性。

3.1.3　弯曲实验

3.1.3.1　实验目的与原理

(1) 实验目的

① 熟悉高分子材料弯曲性能测试标准条件、测试原理及其操作；

② 了解测试条件对测定结果的影响。

(2) 实验原理　本实验对试样施加静态三点式弯曲负荷，通过压力传感器、负荷及变形指示器，测定试样在弯曲变形过程中的特征量如弯曲过程中任何时刻跨度中心处截面上的最大外层纤维正应力（弯曲应力）、当挠度等于规定值时的弯曲应力（定挠度时弯曲应力）、在定挠度前或之时破断瞬间所达到的弯曲应力（弯曲破坏应力）、在规定挠度前或之时，负荷达到最大值时的弯曲应力（弯曲强度、最大负荷时的弯曲应力）、超过定挠度时，负荷达到最大值时的弯曲应力（表观弯曲强度）。

3.1.3.2　原材料试样

（1）试样尺寸

① 标准试样

长为 80_{0}^{+20}mm，宽为(10±0.5)mm，厚为(4±0.2)mm

② 非标准试样　当不可能使用标准试样时，试样必须符合下列规定：

a. 试样的长度为厚度的 20 倍以上；

b. 试样的宽度从表 3-7 中选定。

表 3-7　非标准试样尺寸（mm）

标称厚度 h	宽度 b	
	基本尺寸	极限偏差
$1<h\leqslant3$	25	±0.5
$3<h\leqslant5$	10	
$5<h\leqslant10$	15	
$10<h\leqslant20$	20	
$20<h\leqslant35$	35	
$35<h\leqslant50$	50	

③ 厚度小于 1mm 的试样不适于进行弯曲实验；厚度大于 50mm 的板材，应单面加工成 50mm，加工面朝向压头。

（2）试样的制备和外观检查按 GB 1039—79 中第 1、2 条执行。

（3）每组试样不少于 5 个。

本次实验试样采用用多型腔模具注塑成型的 PS 长条试样。

3.1.3.3　实验条件

按国家标准 GB 9341—88，实验条件如下：

（1）实验跨度 $L=(16\pm1)d$，跨度测量准确至 0.5%以内；

（2）实验速度调节，标准试样速度为(2.0±0.4)mm/min。

非标准试样的实验速度按式（3-8）计算：

$$V=\frac{S_r \cdot L^2}{6h}\left(1+\frac{4d^2}{L^2}\right) \tag{3-8}$$

式中　V——实验速度，mm/min；

S_r——应变速率，每分钟 0.01；

L——跨度，mm；

h——试样厚度，mm。

（3）规定挠度为试样厚度的 1.5 倍或之前出现断裂时，试样跨度中心的底面偏离原始位置的距离。

3.1.3.4　实验设备

（1）任何一种可做弯曲实验的设备均可使用。

（2）实验机的速度应是恒速、可调，负荷值应从每级表盘满量程的10%～90%之间，但不小于实验机最大负荷的4%开始读取，示值的允许误差在±1%之内。电子拉力实验机按有关规定执行。

（3）实验装置　如图3-7所示：

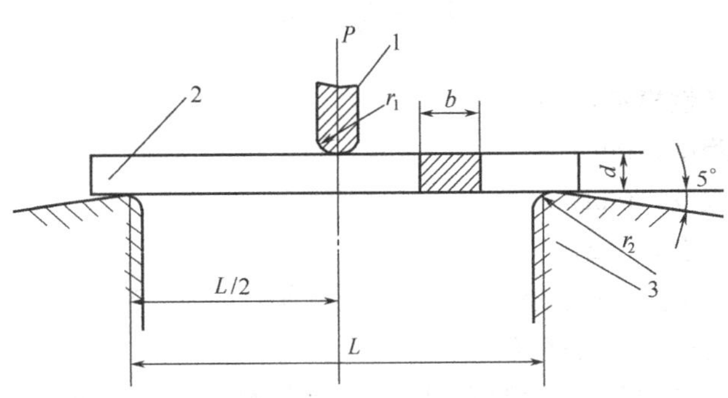

图3-7　实验装置示意图

1—上压头；2—试样；3—试样支座；r_1—压头半径（2mm或5mm）；$r_2=2$；P—弯曲负荷

（4）实验机应备有测定变形的装置，测量精度为0.1mm。

3.1.3.5　实验步骤

（1）按GB 1039—79中第3、4条调节实验环境和处理试样。

（2）测量试样中间部分的宽度和厚度。宽度测量准确到0.05 mm，厚度测量准确到0.01 mm，测量三点取其算术平均值。

（3）根据试样断裂的负荷选择负荷范围。

（4）根据厚度选择跨度、速度和压头。

（5）将试样放于支座上，若一面加工的试样，将加工面朝向压头，压头与试样应是线接触，并保证与试样宽度的接触线垂直于试样长度方向。

（6）开动实验机，加载并记录下列数值：

① 在规定挠度前或之时出现断裂的材料，记录断裂弯曲负荷值；

② 出现最大负荷时，记录最大负荷值。

③ 在达到规定挠度时，不断裂的材料测定规定挠度时的弯曲负荷值。

如有特殊要求，可按要求测定超过规定挠度的弯曲负荷值，但此时按（2）式计算的弯曲强度称为表观弯曲强度。

凡试样断裂在实验跨度三等分中间部分以外的数值应作废，另补试样实验。

3.1.3.6　结果的计算和表示

（1）弯曲应力或弯曲强度 σ_t（MPa）

$$\sigma_t=\frac{3PL}{2bh^2} \tag{3-9}$$

式中　P——试样所承受的弯曲负荷（规定挠度时的负荷、破坏负荷、最大负荷值），N；

L——试样跨度，mm；

b——试样宽度，mm；

h——试样厚度，mm。

(2) 弯曲弹性模量 E_f

E_f 由负荷-挠度曲线的初始部分，按式 (3-10) 计算：

$$E_f=\frac{L^3}{4bh}\cdot\frac{P}{Y} \tag{3-10}$$

式中 E_f——弯曲弹性模量，MPa；

L——试样跨度，mm；

b——试样宽度，mm；

h——试样厚度，mm；

P——在负荷-挠度曲线的线性部分上选定点的负荷，N；

Y——与负荷相对应的挠度，mm。

(3) 计算一组试样的算术平均值，取三位有效数字，若要求计算标准偏差值 (S)，可按式 (3-11) 计算：

$$S=\sqrt{\frac{\sum(X-\overline{X})^2}{n-1}} \tag{3-11}$$

式中 X——单个测定值；

$\overline{X}$——一组测定值的算术平均值；

n——测定值个数。

3.1.3.7 实验报告与思考题

(1) 实验报告　实验报告包括下列内容：

① 材料名称、牌号、来源及制造厂家；

② 试样的制备方法、试样尺寸和各向异性材料切取方向；

③ 实验机型号；

④ 实验条件、温度、速度与跨度；

⑤ 试样的预处理方法；

⑥ 所用试样的数量；

⑦ 在规定挠度时的弯曲应力算术平均值；

⑧ 断裂时的弯曲应力算术平均值；

⑨ 最大负荷时的弯曲强度算术平均值；

⑩ 实验日期、实验人员；

⑪ 解答思考题。

(2) 思考题

① 为什么弯曲实验要规定试样的宽度，并由厚度决定？

② 跨度、实验速度对弯曲强度测定结果有何影响？

③ 从实验结果，分析 PS 材料的弯曲特性。

3.1.4 冲击实验

3.1.4.1 实验目的与原理

（1）实验目的　熟悉高分子材料冲击性能测试的方法、操作及其实验结果处理；了解测试条件对测定结果的影响。

（2）实验原理　对硬质高分子材料试样施加一次冲击负荷使试样破坏，记录下试样破坏时或过程中单位试样截面积所吸收的能量，即冲击强度，来衡量材料冲击韧性。根据实验中试样受力形式和冲击物的几何形状，板、条试样的冲击实验方法可分为：简支梁冲击实验（GB 1093）、悬臂梁冲击实验（GB 1043）和落锤式冲击实验（GB 11548—89）；薄片和薄膜试样的冲击实验方法有抗摆锤冲击（GB 8809）或自由落镖冲击实验（GB 9639—88）。所有冲击实验均应按 GB 2918 规定，在(23±2℃)、常湿下进行试样环境调节，调节时间不少于 4h。

3.1.4.2 简支梁冲击实验

（1）原材料试样

① 注塑标准试样　试样表面应平整、无气泡、裂纹、分层和明显杂质。缺口试样缺口处应无毛刺。

试样类型和尺寸以及相对应的支撑线间的距离见表 3-8。试样的缺口类型和缺口尺寸见表 3-9。试样的优选类型为Ⅰ型。优选的缺口类型为 A 型。

表 3-8　试样类型和尺寸以及相对应的支撑线间的距离（mm）

试样类型	长度 l		宽度 b		厚度 d		支撑线间距离 L
	基本尺寸	极限偏差	基本尺寸	极限偏差	基本尺寸	极限偏差	
1	80	±2	10	±0.5	4	±0.2	60
2	50	±1	6	±0.2	4	±0.2	40
3	120	±2	15	±0.5	10	±0.5	70
4	125	±2	13	±0.5	13	±0.5	95

表 3-9　缺口类型和缺口尺寸（mm）

试样类型	缺口类型	缺口剩余厚度 d_k	缺口底部圆弧半径 r		缺口宽度 n	
			基本尺寸	极限偏差	基本尺寸	极限偏差
1～4	A	0.8d	0.25	±0.05		
	B		1.0			
1、3	C	$\frac{2}{3}d$	≤0.1		2	±0.2
2	C				0.8	±0.1

注：A 型、B 型、C 型缺口的形状和尺寸分别见图 3-8～图 3-10。

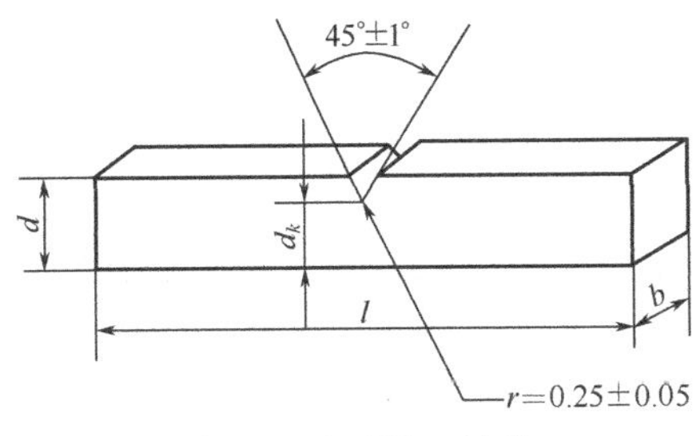

图 3-8　A 型缺口试样

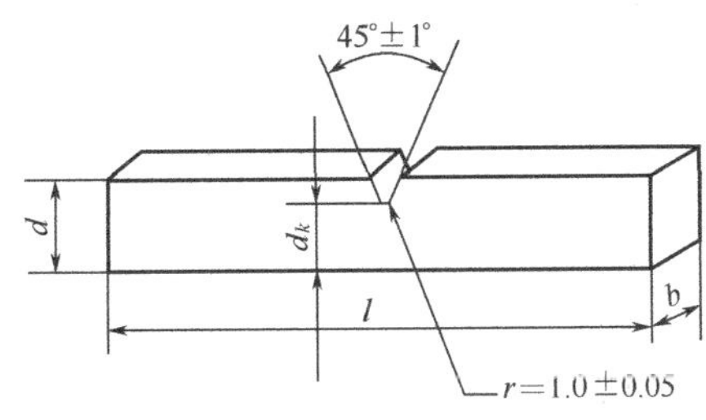

图 3-9　B 型缺口试样

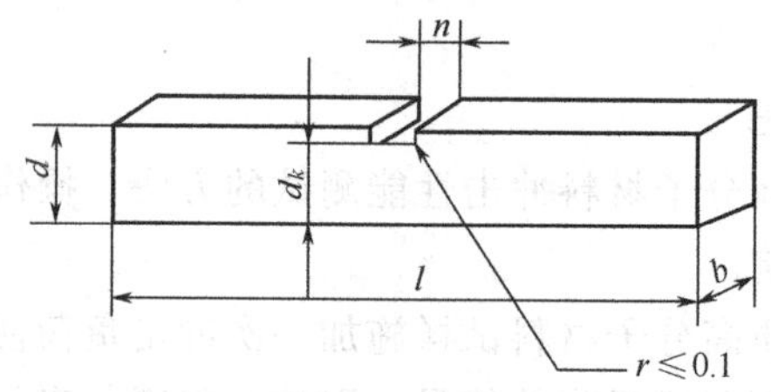

图 3-10　C 型缺口试样

② 板材试样　板材试样厚度在 3～13mm 之间时取原厚。大于 13mm 时应从两面均匀地进行机械加工到 10±0.5 mm。4 型试样厚度须加工到 13mm。

当使用非标准厚度试样时，缺口深度与试样厚度尺寸之比也应分别满足表 3-9 的要求。当厚度小于 3mm 的试样不做冲击实验。

(2) 试样制备

① 模塑料或挤出料　按受试材料的产品标准规定制备试样。若产品标准没有规定，可按 GB 5471 和 GB 9352 制备试样。Ⅰ型试样可以从标准多用途试样上切取。

② 板材　板材试样是将板材进行机械加工制备。试样缺口可在铣床、刨床或专用缺口加工机上加工。加工刀具应无倾角，工作后角为 15°～20°。推荐刀尖线速度约为 90～185m/min，进给速率为 10～130mm/min。检查刀具的锐度，如果半径和外形不在规定范围内，应以新磨的刀具更换。

③ 层压材料　层压材料应在使冲击方向垂直于层压方向（板面方向）和平行于层压方向（板边方向）上各切取一组试样。

如果受试材料的产品标准有规定，可用带模塑缺口的试样。模塑缺口试样和机械加工缺口的试样实验结果不能相比。

除受试材料的产品标准另有规定外，每组试样数应不少于 10 个。各向异性材料应从垂直和平行于主轴的方向上各切取一组试样。

本次实验试样是用多型腔模具注塑成型的共聚聚丙烯（CPP，MFR＝1～5g/10min）长条试样作为无缺口试样，在 CPP 长条试样上用机械加工方法铣出 U 形缺口的长条作为缺口简支梁冲击试样。

(3) 实验设备

① 实验机　实验机应为摆锤式，并由摆锤、试样支座、能量指示机构和机体等主要构件组成。能指示试样破坏过程中所吸收的冲击能量。

实验机应具备表 3-10 所示的特性参数。并应定期由国家计量部门对这些参数进行检定。

表 3-10　摆锤冲击实验机特性参数

冲击能量/J	冲击速度		允许最大摩擦损失/%	校正后允差/J
	基本速度/(m/s)	极限偏差/%		
0.5	2.9	±10	4	0.01
1.0			2	0.01
2.0			1	0.01
4.0			0.5	0.02
7.5	3.8	±10	0.5	0.05
15.0				0.05
25.0				0.10
50.0				0.10

② 摆体　摆体是实验机的核心部分，它包括旋转轴、控杆、摆锤和冲击刀刃等部件。旋转轴心到摆锤打击中心的距离与旋转轴心至试样中心距离应一致，两者之差不应超过后者的±1%。冲击刀刃规定夹角为30°±1°，端部圆弧半径为(2.0±0.5)mm。摆锤下摆时，刀刃通过两支座间的中央偏差不得超过±0.2mm，刀刃应与试样的打击面接触。接触线应与试样长轴线相垂直，偏差不超过±2°。

③ 试样支座　为两块安装牢固的支撑块，能使试样成水平，其偏差在1/20以内。在冲击瞬间应能使试样打击面平行于摆锤冲击刀刃，其偏差在1/200以内。

两支撑块的位置应可调节，其间隔应能足表1的要求。支撑刃前角为5°，后角为10°±1°，端部弧半径为1mm。标准试样冲击刀刃和支座尺寸相互关系见图3-11。

④ 能量指示机构　能量指示机构包括指示度盘和指针。应对量度盘的摩擦、风阻损失和示值误差做准确的校正。

⑤ 机体　机体为刚性良好的金属框架，并牢固地固定在质量至少为所用最重摆锤质量40倍的基础上。

(4) 实验步骤

① 对于无缺口试样，分别测量试样中部边缘和试样端部中心位置的宽度和厚度，并取其平均值为试样的宽度和厚度。准确至0.02mm。缺口试样应测量缺口处的剩余厚度，测量时应在缺口两端各测一次，取其算术平均值。

② 根据试样破坏时所需的能量选择摆锤，使消耗的能量在摆锤总能量的10%～85%范围内。若符合这一能量范围的不止一个摆锤时，应该用最大能量的摆锤。

③ 调节能量度盘指针零点，使它在摆锤处于起始位置时与主动针接触。进行空白实验，保证总摩擦损失不超过表3-10的数值。

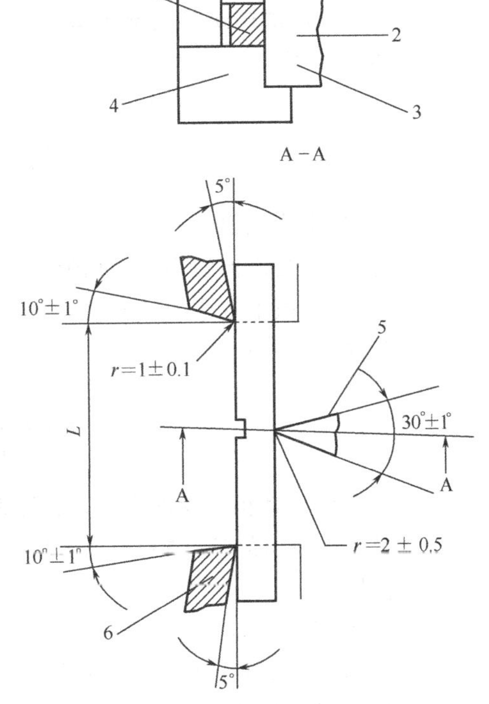

图3-11　标准试样的冲击刀刃和支座尺寸

1—试样；2—冲击方向；3—冲击瞬间摆锤位置；4—下支座；5—冲击刀刃；6—支撑块

④ 抬起并锁住摆锤，把试样按规定放置在两支撑块上，试样支撑面紧贴在支撑块上，使冲击刀刃对准试样中心，缺口试样刀刃对准缺口背向的中心位置。

⑤ 平稳释放摆锤，从度盘上读取试样吸收的冲击能量。

⑥ 试样无破坏的冲击值应不作取值，实验记录为不破坏或NB。试样完全破坏或部分破坏的可以取值。

⑦ 如果同种材料可以观察到一种以上的破坏类型，须在报告中标明每种破坏类型的平均冲击值和试样破坏的百分数。不同破坏类型的结果不能进行比较。

(5) 实验结果计算和表示

① 无缺口试样简支梁冲击强度 a(kJ/m^2)

$$a=\frac{A}{b\cdot d}\times 10^3 \tag{3-12}$$

式中 A——试样吸收的冲击能量，J；

b——试样宽度，mm；

d——试样厚度，mm。

② 缺口试样简支梁冲击强度 a_k(kJ/m^2)

$$a_k=\frac{A_k}{b\cdot d_k} \tag{3-13}$$

式中 A_k——缺口试样吸收的冲击能量，J；

b——试样宽度，mm；

d_k——缺口试样缺口处剩余厚度，mm。

③ 标准偏差 S

$$S=\sqrt{\frac{\sum(X-\overline{X})^2}{n-1}} \tag{3-14}$$

式中 X——单个测定值；

$\overline{X}$——一组测定值的算术平均值；

n——测定值个数。

④ 变异系数 $CV\%$

$$CV=\frac{S}{\overline{X}}\times 100\% \tag{3-15}$$

⑤ 如果需要计算相对冲击强度，其结果以百分比表示。

⑥ 计算 10 个试样实验结果的算术平均值、标准偏差和变异系数。全部计算结果以两位有效数字表示。

(6) 实验报告

① 材料名称、规格、来源、制造厂家。

② 试样的制备及缺口加工方法、取样方向。

③ 试样的类型、尺寸和缺口类型。

④ 试样状态调节。

⑤ 摆锤的最大能量、冲击速度。

⑥ 缺口试样或无缺口试样冲击强度的算术平均值、标准偏差和变异系数。

⑦ 试样的破坏类型及试样破坏百分率。

⑧ 如果同样材料观察到一种以上的破坏类型，须报告每种破坏类型的平均冲击值及破坏百分率。

⑨ 解答思考题。

(7) 思考题

① 在实验中哪些因素会影响测定结果？

② 缺口试样与无缺口试样的冲击实验现象有何不同？哪些试样材料应采用缺口试样

或有无缺口两种试样都应测试?

3.1.4.3 塑料悬臂梁冲击实验

(1) 原材料试样　最佳试样为Ⅰ型试样，长 $L=80$mm，宽 $b=10.00$mm。

① 模塑和挤塑料　应采用A型或B型缺口试样，如表3-11和图3-12所示。最佳缺口为A型±，如果要获得材料对缺口敏感性的信息，应实验A型和B型缺口试样。

表 3-11　方法名称、试样类型、缺口类型和尺寸

方法名称	试样类型	缺口类型	缺口底部半径 r_N/mm	缺口底部的剩余宽度 b_N/mm
GB 1843/1U		无缺口	—	—
GB 1843/1A	Ⅰ	A	0.25±0.05	8.0±0.2
GB 1843/1B		B	1±0.05	8.0±0.2

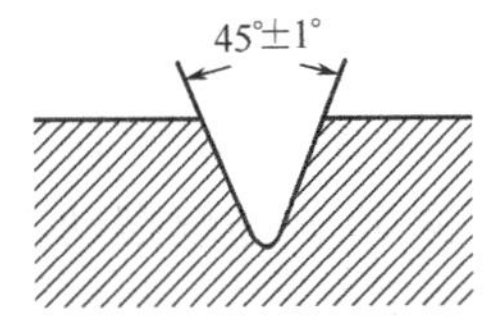

A 型缺口
缺口底部半径 r_N=(0.25±0.05)mm

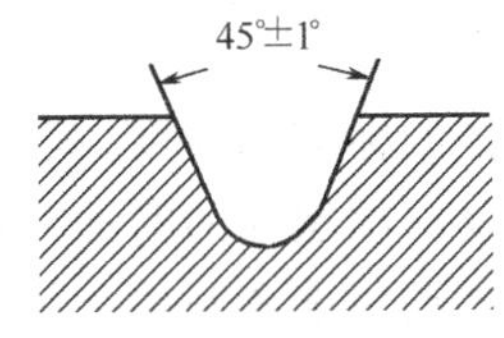

B 型缺口
缺口底部半径 r_N=(1±0.05)mm

图 3-12　缺口半径

除受试材料标准另有规定，一组应测试10个试样，当变异系数小于5%时，测试5个试样。

② 试样制备

a. 试样制备应按照GB 5471、GB 9352或材料有关规范制备试样。Ⅰ型试样可按GB 11997方法制备的A型试样的中部切取。

b. 板材用机械加工制备试样应尽可能采用A型缺口的Ⅰ型试样。无缺口试样的机加工面不应面朝冲锤。

c. 各向异性的板材需从板材的纵横两个方向各取一组试样。

d. 试样缺口可在铣床、刨床或专用缺口加工机上加工。切削齿的形状应能将试样切削出图3-12所示缺口的形状，切削齿的剖面应与它的主轴线垂直。推荐刀尖线速度为90～185m/min，进给率为10～130mm/min。检查刀具的锐度，如果刀尖半径和形状不在规定的范围内，要及时更换刀具。

如果受试材料规定，可使用模塑缺口试样，测试结果同机加工试样测试结果不可比。

本次实验试样是用多型腔模具注塑成型的共聚聚丙烯（CPP，$MFR=1\sim5$g/10min）长条试样经机械加工方法铣出V型缺口的长条作为缺口悬臂梁冲击试样。

(2) 实验设备

① 实验机　摆锤式悬臂梁冲击实验机应具有刚性结构，能测量破坏试样所吸收的冲击能量W，具值为摆锤初始能量与摆锤在破坏试样之后剩余能量的差。应对该值进行摩擦和风阻损失的校正（见表3-12)。

表 3-12 摆锤冲击实验机的特性

能量 E(公称的) /J	冲击速度 V_0 /(m/s)	无试样时的最大摩擦损失 /J	有试样经校正后的允许误差 /J
1.0	3.5(±10%)	0.02	0.01
2.75		0.03	0.01
5.5		0.03	0.02
11.0		0.05	0.02
22.0		0.10	0.10

② 摆锤　摆锤转轴中心应水平，冲击刃是半径为(0.8±0.2)mm 的圆柱面。冲击刃的轴线应水平，并垂直于摆锤的运动平面。摆锤在整个冲击过程中应与试样的整个被冲击面接触。其接触线应与试样的纵轴线垂直，偏差在±2°范围内。

③ 摆锤旋转轴到试样中心冲击点之间的距离应在 L_p±1%的范围内。

摆长 L_p(m)可由摆锤小振幅振动周期 T 实验测定，按下式计算：

$$L_p=\frac{g_n}{4\pi^2}\times T^2 \tag{3-16}$$

式中　g_n——自由落体的标准加速度(其值为 9.81m/s²)，m/s²；

T——摆锤往复一次摆动的时间，可由至少 50 次连续摆动来确定（已知精度为 1/2000，摆动角度离开中心每侧应小于 5°）。

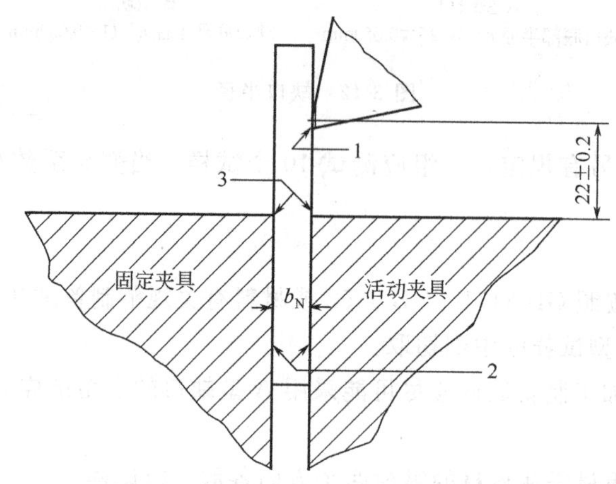

图 3-13　缺口试样冲击处、虎钳支座、试样及冲击刃位置图

1—冲击刃半径 R_1=(0.8±0.2)mm；2—与试样接触的夹具面；3—夹具棱圆角半径 R_2=(0.2±0.1)mm

④ 试样支座　为固定夹具和活动夹具组成的虎钳。夹具的夹持面应平行，偏差在±0.025mm 以内。虎钳所夹持的试样长轴线铅直，与虎钳顶面垂直（见图 3-13）。虎钳夹具的顶棱圆角半径为(0.2±0.1)mm。当缺口试样夹在虎钳中时，其顶部平面即为缺口角平分面，偏差在 0.2mm 以内。

调整虎钳，使试样位于冲击刀刃的中心，偏差在±0.5mm 以内，并且刀刃中心离虎钳顶面的距离为 22±0.2mm。应避免虎钳在夹持试样和实验过程中产生松动。

(3) 实验步骤

① 除有关方面同意采用别的条件如在高温或低温实验外，都应在与状态调节相同的环境中进行实验。

② 测量每个试样中部的厚度和宽度或缺口试样的剩余宽度 b_N，精确到 0.02 mm。

③ 检查实验机是否有规定的冲击速度和正确的能量范围，破断试样吸收的能量在摆锤容量的 10%至 80%范围内。若表 3-10 所列的摆锤中有几个都能满足这些要求时，应选择其中能量最大的摆锤。

④ 进行空白实验，记录所测得的摩擦损失，该能量损失不得超过表 3-12 规定的值。

如果摩擦损失小于或等于表 3-12 所规定的值，此值才可用在修正吸收能量的计算中，如果超过表 3-12 所规定的值，就应仔细检查其原因并对实验机进行校正。

⑤ 抬起并锁住摆锤，把试样放在虎钳中，按图 3-13 所示的要求夹住试样（也称正置试样冲击）。测定缺口试样时，缺口应在摆锤冲击刃的一边。

⑥ 释放摆锤，记录试样所吸收的冲击能，并对其摩擦损失等进行修正（见表 3-12）。

⑦ 试样可能会有四种破坏类型，完全破坏（试样断开成两段或多段）、铰链破坏（断裂的试样由没有刚性的很薄表皮连在一起的一种不完全破坏）、部分破坏（除铰链破坏外的不完全破坏）和不破坏。测得的完全破坏和铰链破坏的值用以计算平均值。在部分破坏时，如果要求部分破坏的值，则以字母 P 表示。完全不破坏时以 NB 表示，不报告数值。

⑧ 在同一样品中，如果有部分破坏和完全破坏或铰链破坏时，应报告每种破坏类型的算术平均值。

⑨ 将试样用反置冲击方式，重复实验步骤③至⑧。

(4) 实验结果计算和表示

① 无缺口试样悬臂梁冲击强度 α_{iu}(kJ/m²)

$$\alpha_{iu}=\frac{W}{h\cdot b}\times 10^3 \tag{3-17}$$

式中 W——破坏试样所吸收并经过修正后的能量，J；

h——试样厚度，mm；

b——试样宽度，mm。

② 缺口试样悬臂梁冲击强度 α_{iN}(kJ/m²)

$$\alpha_{iN}=\frac{W}{h\cdot b_N}\times 10^3 \tag{3-18}$$

式中 W——破坏试作所吸收并经修正后的能量，J；

h——试样厚度，mm；

b_N——试样缺口底部的剩余宽度，mm。

③ 计算一组实验结果的算术平均值，取两位有效数字。

在一种样品中存在不同的破坏类型时，应注明各种破坏类型试样数目和算术平均值。

④ 标准偏差 s

$$s=\sqrt{\frac{\sum(X_i-\overline{X})^2}{n-1}} \tag{3-19}$$

式中 s——标准偏差；

X_i——单个测定值；

$\overline{X}$——组测定值的算术平均值；

n——测定个数。

(5) 实验报告　实验报告应包括下列内容：

① 材料的名称、型号、来源、制造代号、等级、形式等；

② 冲击速度；

③ 摆锤公称能量；

④ 试样的制备方法；

⑤ 如果材料为成品或半成品，应注明试样在成品或半成品中的方位；

⑥ 试样数目；

⑦ 试样状态调节和实验的标准环境，以及受试材料或产品标准所要求的特殊处理；

⑧ 观察到的破坏类型；

⑨ 单个实验结果；

⑩ 悬臂梁冲击强度的算术平均值并报告破坏类型；

⑪ 如果有要求时，报告平均值的标准偏差及95％置信区间；

⑫ 实验日期及实验人员；

⑬ 解答思考题。

(6) 思考题

① 影响悬臂梁冲击实验结果误差的因素有哪些？

② 正置缺口和反置缺口冲击的区别是什么？如何确定使用何种方式进行冲击？

③ 如果试样上的缺口是机械加工而成，加工缺口过程中，哪些因素会影响测定结果？如何影响？

④ 悬臂梁和简支梁冲击时，试样受到的作用力有何区别？选择使用这两种方法之一的依据是什么？

3.1.4.4 落锤冲击实验

落锤冲击实验适用于硬质塑料管材、管件、异型材、板材及硬质塑料零部件。其具体方法分为A法和B法两种。A法又称通过法，是采用一定质量的落锤在规定高度下冲击试样，一般用于产品的质量控制。B法又称梯度法，是用变换冲击高度或落锤质量冲击试样的方法而获得冲击破坏能。

(1) 原材料试样

① 试样形状及尺寸

a. 管材　管材公称外径小于或等于75 mm时，从五根管上沿长度方向分别截取150 mm长的试样。公称外径大于75 mm时，从五根管材上沿长度方向分别截取200 mm长的试样。

b. 板材　从五块板材上距边缘不小于100mm处分别截取200mm×200mm的正方形试样。厚度为板材原厚。

c. 异型材　从五根异型材上沿挤出方向各截取200 mm长的试样。

d. 管件及硬质塑料零部件保持原形状的整体试样。

② 试样制备　试样不得有裂纹，端口平整，对管材和异型材试样，两端应与轴线垂直切平。

通过法试样数需10个。梯度法试样数需25个以上。

③ 试样状态调节与实验的标准环境如下：

a. 按GB 2918中规定的标准环境与正常偏差范围进行调节，时间不小于48 h，并在此环境下进行实验。

b. 试样需进行高低温冲击实验时，可按产品标准中的有关规定或用户要求的实验条件进行。冲击试样离开预处理环境状态后 15s 内完成。

本次实验试样是用 4.1.1 热塑性塑料模压成型实验中制备的 PVC 板材机械加工而成。

(2) 实验设备

① 落锤式冲击实验机　符合 ZB N72 026 要求的各种落锤式冲击实验机。

② 落锤　落锤质量分为 0.5kg、1kg、2kg、3kg、4kg、5kg、6kg、8kg、10kg、15 kg，锤头半径分为 30mm、10mm、5mm 3 种。

③ 夹具

管材试样采用 V 形夹具，夹角为 120°，长度 200 mm。使试样稳固地夹在 V 形槽内。

板材或异型材等所用夹具形状不作具体规定。但必须保证以下几点。

a. 夹具必须能够将试样夹紧，保证其在受冲击时不发生位移；

b. 夹具夹紧点必须与支承点重合，夹力不可过大，以免试样变形；

c. 夹具装上后的中心线必须与落锤中心线重合，其误差不得大于 2.5mm；

(3) 实验步骤

① 将试样水平放置在夹具上。有困难时，可采用垫片等加以调整、固定。

② 采用 A 法时，按产品标准中规定的冲击高度及落锤质量对 10 个试样依次进行冲击。

③ 采用 B 法时，首先确定初始冲击高度和落锤质量。实验时，第一个试样若未被破坏，测第二个试样时，高度增高一个增量 d(m)。若第一个试样已破坏，高度则下降一个增量 d(m)。直至试样达到 50%破坏时为止。每组试样至少 20 个。

④ 对管材或对称管件，沿圆周方向冲击，冲击点选在垂直直径的顶部。对板材试样选在中心部位。对于不对称管件或异型材用一半试样先冲击一面，剩下一半再冲击另一面。每个试样只允许冲击一次。试样受冲击后造成的裂纹和破碎均为破坏。

(4) 实验结果表述

① 通过法　按产品标准中有关规定处理。若无规定，10 个试样中有 6 个以上不破坏为合格。

② 梯度法

a. 50%冲击破坏高度 H_{50}

$$H_{50}=H_1+d\left\{\frac{\sum(I\cdot n_i)}{N}\pm\frac{1}{2}\right\} \tag{3-20}$$

式中　H_{50}——50%冲击破坏高度，m；

H_1——实验初始高度（预测的实验破坏高度）m；

d——每次升降的实验高度，m；

n_i——各实验高度已破坏（或未破坏）的试样数；

I——设 H 为 0 时，逐个增减的高度水准（$I=\cdots-3$，-2，-1，0，1，2，5…）；

N——已破坏（或未破坏）试样之总数($N=\sum n_i$)；

±1/2——使用已破坏的数据时取负号，使用未破坏的数据时取正号。

b. 50%冲击破坏能 E_{50}

$$E_{50}=m\cdot g\cdot H_{50} \tag{3 21}$$

式中　E_{50}——50%冲击破坏能，J；

m——落锤质量，kg；

g——重力加速度，9.81m/s^2；

H_{50}——50％冲击破坏高度，m。

c. 50％冲击破坏高度的标准偏差 S

$$S=d\cdot\alpha \tag{3-22}$$

式中 S——标准偏差，m；

d——每次升降的实验高度，m；

α——由（4）式求出 M 值，再查“α 值表”，见表 3-13。

$$M=\frac{\sum(i^2\cdot n_i)}{N}-\left[\frac{\sum(i\cdot n_i)}{N}\right]^2 \tag{3-23}$$

（5）实验报告　实验报告应包括以下内容：

① 试样名称、规格、生产厂家；

② 实验方法（通过法或梯度法）；

③ 实验机型号和实验条件；

④ 实验结果及数据处理；

⑤ 解答思考题。

表 3-13　α 值表

M	0.00	0.01	0.02	0.03	0.04	0.05	0.06	0.07	0.08	0.09
0.30	0.5102	0.5316	0.5518	0.5711	0.5897	0.6077	0.6253	0.6426	0.6597	0.6765
0.40	0.6932	0.7098	0.7263	0.7427	0.7591	0.7754	0.7917	0.8079	0.8242	0.8405
0.50	0.8567	0.8729	0.8892	0.9054	0.9216	0.9379	0.9541	0.99703	0.9866	1.0028
0.60	1.0190	1.0353	1.0515	1.0677	1.0839	1.1001	1.1164	1.1326	1.1488	1.1650
0.70	1.1812	1.1974	1.2135	1.2297	1.2459	1.2621	1.2783	1.2944	1.3106	1.3267
0.80	1.3429	1.3590	1.3752	1.3913	1.4075	1.4236	1.4397	1.4559	1.4720	1.4881
0.90	1.5043	1.5204	1.5365	1.5526	1.5687	1.5848	1.6009	1.6170	1.6331	1.6492
1.00	1.6653	1.6814	1.6975	1.7135	1.7294	1.7457	1.7618	1.7779	1.7939	1.8100
1.10	1.8261	1.8422	1.8582	1.8743	1.8904	1.9064	1.9225	1.9386	1.9546	1.9707
1.20	1.9867	2.0028	2.0188	2.0349	2.0509	2.0670	2.0830	2.0991	2.1151	2.1312
1.30	2.1472	2.1633	2.1793	2.1953	2.2114	2.2274	2.2435	2.2595	2.2755	2.2916
1.40	2.3076	2.3236	2.3397	2.3557	2.3717	2.3878	2.4038	2.4198	2.4358	2.4519
1.50	2.4679	2.4839	2.4999	2.5159	2.5320	2.5480	2.5640	2.5800	2.5960	2.6121
1.60	2.6281	2.6441	2.6601	2.6761	2.6921	2.7082	2.7242	2.7420	2.7562	2.7722
1.70	2.7882	2.8042	2.8202	2.8362	2.8523	2.8683	2.8845	2.9003	2.9163	2.9323
1.80	2.9483	2.9643	2.9803	2.9963	3.0123	3.0283	3.0443	3.0603	3.0763	3.0923
1.90	3.1033	3.1243	3.1403	3.1563	3.1723	3.1883	3.2043	3.2203	3.2363	3.2523
2.00	3.2683	3.2843	3.3003	3.3163	3.3323	3.3483	3.3643	3.3803	3.3963	3.4123
2.10	3.4283	3.4443	3.4603	3.4763	3.4923	3.5083	3.5243	3.5402	3.5562	3.5722
2.20	3.5882	3.6043	3.6202	3.6362	3.6522	3.6682	3.6841	3.7001	3.7161	3.7321
2.30	3.7481	3.7641	3.7801	3.7961	3.8121	3.8280	3.8440	3.8600	3.8760	3.8920
2.40	3.9080	3.9240	3.9400	3.9560	3.9720	3.9879	4.0039	4.0199	4.0359	4.0619
2.50	4.0678	4.0838	4.0998	4.1158	4.1318	4.1477	4.1637	4.1797	4.1957	4.2117
2.60	4.2277	4.2436	4.2596	4.2756	4.2916	4.3075	4.3235	4.3395	4.3555	4.3715
2.70	4.3874	4.4034	4.4194	4.4354	4.4514	4.4673	4.4833	4.4993	4.5153	4.5313
2.80	4.5472	4.5632	4.5792	4.5952	4.6111	4.6271	4.6431	4.6591	4.6750	4.6910
2.90	4.7070	4.7230	4.7390	4.7549	4.7709	4.7869	4.8029	4.8188	4.8348	4.8504
3.00	4.8668	—	—	—	—	—	—	—	—	—

(6) 思考题

① 不同的板材制备方法对冲击实验结果有何影响?

② 影响落锤冲击实验结果误差的因素有哪些?

3.1.5 硬度实验

硬度是指材料抵抗其他较硬物体压入其表面的能力。由于硬度是材料的弹性、塑性、韧性等一系列力学性能组成的综合性指标，故常用于监控高分子材料加工生产中产品质量和完善工艺条件。

硬度测定值的大小不仅与材料性质有关，还取决于测定条件和方法。不同测定方法使用不同的测定条件。不同测定方法测定的硬度值不能相对比较。常用的测定高分子材料硬度的实验方法有：邵氏硬度（肖氏硬度）、球压痕硬度、洛氏硬度和巴柯尔硬度实验。邵氏硬度实验分为邵氏A型、邵氏C型和邵氏D型实验。邵氏A型适用于软质塑料及橡胶；邵氏C型和邵氏D型适用于较硬或硬质塑料和硫化橡胶。球压痕硬度实验适用于较硬的塑料。洛氏硬度实验主要用于柔软的弹性体和到刚硬的塑料的硬度评价。巴柯尔硬度实验主要适用于玻璃钢板材和型材。针对给定的高分子材料，选取实验硬度的方法应依据该材料的相关标准或与提供材料者达成的约定而定。

通过硬度测定实验，使学生了解高分子材料硬度测定方法及原理；熟悉测定硬度实验的操作方法，认识影响硬度测定值精确度的因素。

3.1.5.1 邵氏硬度实验

(1) 实验目的

① 了解高分子材料邵氏压痕硬度测定的方法原理。

② 熟悉测定高分子材料邵氏压痕硬度的操作和影响测定结果误差的因素。

(2) 实验原理　本实验采用邵氏压痕硬度计。其工作原理为将规定形状的压针，在标准的弹簧压力下和规定的时间内，把压针压入试样的深度转换为硬度值，表示该试样材料的邵氏硬度值。邵氏压痕硬度实验不适用于泡沫塑料。

(3) 实验试样　试样应厚度均匀，用A型硬度计测定硬度，试样厚度应不小于5mm。用D型硬度计测定硬度，试样厚度应不小于3mm。除非产品标准另有规定。当试样厚度太薄时，可以采用两层、最多不能超过三层试样叠合成所需要的厚度，并应保证各层之间接触良好。

试样表面应光滑、平整、无气泡、无机械损伤及杂质等。

试样大小应保证每个测量点与试样边缘距离不小于12mm，各测量点之间的距离不小于6mm。可以加工成50mm×50mm的正方形或其他形状的试样。

每组试样测量点数不少于5个，可在一个或几个试样上进行。

本次实验试样是用多型腔模具注射成型的PS和CPP长条试样，以及4.1.1热塑性塑料模压成型实验中制备的PVC板材经机械加工而得的片状试样。

(4) 实验设备　A型和D型邵氏硬度计。硬度计主要由读数度盘、压针、下压板及对压针施加压力的弹簧组成。

① 读数度盘　为100分度，每一个分度为一个邵氏硬度值。当压针端部与下压板处于同一水平面时，即压针无伸出，硬度计度盘应指示“100”。当压针端部距离下压板

(2.5±0.04)mm 时，即压针完全伸出，硬度计度盘应指示“0”。

② 弹簧力　压力弹簧对压针所施加的力应与压针伸出压板位移量有恒定的线性关系。其大小与硬度计指针所指刻度的关系如下（3-24、3-25）：

A 型硬度计：

$$F_A=(56+7.66)H_A \quad (gf) \tag{3-24}$$

或
$$F_A=(549+75.12)H_A \quad (mN)$$

D 型硬度计：

$$F_D=45.36H_D \quad (gf)$$

或
$$F_D=444.83H_D \quad (mN) \tag{3-25}$$

式中　F_A、F_D——分别为弹簧施加于 A 型和 D 型硬度计压针上的力(mN)或(gf)；

H_A、H_D——分别为 A 型硬度计和 D 型硬度计的读数。

③ 下压板　为硬度计与试样接触的平面，它应有直径不小于 12mm 的表面。在进行硬度测量时，该平面对试样施加规定的压力，并与试样均匀接触。

④ 测定架　应备有固定硬度计的支架、试样平台（其表面应平整、光滑）和加载重锤。实验时硬度计垂直安装在支架上，并沿压针轴线方向加上规定质量的重锤，使硬度计下压板对试样有规定的压力。对于邵氏 A 为 1kg，邵氏 D 为 5kg。

硬度计的测定范围为 20～90 之间。当试样用 A 型硬度计测量硬度值大于 90 时，改用邵氏 D 型硬度计测量硬度。用 D 型硬度计测量硬度值低于 20 时，改用 A 型硬度计测量。

硬度计的校准：在使用过程中压针的形状和弹簧的性能都会发生变化，因此对硬度计的弹簧压力，压针伸出最大值及压针形状和尺寸应定期检查校准。推荐使用邵氏硬度计检定仪（见附录）校准弹簧力。压针弹簧力的检定误差，A 型硬度计要求偏差在±0.4g 之内，D 型硬度计偏差在±2.0g 之内。若无邵氏硬度计检定仪，也可用天平秤来校准，只是被测得的力应等于公式（3-24）计算的力（偏差为±8g）或等于由公式（3-25）计算的力（偏差为±45g）。

（5）实验步骤

① 按 GB 1039—79《塑料力学性能实验方法总则》中第 2、3、4 条规定调节实验环境并检查和处理试样。对于硬度与湿度无关的材料实验前，试样应在实验环境中至少放置 1h。

② 将硬度计垂直安装在硬度计支架上，用厚度均匀的玻璃片平放在试样平台上，在相应的重锤作用下使硬度计下压板与玻璃片完全接触，此时读数盘指针应指示“100”。当指针完全离开玻璃片时，指针应指示“0”。允许最大偏差为±1 个邵氏硬度值。

③ 把 PS 试样置于测定架的试样平台上，使压针头离试样边缘至少 12mm，平稳而无冲击地使硬度计在规定重锤的作用下压在试样上，从下压板与试样完全接触 15s 后立即读数。如果规定要瞬时读数，则在下压板与试样完全接触后 1s 内读数。

④ 在试样上相隔 6mm 以上的不同点处测量硬度五次。取其算术平均值。

⑤ 分别用 CPP、PVC 试样重复实验步骤（2）至（4），进行实验。

注意：如果实验结果表明，不用硬度计支架和重锤也能得到重复性较好的结果，也可以用手压紧硬度计直接在试样上测量硬度。

（6）实验结果表示

① 硬度值　从读数度盘上读取的分度值即为所测定的邵氏硬度值。用符号 HA 或 HD 分别表示邵氏 A 和邵氏 D 的硬度。例如：用邵氏 A 硬度计测得硬度值为 50，则表示为 HA50。实验结果以一组试样的算术平均值表示。

② 硬度值的标准偏差 S

$$S=\sqrt{\frac{\sum(X-\overline{X})^2}{n-1}} \tag{3-26}$$

式中　X——为单个测定值；

$\overline{X}$——组试样的算术平均值；

n——测定个数。

(7) 实验报告　实验报告应包括下列项目：

① 材料名称、规格、来源及制造厂家；

② 试样的制备方法和试样尺寸；

③ 实验温度、湿度及预处理时间；

④ 硬度计型号：A 型或 D 型；

⑤ 读数时间；

⑥ 邵氏硬度的算术平均值；

⑦ 解答思考题。

(8) 思考题

① 在实验过程中哪些操作因素会影响测定结果的精确度？

② 能否用机械加工的试样表面进行实验？

③ 三种试样的邵氏硬度差别如何？影响材料邵氏硬度大小的材料本性有哪些？

(9) 附录

邵氏硬度计半年检定一次。

A. 硬度计的外观检查方法

① 硬度计应有铭牌标志，硬度计名称、型号、制造厂、出厂编号和出厂日期。

② 硬度计外表应整洁，无损伤，刻度盘刻线清晰。

③ 硬度计指针不得与刻度盘相擦，指针应摆动灵活、平稳，并可从 0 指至 100。

④ 硬度计压针呈自由状态时，指针应指示在 0 位置，将硬度计压在平玻璃板上，指针应从 0 指到 100。指针位置偏差不得大于±1 个邵氏硬度值。

⑤ 硬度计压针的几何尺寸与伸出长度应符合塑料邵氏硬度实验方法第 6 条规定。

⑥ 硬度计压针的尺寸精度用不小于 100 倍的工具显微镜或投影仪测得。

⑦ 硬度计压针伸出长度用两块压针伸长样板检查，样板尺寸与形状建议按下图制造。

B. 硬度计弹簧力的测定方法　检定 A 型硬度计步骤如下：

① 调整检定仪底座水平。

② 将横梁上的滑砣移至“OA”位置，游码置于“0”位置上，再调节平衡砣使横梁水平，然后，把游码向左移动少许。

③ 将被检 A 型硬度计固定在夹持器上。

④ 调节夹持器上部的旋钮，使硬度计压针微微接触检定台，并使横梁水平，然后移动游码至“0”位。

⑤ 将滑砣移至“0”位，此时硬度计应指零，如不指零，需移动游码，使硬度计指针指零。

⑥ 根据硬度计度盘示值，改变滑砣在横梁上的位置，微调游码在横梁上的位置进行逐点检定（若硬度计不准时，可用螺丝刀调节硬度计顶端螺丝）。注意当滑砣游码移动后，必须调节旋钮，保持横梁水平。

⑦ 在检定过程中，应按动基板振动按钮以消除被检定硬度计因摩擦造成的误差。

⑧ 硬度计度盘刻度的检定点不少于6点（一般为0、20、40、60、80、100），每点测定数不少于3次。

检定D型硬度计步骤同A型硬度计，但横梁预调平衡时，重砣应置于“0”位。检定时的工作环境为：室温(23±5)℃；检定仪放在稳固，无振动的基础上；周围无腐蚀介质，无灰尘。

3.1.5.2 球压痕硬度实验

(1) 实验目的

① 了解高分子材料球压痕硬度测定的方法原理；

② 熟悉测定高分子材料球压痕硬度的操作和影响测定结果误差的因素。

(2) 实验原理　球压痕硬度是指以规定直径的钢球，在实验负荷作用下，垂直压入试样表面，保持一规定的时间后，试样单位压痕面积所承受的压力，以MPa表示。

(3) 实验试样　试样厚度应均匀，表面光滑、平整、无气泡、无机械损伤及杂质等。

试样厚度不应小于4mm，试样大小应保证每个测量点中心与试样边缘距离不小于10mm，各测量点中心之间的距离不小于10mm。推荐试样尺寸为50mm×50mm×4mm或ϕ50×4mm。

采用非平面测试表面或其他形状时，试样尺寸由有关的产品标准另行规定。

本次实验试样是用多型腔模具注塑成型的PS和CPP长条试样，以及4.1.1热塑性塑料模压成型实验中制备的PVC板材经机械加工而得的片状试样。

(4) 实验仪器　球压痕硬度计主要由机架、压头、加荷装置、压痕深度指示仪表和计时装置组成。

① 机架　应为刚性结构，在最大负荷作用下，沿轴线方向的变形量不得大于0.05mm。机架上带有可升降的工作台。

② 升降工作台　与主轴轴线的同轴度不应大于0.2mm。主轴轴线与升降工作台平面应垂直，其偏差不大于0.2%。

③ 压头　为淬火抛光的钢球，直径5mm，硬度约为800Hv。公差应在标准直径的±0.5%以内。钢球在实验负荷作用下不应有任何变形和损伤。

④ 加荷装置　包括加荷杠杆、砝码和缓冲器，可对压头施加下列负荷：

初负荷为1.00 kgf (9.8N)；

实验负荷为 49N (5.0kgf)；
132N (13.5kgf)；
358N (36.5kgf)；
961N (98.0kgf)。

各级负荷允许误差均为±1%。

缓冲器应使压头对试样能平稳而无冲击地加荷，并控制加荷时间在2～3s以内。

⑤ 压痕深度指示仪表　为测量压头压入深度的装置，在0～0.5mm测量段内，精度为0.005mm。

⑥ 计时装置能指示实验负荷全部加上后读取压痕深度的时间，计时量程不小于60s，准确度为±5%。

硬度计的示值准确度应为±4%。

(5) 实验步骤

① 按GB 1039—79《塑料力学性能实验方法总则》中第2、4条规定检查和处理试样，并按GB 2918—82《塑料试样状态调节和实验的标准环境》第2条调节实验环境。允许材料标准另有规定。

② 定期测定各级负荷下的机架变形量。测定时卸下压头，升起工作台使其与主轴接触。加上初负荷，调节深度指示仪表为零，再加上实验负荷，直接由压痕深度指示仪表中读取相应负荷下的机架变形量 h_2 (mm)。

③ 根据材料硬度选择适宜的实验负荷。装上压头，把PS试样放在工作台上，使测试表面与加荷方向垂直接触，无冲击地加上初负荷之后，把深度指示仪表调到零点。

④ 在2～3秒内将所选择的实验负荷平稳地施加到试样上，保持负荷30s（或按产品标准规定），立即读取压痕深度 h_1 (mm)。

⑤ 必须保证压痕深度在0.15～0.35mm的范围内。若压痕深度不在规定范围内，则应改变实验负荷，使达到规定的深度范围。

⑥ 每组式样不少于两块，测量点数不少于10个。

⑦ 分别用CPP、PVC试样重复实验步骤(2)至(6)，进行实验。

(6) 实验结果表示

① 球压痕硬度值 H

$$H=\frac{0.21P}{0.25\pi D(h-0.04)} \tag{3-27}$$

式中　H——球压痕硬度，MPa；

P——实验负荷，N(kgf)；

D——钢球直径，mm；

h——校正机架变形后的压痕深度，mm；$h=h_1-h_2$，其中 h_1 为实验负荷下的压入深度(mm)；h_2 为仪器在实验负荷下的机架变形量(mm)。

实验结果以一组试样的算术平均值表示，取三位有效数字。

② 标准偏差 S

$$S=\sqrt{\frac{\sum(X_i-\overline{X})^2}{n-1}} \tag{3-28}$$

式中　X_i——单个试样测定值；

$\overline{X}$——一组试样测定结果的算术平均值；

n——测定试样个数。

(7) 实验报告　实验报告应包括下列内容：

① 材料名称、规格、来源及生产厂；

② 试样的形状、尺寸和制备方法；

③ 实验温度、湿度、状态调节时间及实验负荷；

④ 实验次数及没有达到规定压痕深度范围的测量次数；

⑤ 球压痕硬度的平均值和标准偏差；

⑥ 解答思考题。

（8）思考题

① 影响球压痕硬度值大小的因素有哪些？

② 为什么测量点中心与试样边缘距离应不小于 10mm？

③ 比较三种试样材料的球压痕硬度值及其误差大小，说明产生差别的原因。

3.1.6 剪切强度实验

3.1.6.1 实验目的与原理

（1）实验目的

① 了解测定塑料粘接材料剪却强度的方法原理；

② 掌握提高塑料与金属界面粘接强度的方法。

（2）实验原理 塑料粘接材料在受力作用时，破坏易发生在胶黏剂材料内部或胶黏剂与金属材料和塑料界面上。用拉伸实验，对塑料以平面单搭接对接方式粘接金属片组成的塑料粘接材料试样进行测定，其剪切强度表示粘接试样受切向应力时单位面积上的最大破坏负荷，根据剪切强度值和破坏截面的位置和脱胶情况，可以评价胶黏剂选用及粘接前塑料和金属表面处理好坏。

3.1.6.2 实验试样与仪器

（1）实验试样

① 做面拉伸实验的试样的粘接接头方式 如图 3-14 所示。每组试样不少于 5 个。

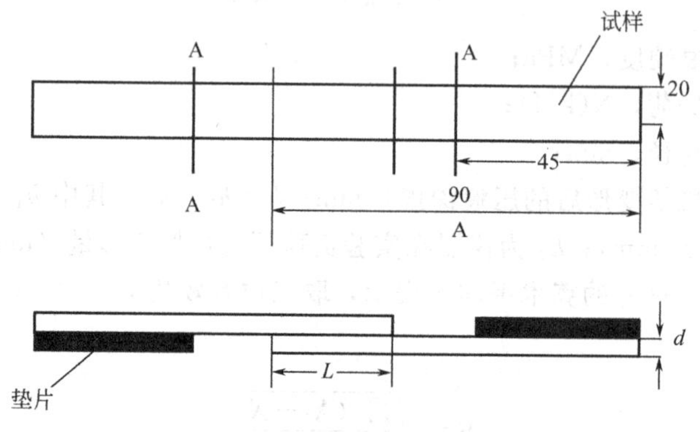

图 3-14 粘接接头形式

注：①试样两端附加垫片厚度视粘接部分厚度而定和被粘接材料的厚度而定。

② 试样两端不加垫片可在 A-A 处穿孔（孔径约 7mm）以便用销钉与夹具联结

② 粘接材料的厚度和长度 厚度 d 为(2 ± 0.1)mm 或(3 ± 0.1) mm，$L=15$ mm；$d>(3\pm0.1)$mm 时，$L=20$mm。

塑料片为由 4.1.1 热塑性塑料模压成型实验中制备的 PVC 板材经机械加工而得的片

状试样。金属片用铝合金薄板切割制取。

③ 胶黏剂　胶黏剂组成及配方见表 3-14。

表 3-14　胶黏剂组成及配方

甲组成	质量分	乙组成	质量分	丙组成
E-44 环氧树脂 N-330 聚醚	150 10	650# 聚酰胺 间苯二胺-DMP30 反应物 三乙醇胺 高岭土	100 25 10 40	KH-550 偶联剂
胶黏剂组成配方	甲：乙：丙=40：20：1			

（2）实验仪器　任何型式的拉伸实验机均可使用，但必须经过国家计量部门的定期检定。并且实验读取负荷必须大于实验机最大负荷的 4%，实验机夹具移动速度应满足规定要求。

3.1.6.3　实验步骤

① 用镊子将棉球浸沾少许乙醇或丙酮溶剂，清洁 PVC 塑料片和金属铝片表面，晾干。

② 先将甲乙两组分分别按比例称量，均匀混合，然后按比例将甲乙丙三组分混合均匀即为备用的胶黏剂。将配备好的胶黏剂均匀涂抹在粘接处表面，静置几秒钟，待胶黏剂层表面已初干（又称“收汗”）时，将塑料和金属涂胶处对接贴紧，用弹簧夹夹住粘接接头处，并放入恒温在 80±2℃的恒温箱中，1h 后，取出试样，自然冷却 30min，以备进行拉伸实验。

③ 用已固化粘接好的 PVC 塑料-铝片粘接剪切试样进行拉伸实验。设定实验速度（空载）为 10～25mm/min。检测试样粘接面积的长度和宽度，准确至 0.05mm。

④ 将 PVC 塑料-铝片粘接剪切试样与垫片一起夹于实验机的夹具中，施加拉伸负荷，记录试样断裂破坏时的最大负荷。

3.1.6.4　实验结果与思考题

（1）实验结果表示　试样的剪切强度 σ_s(MPa)按式（3-29）计算：

$$\sigma_s = P/(L \cdot b) \tag{3-29}$$

式中　P——最大负荷，N；

L——试样粘接部分长度，cm；

b——试样粘接部分宽度，cm

实验结果以所有试样的算术平均值和最大最小值表示。

（2）实验报告　实验报告应记录下列内容：

① 试样名称、编号和试样数量；

② 实验温度和实验速度；

③ 试样粘接用胶黏剂、粘接的长度和宽度；

④ 实验机型号；

⑤ 每个试样的剪切强度值，每 5 个试样的算术平均值；

⑥ 解答思考题。

（3）思考题

① 环氧树脂胶黏剂配制后放置的时间对粘接硬 PVC 和铝合金片的剪切强度有何影响？为什么？你对环氧树脂胶黏剂配方有何改进意见？

② 涂抹胶黏剂的厚度对剪切强度有何影响？

3.1.7 直角撕裂强度实验

3.1.7.1 实验目的与原理

（1）实验目的

① 了解高分子材料薄膜或薄片直角撕裂强度的测定原理及影响测定结果的诸因素；

② 熟悉制备试样的方法和测定操作。

（2）实验原理　将标准试样施加拉伸负荷，由直角口处将试样撕裂，测量试样切口处撕裂增生所吸收的能量，用单位厚度上撕裂试样所需的平均力或最大力表示试样材料的撕裂强度。

3.1.7.2 实验试样与设备

（1）实验试样　试样尺寸如图 3-15 所示。试样直角口处应无裂缝及伤痕。

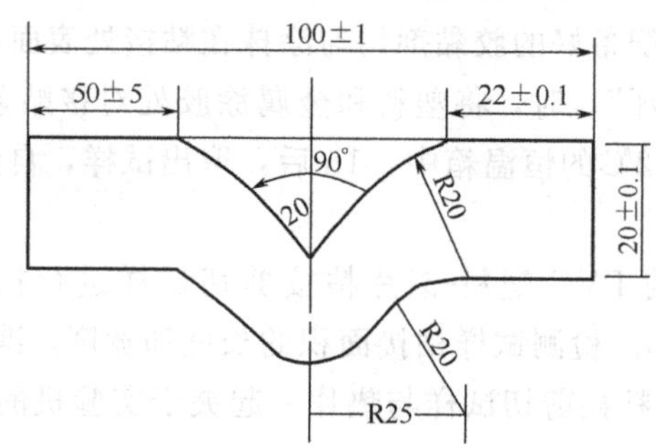

图 3-15　直角撕裂强度实验试样几何形状

试样数量：纵横方向各不少于 10 片。用捆扎试样组进行实验时，试样不少于 3 组，每组 5 片。

用样刀冲切试样时，沿纵向冲切作为横向撕裂试样，沿横向冲切作为纵向撕裂试样。

本次实验试样是采用 4.4.2 吹塑薄膜实验中制备的低密度聚乙烯薄膜，经标准撕裂试样样刀冲切而成。

（2）实验设备　任何形式的实验机均可使用，但必须经过国家计量部门的定期检定。实验机从每级表盘满度的 10%但不小于实验机最大负荷的 4%开始读取负荷，示值允许误差不大于±1%。实验机夹具移动速度应满足规定要求。

3.1.7.3 实验步骤与结果

（1）实验步骤

① 实验温度为(20±2)℃。

② 测量试样直角口处的厚度，准确至 0.001mm 撕裂方向测量三点，求其算术平均值。

③ 实验前，试样在实验温度下至少放置 4h。

④ 实验速度（空载）200mm/min。

⑤ 将试样夹在实验机夹具上，夹入部分不大于 22mm，并使试样受力方向与撕裂方向垂直。

⑥ 采用捆扎试样组实验时，应将 5 片试样分别测量厚度，叠合在一起进行实验。

⑦ 试样破裂后读取负荷值 N(kgf)。

（2）实验结果表示　直角撕裂强度 σ_{tr}（MPa 或 kg/cm^2）

$$\sigma_{tr}=\frac{P}{d} \tag{3-30}$$

式中　P——试样破裂时最大负荷，N(kg)；

d——试样或捆扎试样组的厚度，cm（捆扎试样组厚度为 5 片试样厚度之和）。

实验结果以所有试样（捆扎试样组）的算术平均值和最大最小值表示。

注：采用捆扎试样组实验时应在实验报告注明。

3.1.7.4　实验报告与思考题

（1）实验报告　应记录下列内容：

① 试样的名称、编号及送样单位；

② 试样尺寸、数量；

③ 实验温度及仪器型号；

④ 试样破坏的最大负荷；

⑤ 每个试样（捆扎试样组）的撕裂强度，所有试样（捆扎试样组）的算术平均值；

⑥ 解答思考题。

（2）思考题

① 在实验中，哪些因素影响测定结果的误差？

② 捆扎试样与单片试样的结果有无可比性？为什么？

3.1.8　拉伸蠕变实验

3.1.8.1　试验目的与原理

（1）实验目的

① 了解硬质高分子材料拉伸蠕变现象及测定原理；

② 掌握拉伸蠕变实验方法和影响材料耐蠕变性能的因素。

（2）实验原理　高分子材料是典型的黏弹性的材料。在应力作用下，材料应变会随时间而变化，这种现象称为蠕变。拉伸蠕变实验是对试样施加拉伸载荷，测定试样在拉伸载荷作用下，不同时间所产生的应变。通过绘制应变-时间图，再根据应变-时间图画出试样材料的等时或等应变蠕变图，将各种材料的等时或等应变蠕变图放在一起比较，就能清楚地了解材料的拉伸蠕变特性。测定材料耐蠕变性能对分析材料性能、进行零件设计、了解材料在恒定载荷下的长期特性和制订生产加工工艺条件有重要的作用。

以下对实验中的相关量做简要介绍。

① 应变　应变是指在应力作用下，产生的尺寸变化与原始尺寸之比。应变可由式（3-31）求得：

$$\varepsilon=\frac{\Delta l}{l_0} \tag{3-31}$$

式中　ε——应变；

$\Delta l = l - l_0$，mm；

l——实验过程中任何给定时刻的标距，mm；

l_0——未加应力前的初始标距，mm。

应变也可以用下列方程的百分数表示

$$\varepsilon = \frac{\Delta l}{l_0} \times 100 \tag{3-32}$$

② 初始应力　初始应力为试样加载后，单位横截面上所承受的力。它可用下式表示：

$$\sigma = \frac{F}{A_0} \tag{3-33}$$

式中　σ——初始应力，MPa；

F——载荷，N；

A_0——试样的初始横截面积，mm^2。

③ 恢复应变　恢复应变指试样完全卸载后，任何给定时刻应变的减小。它可用下式表示：

$$\varepsilon_r = \frac{\Delta l_r}{l_t} \times 100 \tag{3-34}$$

式中　ε_r——恢复应变，%；

Δl_r——完全卸载后任何给定时刻标距的减小，mm；

l_t——除去应力瞬间试样的标长，mm。

④ 蠕变应变　蠕变实验时，任何给定时刻由作用应力产生的应变。

⑤ 蠕变模量　蠕变模量为初始应力对蠕变应变的比。它可由下式求得：

$$E_{ct} = \frac{\sigma}{\varepsilon_t} \tag{3-35}$$

式中　E_{ct}——蠕变模量，MPa；

ε_t——在时刻 t 时的蠕变应变。

⑥ 破断时间　试样从完成加载瞬间到试样破断时刻所经历的时间。

⑦ 蠕变强度极限　蠕变强度极限是指在给定温度和相对湿度下，导致破断所需的初始应力($\sigma_{B,t}$)或持续某一特定时间达到某一特定应变所需的初始应力($\sigma_{\varepsilon,t}$)。

应正确地区分瞬时应变和蠕变应变（瞬时应变＋蠕变应变＝总的应变）以及区分瞬时恢复和蠕变恢复（瞬时恢复＋蠕变恢复＝总恢复）。要求瞬时应变用 ε_0 表示，在加载后较短的时间间隔，如 1min，所引起的应变值作为瞬时应变。

3.1.8.2　实验试样与设备

(1) 实验试样　试样应符合 GB 1039 和 GB 1040 对拉伸试样的规定，但也允许有特殊要求。比较实验时，若不能使用相同尺寸的试样，则要求保持试样几何形状的相似性。

试样尺寸在标距内至少测量三点，宽度精确至 0.05mm，厚度精确至 0.01mm。计算应变时，试样的横截面积应是在三点测得横截面的平均值；计算蠕变强度极限时，应使用三点测得的最小横截面积。在标距内横截面积的偏差不应超过±2%。

从板材制备试样应在一个方向切割。如是各向异性材料时，应在两个主方向上分别切割一组试样，并在实验报告中注明。

每一应力水平的试样至少为 2 个。

本次实验试样是用多功能用途模具注塑成型的高密度聚乙烯（HDPE，$MFR=1\sim5$g/10min）拉伸试样。

（2）实验设备

① 拉伸实验机　任何满足下列要求的蠕变实验机均可使用。

② 夹具　设计和使用夹具时，应保证加载轴线尽可能地与试样纵向轴线相重合。夹具允许在安装试样后对中，以免受偏心载荷。

增加载荷时，试样和夹具不允许有任何位移，自锁夹具不适合于本实验。

③ 加载系统　加载系统应保证所加载荷长期恒定，示值的误差应在±1%之内。加载历程应允许快速加载、缓慢加载和反复加载。蠕变破断实验时应该防止破断时发生震动。

④ 应变测量装置　任何接触式和非接触式的应变测量装置均可用于本实验，但必须满足下列要求：

a. 接触式应变测量装置应对试样没有力学影响（不合适的缺陷、缺口等）；没有物理影响（加热试样等）；没有化学作用等。

b. 非接触式光学应变测量装置的光轴线应与试样的纵轴相垂直。任何伸长测量装置的精度应为测量总伸长的±1%。在试样上应作出标距的标记，可用适当的金属夹卡作标记，也可用惰性的和热稳定的油漆作标记。试样工作段对标距之比应大 5/6。只有实验的材料允许使用某中应变片的胶黏剂时，以及蠕变持久性短时，电阻应变片才能适用。

c. 计时器　任何计时器都可适用，自动计时系统更为适用。蠕变时间的测量，其精度应在±1%以内。

d. 千分卡　千分卡的精度为±0.01mm。

3.1.8.3　实验步骤

（1）选择应力水平　为了获得设计数据或表示材料的特性，应按下列方法选择应力水平：

① 对线性黏弹性区域大的材料，至少选择三个应力水平。

② 对线性黏弹性区域小的材料，至少选择五个应力水平。

③ 测定蠕变强度极限（$\sigma_{B,t}$，$\sigma_{\varepsilon,t}$）时，所选择的载荷应在材料的短期拉伸强度的 10%～90%的范围内。考虑了上述条件，可根据下列数列选择载荷：1，2，3，5，7.5，10，以后按十进制递增。

④ 产生破坏的时间小于 1000h 的应力水平不能用于蠕变实验。

⑤ 仅用于材料比较时，应该测定 1000h 产生 1%应变的应力。

（2）试样状态调节　按 GB 2918 规定进行状态调节。

（3）安装试样

（4）预加载　试样在加载前必须预加载时，如为了消除传动装置的间隙，应保证预加载不影响测量的精度。装夹好试样后，所选择的温度和相对湿度还未达到平衡时，不应进行预加载。进行预加载后再测量标距。

（5）加载　试样应连续加载。每组实验中，每个试样的实验过程应该相同，并做记录。加载过程应在 1～5s 内完成，在任何情况下不应超过 10s。在进行蠕变应变测定时，预加载荷可不计入实验载荷。在蠕变破断实验（蠕变强度极限）时，实验载荷应包括预加载荷。

(6) 应变测量　若应变测量不是连续进行的，则要求按下列时间间隔测量应变：1min，6min，12min，30min；1h，2h，3h，5h，7h，10h，以后按十进位递增，并以小时为单位。

如蠕变应变-时间曲线有不连续性，读数应比上述要求更频繁。

(7) 实验超过预定时间而试样不破断，应快速而轻轻地卸去载荷。若要求测量恢复应变时，即用与加载时相同的时间间隔测量恢复应变。

3.1.8.4　实验结果表示

(1) 等时应力-应变曲线　首先由测得的应变对时间作图，得蠕变应变-时间曲线，并以应力为参数。然后在蠕变应变-时间曲线上，截取某一规定时间，如1000h或其他时间，求得应力和相对应的蠕变应变。以若干不同水平的应力对相应蠕变应变作图即得等时应力-应变曲线。

对短期加载即表现出明显蠕变的材料，可以选取较短的时间，以便分析或用于特殊设计。

(2) 1000h产生1%蠕变应变的应力　作1000h的等时应力-应变曲线。用内插法求得1%应变的应力，若该应力在线性区域时，初始应力水平应不少于3个；若该应力在非线性区域时，应力水平应更多。

(3) 蠕变模量-时间曲线

用按公式 (5) 计算得到的蠕变模量(MPa)的常用对数对加载时间(h)的常用对数作图，并以应力作为参数。

(4) 蠕变应变-时间曲线

用蠕变应变的百分数的常用对数对加载时间(h)的常用对数作图，并以应力作为参数。

(5) 蠕变破断曲线

若试样在实验时发生破断，常规的初始应力($\sigma_{B,t}$)(MPa)对相应的破断时间(h)的常用对数作图。根据实验目的可用$\sigma_{\varepsilon,t}$代替$\sigma_{B,t}$。

注意：试样发生断裂，屈服或细颈可认为是蠕变破断。

3.1.8.5　实验报告与思考题

(1) 实验报告　应包括下列各项：

① 采用的国家标准；

② 实验材料、生产厂家、牌号名称、批号、制造日期、模塑类型、退火条件等；

③ 实验尺寸，所取试样的方向；

④ 状态调节和实验条件，包括温度、相对湿度、气压、加载类型等；

⑤ 按第六项，绘制各条曲线；

⑥ 解答思考题。

(2) 思考题

① 高分子材料的蠕变特性与材料本身的哪些性质有关？举例说明。

② 实验中哪些因素影响应变测定误差？如何比较不同材料的蠕变特性？

3.2 热 性 能

3.2.1 热导率测定

3.2.1.1 实验目的与原理

(1) 实验目的 了解热导率测定的基本原理；掌握“瞬态法”测定聚合物热导率的方法；熟悉快速热传导测定仪的使用。

(2) 实验原理 热量从一个物体传到与之相接触的另一物体，或者从物体的这个部分传导那个部分，通常就称为热传导。衡量高分子材料热传导能力的重要参数是“热导率”(也称为“热导率”)。显然，热导率愈小，则材料的绝热性、保温性愈好。而另一方面，在聚合物加工时，为了在一定时间内能够将聚合物加热到加工温度以及冷却到环境温度，则要求试料有适当的热导率。

在理论上，聚合物热导率(k)的定义是：通过试样单位表面积的热流($\mathrm{d}Q/\mathrm{d}t$)和在热流方向上的负温度梯度($\mathrm{d}T/\mathrm{d}x$)之比值，“负”表示热流从高温流向低温。

$$k=\frac{\mathrm{d}Q/\mathrm{d}t}{\mathrm{d}T/\mathrm{d}x} \tag{3-36}$$

k 的单位是 J/(m·s·K)。[1J/(m·s·K)=2.4×10^{-3}cal/(cm·s·℃)]

常用的测定方法有两种：稳态法（即“稳定热流法”)；瞬态法（即“不稳定热流法”)。

稳态法测量可用图 3-16 的装置进行。试样置于上下两容器之间。一种纯液体在下容器中沸腾而加热银板，冷凝后回到下容器中。上容器有个镀银底座，盛有液体的沸点比下容器中的液体沸点低 10～20℃。上容器中液体沸腾所生成的蒸气冷凝在一个接收器中。上下容器间的温度梯度 ΔT 依赖于试样的厚度 L 和面积 A。当达到稳态后，测量把一定量液体(1mL)蒸馏到接收器所需的时间 t。计算公式为 (3-37)：

$$k=\frac{\Delta H_V L}{At\Delta T}=\frac{L}{AR} \tag{3-37}$$

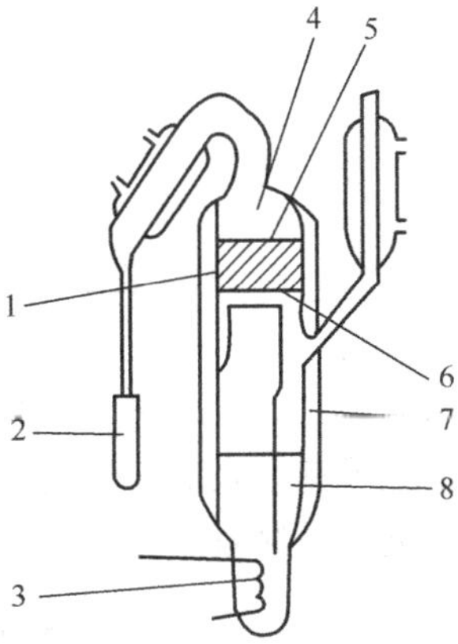

式中 ΔH_V——上容器中液体的蒸发热，J；

L——试样的厚度，mm；

A——试样的面积；

t——从上容器蒸出一定量液体所需时间，s；

ΔT——温度梯度，℃；

R——试样的热阻，它等于 $t\Delta T/\Delta H_V$。

图 3-16 稳态法测定装置

1—试样；2—接收器；3—加热器；4—上容器；5—镀银底座；6—银板；7—杜瓦瓶；8—下容器

测量时，首先测定已知热导率的方法材料（参比）在不同厚度（L）时的 t 值，以 R 值对 t 作图（因为 k，L，A 均已知)，得到一条 R-t 方法曲线。然后，测定不同厚度的未知试样的 t 值，从方法曲线查得 R 值，代入式 (3-32) 计算出 k 值。

本实验用“瞬态法”，仪器是快速热传导测定仪，其基本原理示意于图 3-17。探头由已知热导率的隔热材料制成，表面上有热电偶和一条电热丝。测量时，探头平放在试样上，这条电热丝紧贴试样的中间。若将能量（单位长度的热流）连续不断地供给这电热丝，则电热丝的温度随时间而指数上升。从温度上升和时间之比值，通过（3-38）式计算 k 值：

$$k=AI^2\frac{\ln(t_2/t_1)}{V_2-V_1}-B \tag{3-38}$$

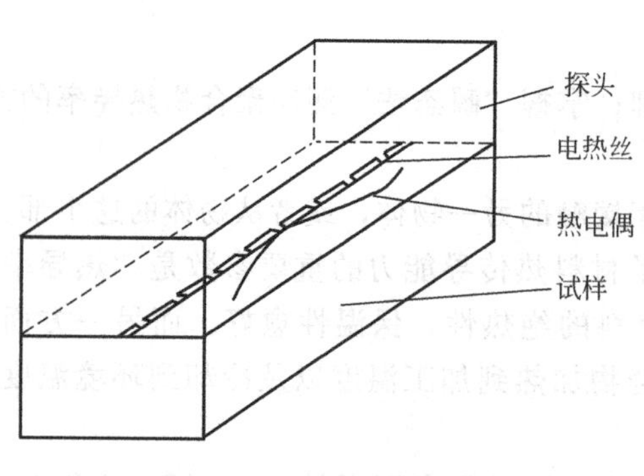

图 3-17　瞬态法原理示意

式中 A，B 为探头常数；I 为通过电热丝的电流；t_1，t_2 为采样的起始和结束时间；V_1，V_2 为热电偶的起始和结束输出电压。

瞬态法有下列优点：① 迅速，测量时间只需 10～180s。② 测量过程中，试样温度的上升小于 20℃（注：稳态法可能上升 50～100℃），因此试样在环境温度下的热导率可以测得；例如，将试样放在 150℃的环境中，就可测得 150～170℃范围内的热导率。特别是对于那些热导率随温度变化很大的试样，更显出优越性。③ 试样的热扩散可以不考虑，因此在 $k=0.02\sim10$(J/(m·s·K) 范围内尤为适用。

热导率和聚合物的结构是密切相关的，见表 3-15。结晶聚合物的热导率大于无定形的，诸如高度结晶的聚乙烯（PE）、聚甲醛（POM）等，在室温下其热导率均为 0.71(J/(m·s·K))，而无定形的仅为 0.17 左右，相差甚大。因此，可参照无定形聚合物的热导率 k_a[2]，通过 Eiermann 经验公式来计算结晶聚合物的热导率 k_c：

$$k_c=k_a\left[5.8\left(\frac{\rho_c}{\rho_a}-1\right)+1\right] \tag{3-39}$$

式中，ρ_c 和 ρ_a 表示完全结晶和无定形聚合物的密度。不过，k_c 和 k_a 对温度的依赖性是相同的。

聚合物的分子量、交联度增加，热导率也增加。由于分子排列的影响，取向高分子材料的热导率，在取向方向上增大，而在垂直方向上减小。

此外，测量时接触探头的是试样的正面还是反面，得到的热导率也可能不一样。

表 3-15　25℃，聚合物的热导率/J/(m·s·K)[5]

聚合物	k	聚合物	k	聚合物	k
PET	0.14	NR	0.18	PU	0.31
PS	0.16	PMMA	0.19	PU(泡沫)	0.03
PS(泡沫)	0.04	PP	0.24	LDPE	0.35
PVC	0.18	Nylon 66	0.25	HDPE	0.44
PVC(泡沫)	0.03	PTFE	0.27		

3.2.1.2　实验仪器和试样

快速热传导测定仪 QTM-D2（日本 SDK），见图 3-18。热导率范围 0.02～10(J/(m·s·K))，温度范围－10～200℃，测量时间约 60s。

本次实验采用由 4.1.1 热塑性塑料模压成型实验中制备的 PVC 板材经机械加工而得的片状试样。试样尺寸为：长≥100mm，宽≥50mm，厚≥6mm。

3.2.1.3 实验步骤

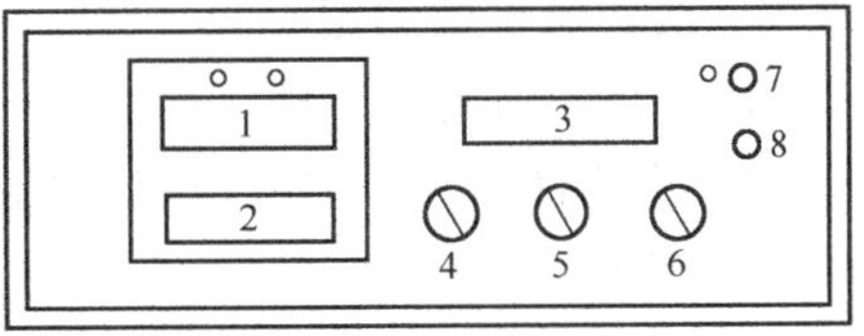

图 3-18 仪器面板图

(1) 对照仪器面板图（图 3-18），认清热导率显示 1、温度显示 2、零点表头 3、加热选择 HEATER4、方式选择 MODE5、调零旋钮 ZERO ADJ6、启动开关 START7、复原开关 RESET8。

(2) 接通电源，将“加热选择”由 OFF 转到 0.5 档，开机，至少稳定 45min。

(3) 将“方式选择”放在校准档（“CAL”）。用调零旋钮调好零点表头。

(4) 按下复原开关，然后在按启动开关，大约过 60min，若“热导率显示”在 0.980～1.020 之间，则说明仪器工作正常。检验后，按一下复原开关。

(5) 将试样的表面水分揩干、灰尘除去，平放在桌面上，使其和环境温度相同。然后，将探头（保持清洁、干燥）放在试样之上。（注：若试样导电或潮湿，则需用专门探头!）

(6)“加热选择”和“方式选择”的选用可参照表 3-16。对于未知试样，可先以 $k=0.02\sim0.05$ 情况处理，按下启动开关进行测量。若结果超出范围（这时，“热导率显示”不显示数字），则依次改变加热选择和方式选择，重新测定。

表 3-16 不同热导率范围的加热选择和方式选择

k[J/(m·s·K)]	加热档	方式	k[J/(m·s·K)]	加热档	方式
0.02～0.05	0.5	低	0.3～2.0	4	高
0.05～0.1	1	低	≥2.0	8	高
0.1～0.3	2	低或高			

(7) 每一次测量后（60s 左右），都必须按一下复原开关，并将方式选择放回“校准”档。同时，探头需用铝块充分冷却。试样（如果需要在测量的话）也需冷到环境温度。

(8) 读数。在仪器 QTM-D2 上，数据是经微机处理（根据公式 3-37）在面板上自动显示。因此，只要将“热导率显示”和“温度显示”上的数字记下来即可。

(9) 重复步骤（7），每个试样测量三次，最后取平均值。试样的正面和反面要分别测定。

(10) 实验完毕后，先将方式选择放回“校准”档，加热选择放在“OFF”档，方可关闭电源。

3.2.1.4 实验报告与思考题

(1) 实验报告

① 试样名称、试样的制备方法和预处理条件；

② 实验原理和实验步骤；

③ 实验结果处理；

④ 解答思考题。

(2) 思考题

① 塑料与金属材料相比，其导热率有何差别，为什么有此差别?

② 塑料的导热率较低，这在生产实践和生活中有何应用?

3.2.2 线膨胀系数测定

3.2.2.1 实验目的与原理

（1）实验目的　通过本实验让学生了解塑料线膨胀系数测定的基本原理；掌握塑料线膨胀系数测定方法。

（2）实验原理　在温度发生变化时，物质都会产生长度和体积的变化。物质的形变一般都遵循着热胀冷缩的规律，随着温度的升高而膨胀，随着温度的降低而收缩。在相同的温度下，不同物质的膨胀程度不一样。通常用膨胀系数表示物质的膨胀程度。所谓线膨胀系数，是指温度升高摄氏一度时，每一厘米长的物质伸长的厘米数。表示物质在某一温度区间的线膨胀特性，称为平均线膨胀系数，可用式（3-40）表示：

$$\alpha=\frac{\Delta l}{l_0\Delta t}(1/度) \tag{3-40}$$

式中　α——平均线膨胀系数，1/℃；

l_0——试样在起始温度下的长度，cm；

Δl——在相应温差下，试样长度的变化，cm；

Δt——实验温差，℃。

本方法是将已测量原始长度的试样装入石英膨胀计中，然后将膨胀计先后插入不同温度的恒温器内，在试样温度与恒温器温度平衡，千分表指示值稳定后，记录读数，由试样膨胀值和收缩值，即可计算其平均线膨胀系数。按 GB 1036—89 规定－30～＋30℃为通用测定温度。也可按产品标准规定。若材料在规定的测定温度范围内存在相转变点，或玻璃化转变点，则应在转变点以上和以下分别测定其线膨胀系数，以免引起过大的测试误差。本方法不适用于泡沫塑料。

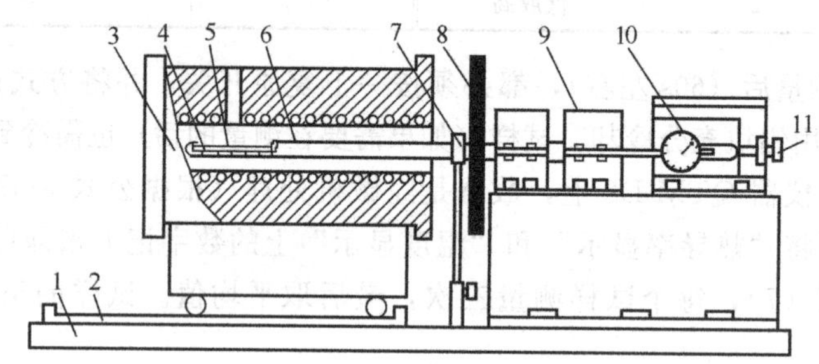

图 3-19　卧式膨胀计示意图

1—底板；2—滑轨；3—管式加热炉；4—试样；5—石英内管；6—石英外管；7—支持架；8—石棉隔离板；9—石英外管固定架；10—指示表；11—指示表零点调节螺丝

3.2.2.2 实验装置

（1）线膨胀系数测定仪　用于测定塑料线膨胀系数的设备形式较多，有千分表（或百分表）石英管膨胀计，有用差动变压器测量膨胀长度变化的膨胀计。但从设备结构简单，容易操作控制来看，还是以千分表石英管膨胀计较易普及、适用。千分表石英管膨胀计又分为立式和卧式两种，见图 3-19 及图 3-20。立、卧两种形式膨胀计所测得的结果比较接近，可以互比，但鉴于立式膨胀计结构简单，试样和内管的同心度易于保证，容易操作，体积亦小，因此，立式膨胀计较卧式易推广。

立式膨胀计结构如图 3-20 所示。石英外管长约 400mm，内径(11±0.5)mm，壁厚2mm，管底封闭内侧中心为圆形凸起，整个管径要求均匀。石英内管的外径适于外管内径要求，装配时应密合而不紧，且能自由移动，长度取决于试样，即试样放入后内管要高出外管30mm左右。指示表可根据试样的膨胀性能和测量精度而定，一般采用千分表即可满足。内、外管由石英玻璃管组成，连接件可用黄铜。基本要求如下：

试样所需要的高、低温，可用两个恒温浴来实现。低温浴是用水加冰或酒精加干冰来控制低温，高温可用电加热空气浴或油浴，并配以等速升温装置来控制升温速度。

本实验推荐用立式线膨胀系数测定仪。指示表准确度0.002mm。

(2) 恒温箱　温度波动不大于0.5℃。

(3) 量具：准确度0.05mm。

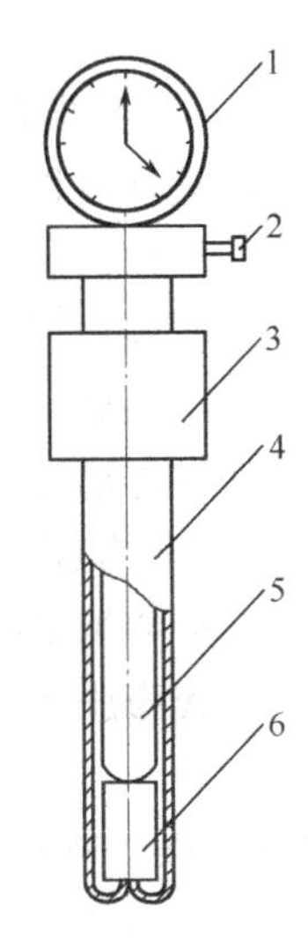

图3-20　立式膨胀计

1—指示表；2—固定螺丝；3—连接件；4—石英外管；5—石英内管；6—试样

3.2.2.3　原材料试样及条件

(1) 试样尺寸　圆柱直径10±0.2mm，正方柱边长(7±0.2)mm，长30mm、50mm或100mm。

(2) 试样处理　试样应无弯曲、裂纹等缺陷，两端平整并平行。每组试样3个。层压材料及吸湿性大的材料，于(105±3)℃干燥1h或(50±2)℃干燥24h。

(3) 实验条件　恒温器温度：低温(0±0.5)℃，高温(40±0.5)℃，或按产品方法规定。

本次实验试样采用4.1.1热塑性塑料模压成型实验方法制备的PVC板材经机械加工而成。试样尺寸为：正方柱边长(7±0.2) mm，长50mm。

3.2.2.4　实验步骤与结果

(1) 实验步骤

① 在室温下测量试样长度。

② 将试样装入膨胀计，使试样和石英内管处于同一轴线上。

③ 膨胀计先后置于低温、高温、低温恒温器中，在每一个恒温器中待指示表指针稳定后，记录读数。

(2) 实验结果表示　平均线膨胀系数α(1/℃)按式(3-41)计算：

$$\alpha=\frac{\Delta l}{l\cdot\Delta t} \tag{3-41}$$

式中　Δl——试样在膨胀和收缩时，长度变化的算术平均值，mm；

l——试样在室温时的长度，mm；

Δt——高、低温恒温器温度差，℃。

实验结果以每组试样的算术平均值表示，至少取二位有效数字。数据处理按产品方法规定。

3.2.2.5 实验报告与思考题

(1) 实验报告

① 试样名称、牌号及批号；

② 试样的制备方法和预处理条件；

③ 实验原理及实验步骤；

④ 结果处理与讨论；

⑤ 解答思考题。

(2) 思考题

① 影响测试结果的因素有哪些？如何影响？

② 线膨胀系数随温度的变化是如何影响塑料制品的生产过程和使用性能的？

3.2.3 维卡软化点测定

3.2.3.1 实验目的与原理

(1) 实验目的

① 了解热塑性塑料软化点（维卡）测定的基本原理。

② 掌握热塑性塑料软化点（维卡）的测定方法。

(2) 实验原理

本方法是测定热塑性塑料于液体传热介质中，在一定的负荷、一定的等速升温条件下，试样被$1mm^2$压针头压入1mm时的温度，即热塑性塑料软化点（维卡）。热塑性塑料软化点（维卡）适用于控制质量和作为鉴定新品种热性能的一个指标，但不代表材料的使用温度。

3.2.3.2 原材料试样与实验设备

(1) 原材料试样　试样厚度应为3～6mm，宽和长至少为10mm×10mm，或直径大于10mm。

模塑试样厚度为3～4mm。

板材试样厚度取板材原厚，但厚度超过6mm时，应在试样一面加工成3～4mm。如厚度不足3mm时，则可由块但至多不超过3块叠合成厚度大于3mm时，方能进行测定。

试样的支撑面和侧面应平行，表面平整光滑、无气泡、无锯齿痕迹、凹痕或飞边等缺陷。

每组试样为2个。

本次实验试样采用3.1.4.2悬臂梁冲击实验之后的CPP断裂试片作为试样。

(2) 实验设备　实验装置结构见图3-21。应包括以下各部分。

① 支架　用于放置试样，并可方便地浸于保温浴槽中，支架和施加负载的负载杆应选用热膨胀系数小的材料组成。在测定温度范围内，由于热膨胀引起变形测量装置的读数偏差不得超过0.02mm（可用厚度3～4mm的GG-17硅硼玻璃代替塑料试样进行校验）。负载杆能自由垂直移动，压针固定于负载杆的末端，压针头应经硬化处理，其长3～5mm，横截圆面积为$1000\pm0.015mm^2$，压针头平端与负载杆成直角，并不允许带有毛刺等缺陷。

② 保温浴槽　为盛液体传热介质的浴槽，具有搅拌器、加热器。加热器应能按下列

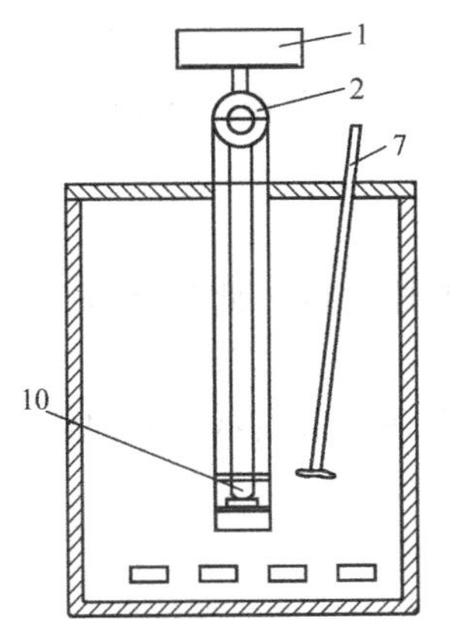
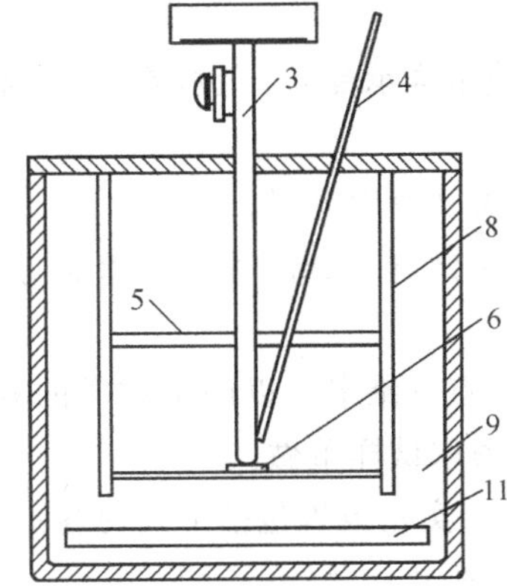

图 3-21　软化点（维卡）实验装置图

1—砝码；2—变形测量装置；3—负载杆；4—测温装置；5—压针；
6—试样；7—搅拌器；8—支架；9—保温浴槽；10—压针头；11—加热器

速度等速升温。

A 速度：(5±0.5)℃/6min；

B 速度：(12±1.0)℃/6min。

③ 液体传热介质　传热介质的选择，以对实验无影响为原则，如硅油、变压器油、液体石蜡、乙二醇等均可。并须室温时具有黏度较低的特点。

④ 砝码　因试样承受的静负载 G（$G=W+R+T$）有两种：

$$G_A=1000^{+50}_{-0}\,\mathrm{g}$$

$$G_B=5000^{+50}_{-0}\,\mathrm{g}$$

则应加砝码的质量由式（3-42）计算：

$$W=1000(\text{或 }5000)-R-T \tag{3-42}$$

式中　W——砝码质量，g；

R——压针及负载杆的质量，g；

T——变形装置附加力，g。

注：由于仪器构造不同，附加力向下为正，向上为负。

⑤ 测温装置　经校正的温度范围合适的局部浸入式水银温度计或其他测温仪表，其分度值为 1℃。

⑥ 变形测量装置　具有精度为 0.01mm 的百分表或其他测量装置。

⑦ 冷却装置　将液体传热介质迅速冷却，以备及时再次实验。

3.2.3.3　实验步骤、实验报告与思考题

(1) 实验步骤

① 试样预处理　试样的预处理可按产品方法规定。产品方法若无规定时，可直接进行测定。

② 把试样放入支架，其中心位置约在压针头之下，距试样边缘应大于 3mm。经机械加工的试样，加工面应紧贴支架底座。

③ 插入温度计，使温度计水银球与试样相距 3mm 以内，但不应触及试样。

④ 将支架小心浸入浴槽内，试样位于液面 35mm 以下，起始温度应至少低于该材料

软化点（维卡）50℃。

⑤ 加砝码，使试样承受 G_A 负载或 G_B 负载。开始搅拌，5min 后调节变形测量装置，使之为零。

⑥ 按 A 速度或 B 速度升温。

⑦ 当压针插入试样 1mm 时，迅速记录此时温度，此温度即为该试样的软化点（维卡）。

⑧ 材料的软化点（维卡）以两个试样的算术平均值表示，如同组试样测定结果之差大于 2℃时，必须另取试样重做。

（2）实验报告　实验报告包括下列内容：

① 试样名称、牌号及批号；

② 试样的制备方法和预处理条件；

③ 开始温度、升温速度、负载大小、使用的传热介质和叠合实验的层数；

④ 每个试样的软化点（维卡）和试样的算术平均值；

⑤ 实验过程及实验后试样的特殊情况；

⑥ 解答思考题。

（3）思考题

① 塑料的维卡软化点对塑料制品的生产和使用有何指导意义？

② 塑料的维卡软化点和其使用温度有何区别？

3.2.4 热变形温度测定

3.2.4.1 实验目的与原理

（1）实验目的

① 了解高分子材料弯曲负载热变形温度（简称热变形温度）测定的基本原理。

② 掌握高分子材料弯曲负载热变形温度（简称热变形温度）的测定方法。

（2）实验原理　本方法是测定高分子材料试样浸在一种等速升温的合适液体传热介质中，在简支梁式的静弯曲负载作用下，试样弯曲变形达到规定值时的温度，即弯曲负载热变形温度（简称热变形温度）。热变形温度适用于控制质量和作为鉴定新品种热性能的一个指标，但不代表其使用温度。本方法适用于在常温下是硬质的模塑材料和板材。

3.2.4.2 原材料与设备

（1）原材料试样　试样为截面是矩形的长条，其尺寸规定如下：

① 模塑试样　长度 L=120mm，高度 h=15mm，宽度 b=10mm；

② 板材试样　长度 L=120mm，高度 h=15mm，宽度 b=3～13mm（取板材原厚度）；

③ 特殊情况　可以用长度 L=120mm，高度 h=9.8～15mm，宽度 b=3～13mm。但中点弯曲变形量必须用表 3-17 中规定的值。

试样应表面平整光滑，无气泡、无锯切痕迹、凹痕或飞边等缺陷。每组试样最少为两个。

本次实验试样是采用多功能用途模具注塑成型的高密度聚乙烯（HDPE，MFR=1～5g/10min）长条试样。试样尺寸为：长度 L=120mm，高度 h=10mm，宽度 b=4mm。

表 3-17　试样高度变化时相应变形量的变化表（mm）

试样高度 h	相对变形量	试样高度 h	相对变形量	试样高度 h	相对变形量
9.8～9.9	0.33	11.5～11.9	0.28	13.8～14.1	0.23
10.0～10.3	0.32	12.0～12.3	0.27	14.2～14.6	0.22
10.4～10.6	0.31	12.4～12.7	0.26	14.7～15.0	0.21
10.7～10.9	0.30	12.8～13.2	0.25		
11.0～11.4	0.29	13.3～13.7	0.24		

(2) 实验设备

实验装置见图 3-22。应包括以下各部分：

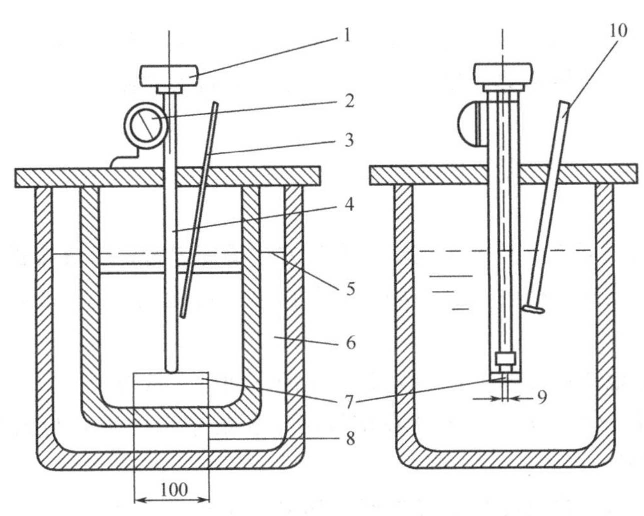

图 3-22　实验装置图

① 试样支架　用金属制成。两个支座中心间的距离为 100mm，在两个支座的中点，能对试样施加垂直的负载。支座及负载杆压头应互相平行，与试样接触部分必须制成半圆形，其半径为 3±0.2mm。支架的垂直部件与负载杆必须用线膨胀系数小的材料制成，使在测试温度范围内，由于热膨胀引起的变形测量装置的读数偏差不得超过 0.01mm（可用 GG-17 硅硼玻璃试样代替塑料试样进行校验 ii)。

注：(i) 两个支座中心间的距离为 101.6mm 的试样支架同样允许使用。

(ii) 如果检验的结果表明这个偏差超过 0.01m 时，就必须给出修正值，以便对变形量进行修正。

② 保温浴槽　盛放温度范围合适和对试样无影响的液体传热介质。具有搅拌器、加热器。使实验期间传热介质以 (12±1)℃/6min 等速升温。

注：液体传热介质一般选用室温时黏度较低的硅油、变压器油、液体石蜡或乙二醇等。

③ 砝码　一组大小合适的砝码，使试样受载后最大弯曲正应力为 1.85MPa 或 0.46MPa。负载杆、压头的质量及变形测量装置的附加力应作为负载中的一部分计入总负载中。

应加砝码的质量由式 (3-43) 计算：

$$W=\frac{2\sigma bh^2}{3l}-R-T \tag{3-43}$$

式中　W——砝码质量，g；

σ——试样最大弯曲正应力，N；

b——试样的宽度，mm；

h——试样的高度，mm；

l——两支座中心间距离，mm；

R——负载杆、压头的质量，g；

T——变形测量装置的附加力，N。

注：由于仪器结构不同，附加力向下取正直，向上取负值。实际使用的负载与计算的负载相差应在±25%以内。

④ 测温装置 经校正的温度范围合适的局部浸入式水银温度计（或其他测温仪表），其分度值为1℃。

⑤ 变形测量装置 具有精度为0.01mm的百分表或其他测量装置。

⑥ 冷却装置 将液体传热介质迅速冷却，备及时再次实验。

3.2.4.3 实验步骤、实验报告与思考题

（1）实验步骤

① 试样预处理 可按产品方法规定，产品方法无规定时，可直接进行测定。

② 测量试样中点附近处的高度（h）和宽度（b）精确至0.05mm，并按第（5）条第③计算砝码质量。

③ 把试样对称地放在支座上，高为15mm的一面垂直放置。

④ 插入温度计，使温度计水银球在试样两支座的中点附近，与试样相距在3mm以内，但不要触及试样。

⑤ 保温浴槽内的起始温度与室温相同，如果经实验证明在较高的起始温度下也不会影响实验结果，则可提高其起始温度。

⑥ 把装好试样的支架小心放入保温浴槽内，试样应位于液面35mm以下。加上砝码。使试样产生所要求的最大弯曲正应力为1.85MPa或0.46MPa。

⑦ 加上砝码后，即开动搅拌器，5min后调节变形测量装置，使之为零（如果材料加载后不发生明显的蠕变，就不需要等待这段时间），然后开始加热升温。

⑧ 当试样中点弯曲变形量达到0.21mm时，迅速记录此时温度。此温度即为该试样在相应最大弯曲正应力条件下的热变形温度（如实验h=9.5～15mm时，则中点弯曲变形量应采用表中的数值）。

⑨ 材料的热变形温度值以同组试样算术平均值表示。

（2）实验报告 实验报告应包括下列内容：

① 试样名称、试样的制备方法和预处理条件；

② 试样的尺寸和所用的砝码质量；

③ 实验原理和实验步骤；

④ 解答思考题。

（3）思考题

① 塑料弯曲负载热变形温度（简称热变形温度）与塑料的维卡软化点有何区别？

② 塑料弯曲负载热变形温度（简称热变形温度）的测试中有那些步骤可能引入误差？如何克服？

3.3 电 性 能

3.3.1 介电强度和耐电压实验

3.3.1.1 实验目的与原理

(1) 实验目的

① 了解测定高分子材料介电强度和耐电压值的基本原理。

② 掌握高分子材料材料介电强度和耐电压值的测定方法。

(2) 实验原理 本方法是用连续均匀升压或逐级升压的方法，对试样施加交流电压，直至击穿，测出击穿电压值（U_b，kV)，计算试样的介电强度（E_b，kV/mm)。用迅速升压的方法，将电压升到规定值，保持一定时间试样不击穿，记录电压值和时间，即为此试样的耐电压值，以千伏和分表示。

本方法适用于固体电工绝缘材料如绝缘漆、树脂和胶、浸渍纤维制品、层压制品、云母及其制品、塑料、薄膜复合制品、陶瓷和玻璃等在工频电压下击穿电压、介电强度和耐电压的测试。对有些绝缘材料如橡胶及橡胶制品，薄膜等的上述性能实验，可按有关标准或参考本标准进行。

3.3.1.2 原材料试样及处理

(1) 试样的几何形状 试样的几何形状见表 3-18。

表 3-18 试样的形状和尺寸

项 目	试 样	尺寸/mm	适 用 范 围
一般实验	板状	方形:边长≥100 圆形:直径≥100	包括箔片、漆片、漆布、板材及型材试样
	型材		
	管状	长 100～300	
	带状	长≥150 宽≥5	
沿层实验	板状	长 100 宽 25	板对板电极
		长 60 宽 30	针销对板电极及锥销电极
	管棒状	高 25±0.2 弧长≤100 的一段环	
		长 100	锥销电极
		高 30	针销对板电极
表面耐电压实验	管棒状	长 150±5	

试样外观 表面应平整、均匀、无裂纹、气泡和机械杂质等缺陷。试样数量不得少于 3 个。

本次实验试样采用多型腔圆片模具注塑成型的高密度聚乙烯圆片试样。试样尺寸为：直径＝120mm，厚度＝4mm。

(2) 试样处理

① 试样的清洁处理 用蘸有溶剂（对试样不起腐蚀作用）的绸布擦洗试样。

② 试样的预处理 为减小试样以往放置条件的不同而产生的影响，使实验结果有较好的重复性和可比性。预处理条件可按表 3-19 选取。

表 3-19　预处理条件

温　　度/℃	相对湿度/%	时　　间/h
20±5	65±5	≥24
70±2	<40	4
105	<40	1

③ 条件处理　指实验前，试样在规定的温度下，在一定相对湿度的大气中或完全浸于水（或其他液体）中，放置规定的时间后进行实验，以考核材料性能受温度、湿度等各种因素影响的程度。处理条件和方法按产品标准规定。

④ 试样的正常化处理　在一般情况下，经过加热预处理或高温处理后的试样，应在温度为（20±5）℃和相对湿度为（65±5）%的条件下放置不少于16h，方能进行常态实验。

3.3.1.3　实验设备

(1) 厚度测量仪　用厚度的测量仪在试样测量电极面积下沿直径测量不少于3点，取其算术平均值作为试样厚度，测量误差为±0.01mm。

(2) 电极　常用的电极材料见表3-20。电极尺寸　板状试样的上下电极如图3-23所示，管状试样电极如图3-24所示，电极尺寸见表3-21。

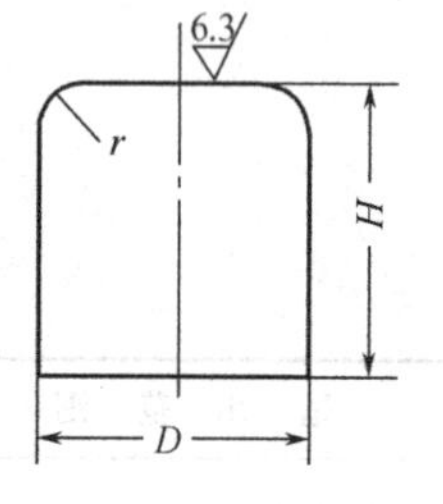

图 3-23　板状试样电极

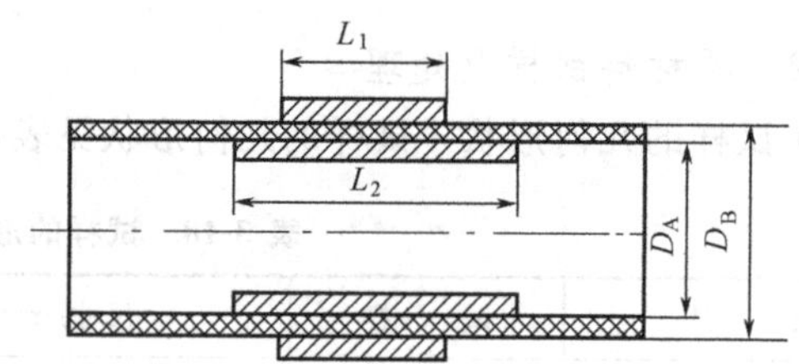

图 3-24　管状试样电极

表 3-20　电极材料

电　极　材　料	技　术　要　求	适　用　范　围
黄铜及不锈钢	工作面 6.3▽（▽7）级以上	板状、带状试样用电极；沿层实验用电极；以及直径较小的管状试样的内电极
退火铝箔	厚度不超过0.01mm，用极少量的精练凡士林、电容器油、硅油或其他合适的材料贴到试样上	管、棒状实验的内外电极
弹性金属片	有一定弹性的且导电性良好的铜片、钢片或银片	直径较大的管状试样的内电极
导电粉末	银粉、未氧化的铜粉或石墨粉	直径较小的管状试样的内电极
烧银	银膏应当保证所得的导电层与试样牢固地结合，没有气泡、鳞皮、裂纹等缺陷	能耐受高温的实验玻璃、陶瓷类材料的电极

(3) 实验设备基本电路如图3-25所示。

表 3-21　电极尺寸

试　　样	电　极　尺　寸/mm
板状试样	$D=25\pm0.1$；$H=25\pm0.1$；$r=2.5$
管状试样	$L_1=25$；$L_2=50$

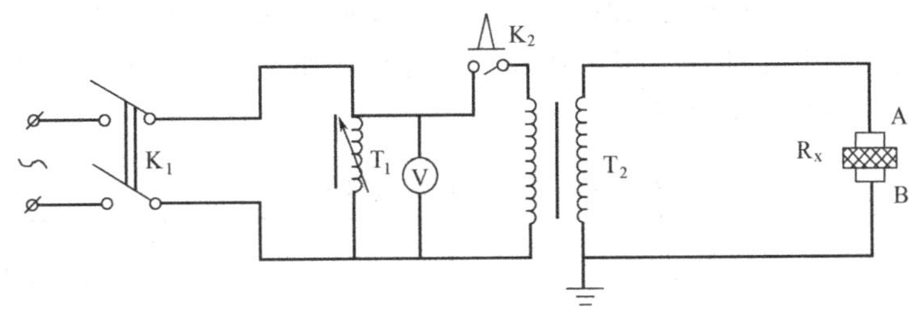

图 3-25 实验设备基本电路

K_1—电源开关；T_1—调压变压器；V—电压表；K_2—过电流继电器；

T_2—实验变压器；A、B 和 R_x—电极和试样

(4) 线路基本要求：

① 过电流继电器应有足够的灵敏感，保证试样击穿时在 0.1s 内切断电源，动作电流应使高压实验变压器的次级电流小于其额定值。

② 电源的电压应为波形失真率不大于 5%的正弦波。

③ 高压变压器的容量必须保证其次级额定电流为 0.03～0.1A。

④ 调压器能均匀地调节电压，其容量与实验变压器的容量相同。

(5) 电压测量仪　在高压侧用精度不低于 1.5 级的静电计、球隙或通过精度不低于 0.5 级的电压互感器来测量。在低压侧用精度不低于 0.5 级伏特表测量，其测量衰差不应超过±4%。

3.3.1.4　实验条件

(1) 实验媒质

① 液体媒质　常态实验及 90℃以下的热态实验采用清洁的变压器油，90℃至 300℃以内的热态实验采用清洁的过热气缸油。

② 气体媒质　采用空气，如有飞弧可在电极周围加用柔软硅橡胶之类的防飞弧圈。防飞弧圈与电极之间有 1mm 左右的环状间隙，其环宽 30mm 左右。

(2) 实验环境

① 常态实验环境温度为 (20±5)℃，相对湿度为 (65±5)%。

② 热态实验或潮湿环境实验条件由产品标准予以规定。

3.3.1.5　实验步骤

(1) 介电强度实验

① 连续均匀升压法：采用连续均匀升压法时升压速度见表 3-22。

表 3-22　连续升压法升压速度

试样击穿电压/kV	升压速度/(kV/s)	试样击穿电压/kV	升压速度/(kV/s)
<1.0	0.1	5.1～20	1.0
1.0～5.0	0.5	>20	2.0

② 1min 逐级升压法：按下列方式升压，第一级加电压值为标准规定击穿电压的 50%，保持 1min，以后每级升压后保持 1min，直至击穿，级间升压时间不超过 10s，升

压时间应计在1min内，每级电压值采用表3-23规定的数值。如果击穿发生在升压过程中，则以击穿前开始升压的那一级电压作为击穿值，如果击穿发生在保持不变的电压级上，则以该级电压作为击穿电压。

表3-23 逐级升压法每级电压值

击穿电压值/kV	5以下	5～25	26～50	51～100	>100
每级升压电压值/kV	0.5	1	2	5	10

(2) 耐电压实验

在试样上连续均匀升压到一定的实验电压后保持一定的时间，试样若不击穿则定此电压为耐电压值。实验电压和时间由产品标准规定。

3.3.1.6 试验结果、实验报告与思考题

(1) 实验结果表示

① 击穿的判断：试样沿施加电压方向及位置有贯穿小孔、开裂、烧集等痕迹为击穿，如痕迹不清可用重复施加实验电压来判断。

② 击穿电压单位为kV，以各次实验的算术平均值作为实验结果，取三位有效数字。

③ 介电强度E_b计算

$$E_b=\frac{U_b}{d} \tag{3-44}$$

式中 E_b——介电强度，kV/mm；

U_b——击穿电压，kV；

d——试样厚度，mm。

以各次实验的算术平均值作为实验结果，取三位有效数字。

④ 数据处理按产品标准规定。如无规定，可将实验结果取5次实验的平均值，如个别实验值对平均值的相对误差超过15%，则另取样进行5次实验，实验结果由10次实验的算术平均值计算。

(2) 实验报告　实验报告应包括下列内容：

① 材料型号、名称和规格、制造厂名称和日期；

② 试样形状、尺寸、数量和处理条件；

③ 电极形式及尺寸；

④ 实验环境温度及湿度；

⑤ 测试仪器和外施电压；

⑥ 测量数据及计算结果；

⑦ 解答思考题。

(3) 思考题

① 用不同的试样制备方法所得试样的测试结果有何不同？为什么？

② 试样中的含水量对测定结果有何影响？

③ 实验条件对实验有何影响？怎样影响？

3.3.2 介电常数和介电损耗角正切测定

3.3.2.1 实验目的与原理

(1) 实验目的

① 了解测定高分子材料介电常数和介电损耗角正切测定的基本原理。

② 掌握高分子材料材料介电常数和介电损耗角正切测定的测定方法。

(2) 实验原理　介电常数（ε）是表征绝缘材料在交流电场下介质极化程度的一个参数，它是充满此绝缘材料的电容器的电容量 C_x 与以真空为电介质时同样电极尺寸的电容器的电容量 C_{x0} 的比值。介质损耗角正切（tgδ）是表征该绝缘材料在交流电场下能量损耗的一个参数，是外施正弦电压与通过试样的电流之间的相对的余角正切。

测定高分子材料介电常数和介电损耗角正切实验方法有：工频高压电桥法和变电纳法。

本实验采用工频高压电桥法。其工作原理为：如图 3-25 所示，被测试样与无损耗标准电容 C_0 是电桥的两相邻桥臂，桥臂 R_3 是无感电阻，与它相邻的臂由电容 C_4 和恒定电阻 R_4 并联构成。在电阻 R_4 的中点和屏蔽间接有一可调电容 C_a 来完成线路的对称操作。线路的对称在这里理解为使“臂 R_3 对屏蔽”及“臂 R_4 对屏蔽”的寄生电容固定且相等。由于电阻线圈 R_3 中的金属线比电阻 R_4 长得多，臂 R_3 的寄生电容也将大于臂 R_4 的寄生电容。附加电容 C_a 可以增大臂 R_4 的电容泄漏，使其数值与臂 R_3 的泄漏相等。臂 C_a 和 C_o 的寄生电容不大，因此不用对它们加以平衡。

保护电压 e 的作用是消除放电器 P 处顶点可能存在的泄漏电流，为此 e 是一个将桥 P 处顶点的电位引向地电位的装置。

这主类电桥平衡后必然有：

$$Z_x \cdot Z_4 = Z_s \cdot Z_3 \tag{3-45}$$

其中　$Z_x = j/(\omega C_x)$

$Z_s = j/(\omega C_s)$

$Z_3 = R_3$

$Z_4 = [(1/R_4) + j\omega C_4]^{-1}$

由平衡条件及 tgδ 定义可计算出：

$$\text{tg}\delta = 2\pi f C_4 \cdot R_4 \cdot 10^{-12}$$

当 $f = 50\text{Hz}$，$R_4 = 10000/\pi\Omega$ 时，有 $\text{tg}\delta = C_4 \cdot 10^{-6}$，即可用 C_4 直接表示 tgδ 值。根据式（3-45）计算可得到：

$$C_4 = C_s \cdot (R_4/R_3) \cdot [1 + (1/\text{tg}^2\delta)] \tag{3-46}$$

$$\varepsilon = C_s/C_o$$

式中　f——频率，Hz；

C_s——标准电容器电容，pF；

C_x——试样电容，pF；

R_4——$10000/\pi$，Ω；

C_o——试样几何电容，pF；

ε——介电常数。

本方法适用于测试固体电工绝缘材料如绝缘漆、树脂和胶、浸渍纤维制品、层压制品、云母及其制品、塑料、薄膜复合制品、陶瓷和玻璃等的相对介电常数与介质损耗角正切以及由它们计算出来的相关参数，例如损耗因数。

有些绝缘材料如薄膜，橡胶及橡胶制品等的实验可按有关标准进行。

3.3.2.2 试样及处理

(1) 试样 一般试样的几何形状参见表 3-24 和表 3-25，试样厚度一般不大于 3mm。也可按产品标准确定试样的几何形状及尺寸。试样表面应平整、均匀、无裂纹、气泡和机械杂质等缺陷。试样数量不少于 3 个。

表 3-24 三电极与试样尺寸 (mm)

试样	试样尺寸	电极尺寸			保护间隙	频率范围
		测量电极	高压电极	保护电极宽度		
板状	方形:100×100 圆形:直径 100	直径 70±0.1	直径 ≥94	≥10	1±0.1 2±0.2	工频
	方形:100×100 圆形:直径 100	直径 50±0.1	直径 ≥74	≥10	1±0.1 2±0.2	音频
	方形:80×80 圆形:直径 80	直径 37±0.1	直径 ≥60	≥10	1±0.1 2±0.2	高频
管状	长 100	宽 50±0.1	宽≥74	≥10	1±0.1 2±0.2	工频

注：表中保护间隙 2±0.2mm 为常用尺寸；1±0.1mm 为推荐尺寸

表 3-25 二电极与试样尺寸 (mm)

试 样	试 样 尺 寸	电 极 尺 寸		频率范围
		测量电极	接地电极	
板状	直径≥(50+4t)	直径 50±0.1	直径 50±0.1 直径≥(50+4t)	音频、高频
	直径 50	直径 50±0.1	直径 50±0.1	
	直径≥(38+4t)	直径 38±0.1	直径 38±0.1 直径≥(38+4t)	
	直径 38	直径 38±0.1	直径 38±0.1	
管状	长 50	外电极宽 18±0.5	内电极宽 30±0.50	音频 高频

注：t 为板状试样的厚度，mm

本次实验试样采用多型腔圆片模具注塑成型的高密度聚乙烯圆片试样。试样尺寸为：大圆片直径=120mm，厚度=4mm；小圆片直径=55mm，厚度=4mm。

(2) 试样处理

① 试样的清洁处理 用蘸有溶剂（对试样不起腐蚀作用）的绸布擦洗试样。

② 试样的环境状态调节 试样应在温度为 (20±5)℃和相对湿度为 (65±5)%的条件下放置不少于 16h，方能进行常态实验。

3.3.2.3 实验设备

(1) 厚度测量仪 用厚度的测量仪在试样测量电极面积下沿直径测量不少于 3 点，取其算术平均值作为试样厚度，测量误差为±0.01mm。

（2）电极　二电极（不带保护电极）和三电极（带保护电极）均可适用于平板试样和管试样，平板试样采用圆形平板电极，管试样采用圆柱形电极，各种电极配置及其试样的几何电容见表 3-26。

表 3-26　电极配置及其试样的几何电容（cm）

序　号	电　极　配　置	试样的几何电容(单位:pF)
1	三电极系统平板电极 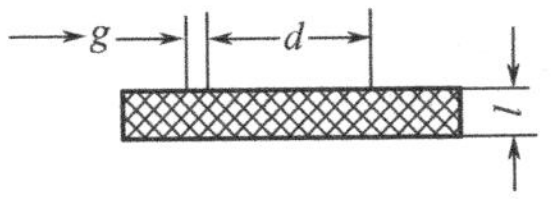	$C_{\alpha0}=\varepsilon_0\times(A_\varepsilon/t)=0.08854\times(A_\varepsilon/t)$ $A_\varepsilon=\pi/4(d_1+g)^2$ A_ε——平板试样测量电极有效面积
2	二电极系统平板电极 (1)电极尺寸与试样相等 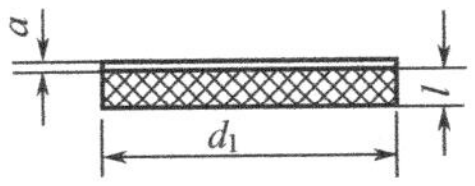 (2) 上、下电极相等 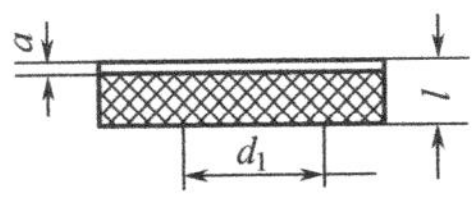 (3)上、下电极不等 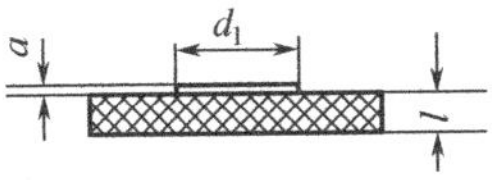	$C_{\alpha0}=\varepsilon_0\times(\pi/4)\times(d_1^2/t)$ $=0.06954(d_1^2/t)$
3	三电极系统圆柱形电极 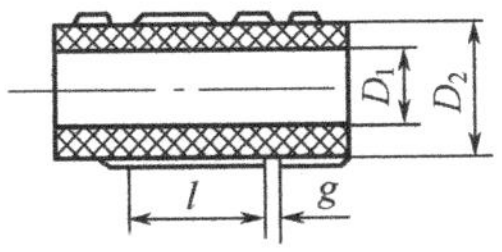	$C_{\alpha0}=\varepsilon_0\times[2\pi(l+g)/\ln(D_2/D_1)]$ $=0.2416[(l+g)/\lg(D_2/D_1)]$ $(l+g)$——管状试样测量电极有效长度

注：表中 t—平板试样厚度；g—保护间隙宽度；d_1—平板电极测量电极直径；l—圆柱形电极测量电极宽度；D_1——管试样内直径；D_2—管试样外直径，a—电极厚度

（3）工频高压电桥　工频高压电桥如图 3-26 所示，实验电压为 500～2000V 实验电压的选择应保证测量系统不致发生局部放电，又能保证仪器的灵敏度。将试样接入电桥 Cx 的桥臂中，加上实验电压，根据电桥使用方法进行平衡，读取 R_3 和 tgδ。

3.3.2.4　实验结果、实验报告及思考题

（1）实验结果表示　介电常数 ε 和介质损耗角正切 tgδ 按所用测试方法或仪器说明书中的公式计算，以各项实验的算术平均值作为实验结果，取二位有效数字。

以工频高压电桥为例；介质损耗角正切值（tgδ）可在电桥上直接读取，介电常数（ε）按下式计算：

$$\varepsilon=(R_4/R_3)(C_0/C_{\alpha0}) \tag{3-47}$$

式中　R_4——电桥中与试样相对臂上的电阻，即固定电阻，Ω；

R_3——电桥中与标准电容器相对臂上的可调电阻，即测试值，Ω；

C_0——标准电容器电容，pF；

C_{a0}——试样的几何电容，见表 3-26，pF。

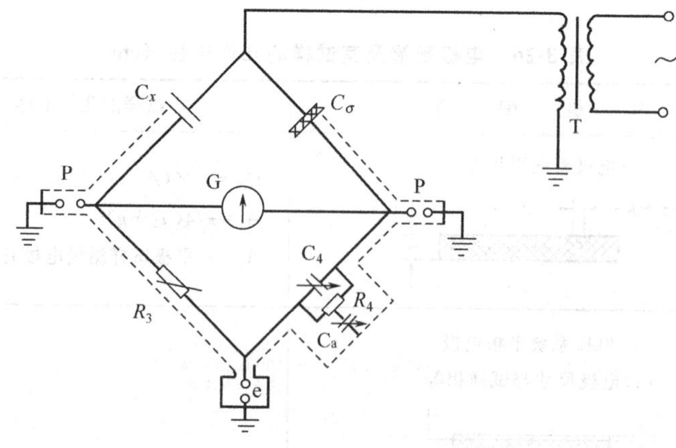

图 3-26　工频高压电桥

C_4—可变电容；R_3—可调电阻；R_4—固定电阻；G—电桥平衡指示器；P—放电器

(2) 实验报告　实验报告应包括下列内容：

① 材料型号、名称和规格、制造厂名称和日期；

② 试样形状、尺寸、数量和处理条件；

③ 电极装置和类型；

④ 实验环境温度及湿度；

⑤ 测试仪器、外施电压和频率；

⑥ 测量数据及计算结果；

⑦ 解答思考题。

(3) 思考题

① 为什么实验要求试样厚度不大于 3mm?

② 如果试样中含有杂质，其测定结果会怎样？举例说明。

③ 实验环境条件如温度、湿度对测定结果有何影响？

3.3.3　体积电阻率和表面电阻率测定

3.3.3.1　实验目的与原理

(1) 实验目的

① 了解测定高分子材料体积电阻率和表面电阻率测定的基本原理。

② 掌握高分子材料体积电阻率和表面电阻率测定的测定方法。

(2) 实验原理　该方法是对试样施加直流电压，采用高阻计或检流计测定试样体积电流方向的直流电场强度和该处电流密度。直流电场强度与该处电流密度之比，即为体积电阻系数率（或体积电阻系数），以 Ω·cm 表示；沿试样表面电流方向的直流电场强度与单位长度的表面传导电流之比，即为表面电阻率系数（或表面电阻系数），以 Ω 表示。

该方法适用于固体电工绝缘材料如绝缘漆、树脂和胶、浸渍纤维制品、层压制品、云母及其制品、塑料、薄膜复合制品、陶瓷和玻璃等的体积电阻系数和表面电阻系数的测试。对有些绝缘材料和橡胶及橡胶制品、薄膜等的上述性能实验可按有关标准进行。

3.3.3.2 试样及处理

(1) 试样　可采用板状、管或棒状试样。试样的形状、尺寸和数量见表 3-27。试样表面应平整、均匀、无裂纹、气泡和机械杂质等缺陷。

表 3-27　试样的形状、尺寸和数量（mm）

<table>
<tr><th>试　　样</th><th colspan="2">尺　　　寸</th><th>数　　量</th></tr>
<tr><td rowspan="3">板状试样</td><td>方形:100×100 或 50×50</td><td rowspan="5">试样厚度(1)一般为 1～2mm,不大于 4mm;(2)不能满足上述要求时可按产品标准规定</td><td rowspan="3">不少于 3 个</td></tr>
<tr><td>圆形:直径 100 或直径 50</td></tr>
<tr><td>锥销间绝缘电阻试样:60×30</td></tr>
<tr><td rowspan="2">管</td><td>长:100 或 50</td><td rowspan="2">不少于 3 个</td></tr>
<tr><td>锥销间绝缘电阻试样:长 60</td></tr>
<tr><td rowspan="2">棒</td><td colspan="2">长 100 或 50</td><td rowspan="2">不少于 3 个</td></tr>
<tr><td colspan="2">锥销间绝缘电阻试样:长 60</td></tr>
</table>

本次实验试样采用多型腔圆片模具注塑成型的高密度聚乙烯圆片试样。试样尺寸为：直径＝120mm，厚度＝4mm。

(2) 试样处理

① 试样的清洁处理　用蘸有溶剂（对试样不起腐蚀作用）的绸布擦洗试样。

② 试样的处理　在一般情况下，应在温度为（20±5)℃和相对湿度为（65±5)%的条件下放置不少于 16h，方能进行常态实验。

3.3.3.3 实验设备

(1) 厚度测量仪　用厚度测量仪在试样测量电极面积下沿直径测量不少于 3 点，取其算术平均值作为试样厚度，测量误差为±0.01mm。

(2) 电极　常用的电极材料见表 3-28。电极材料的选取应考虑电极与试样能紧密接触，不因电极的电阻或施加电极时引进杂质而造成明显的测试误差，以及使用方便、安全。电极形式及配置有如下几种：

表 3-28　电极材料

电极材料	技　术　要　求	特点及适用范围
退火铝箔	厚度不超过 0.01mm,用极少量的精练凡士林、电容器油、硅油或其他合适的材料贴到试样上,贴好的箔上应看不见气孔与皱纹	管、棒状实验的内外电极,电极与试样接触良好
喷镀金属层	在高真空下,将铝或银喷镀到试样表面形成电极	电极与试样接触好,具有透湿性,可用于潮湿状态下测试
导电粉末烧银	银粉、未氧化的铜粉或石墨粉 银膏应当保证所得导电层与试样牢固地结合,没有气孔、没有气泡、鳞皮、裂纹等缺陷	适用于细管试样的内电极 电极与试样接触良好,适用于耐高温材料如陶瓷、玻璃等电极
导电橡皮	厚度 1 毫米,橡皮表面应光滑、平整、体积电阻系数应不大于 300Ω·cm,邵氏硬度为 40～60,使用时,电极应有一定的压力,压力大小按产品标准规定,若无规定,一般为 10kPa(100g/cm^2)	在潮湿状态下测试尤为方便
黄铜、不锈钢或其他金属	工作面粗糙度 $\overset{6.3}{\bigtriangledown}$(▽ 7)级以上,当作接触电极时,压力大小按产品标准规定	一般作为辅助电极,也可作为软质材料的接触电极或细管的内电极,以及测量绝缘电阻用的锥销电极

① 测量板状试样体积电阻和表面电阻的电极配置　如图 3-27 所示。

② 测量管状试样体积电阻与表面电阻的电极配置　如图 3-28 所示。

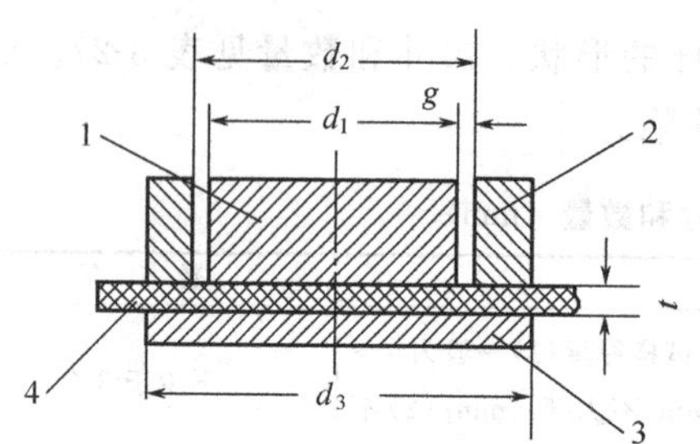

图 3-27　板状试样与电极

1—测量电极；2—保护电极；3—高压电极；4—试样；
t—平板试样厚度；d_1—平板测量电极直径；
d_2—平板保护电极内径；d_3—平板高压电极直径；
g—测量电极与保护电极间隙厚度

注：图中带括号者表示测量表面电阻，
不带括号者表示测量体积电阻

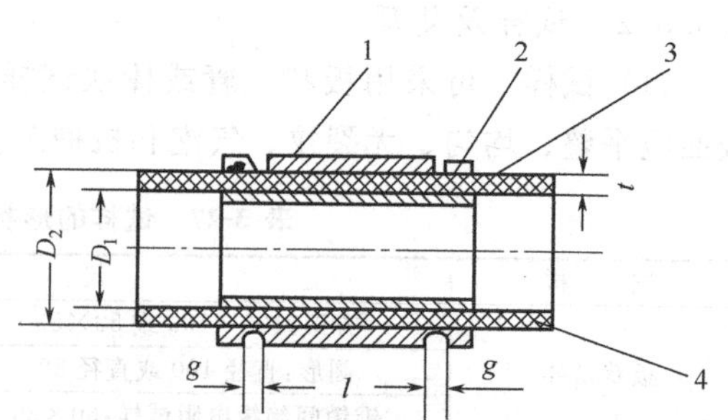

图 3-28　管状试样与电极

1—测量电极；2—保护电极；3—高压电极；4—试样；
t—管状试样壁厚；D_1—管状试样内径；D_2—管状试样外径；
l—测量电极长度；g—测量电极与保护电极间隙厚度

注：图中带括号者表示测量表面电阻，
不带括号者表示测量体积电阻

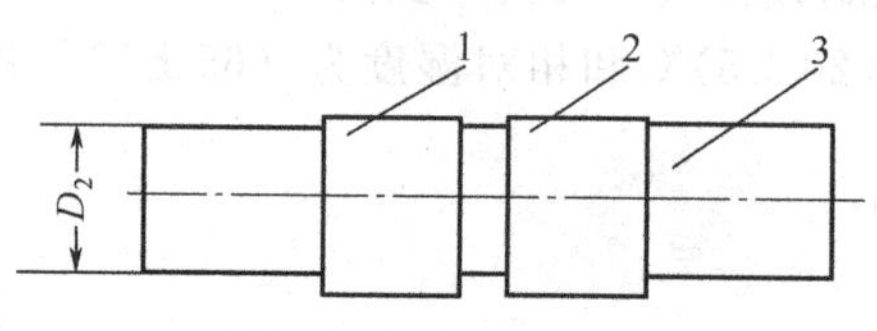

图 3-29　棒状试样与电极

1—测量电极；2—高压电极；3—试样；
D_2—棒试样直径

③ 测量棒状试样表面电阻的电极配置　如图 3-29 所示。

④ 测量锥销间绝缘电阻用电极　采用铜或不锈钢制的锥销电极，其直径为 5mm，锥度 1∶50，长度应为插入试样锥形圆孔（直径 5mm，锥度 1∶50）后，端头伸出不少于 2mm，电极工作表面粗糙度应达 $\overset{6.3}{\bigtriangledown}$级以上，电极与试样配置如图 3-30（a）、3-30（b）、3-30（c）。两极中心距离 Δ 由产品标准确定。

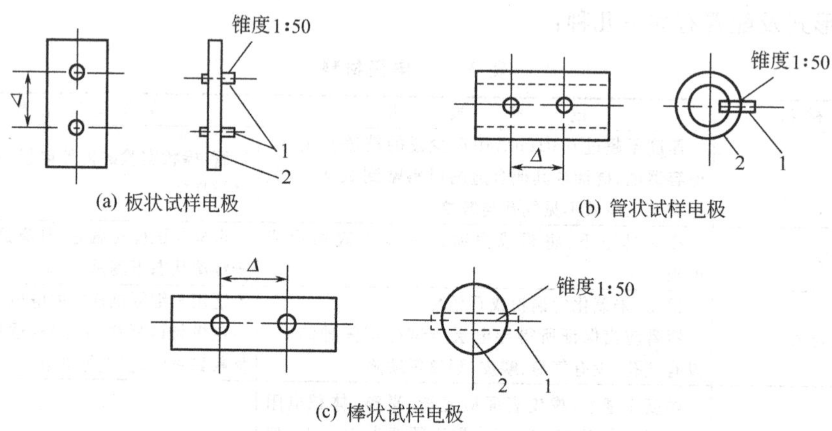

图 3-30　电极与试样配置

1—锥销电极；2—试样；Δ—测量电极与高压电极间的距离

三电极系统或二电极系的电极尺寸见表 3-29。

（3）检试电流仪　通常采用高阻计（即直流放大器或直流调制放大器）或检流计。

表 3-29　电极尺寸（mm）

试样	电极尺寸			保护间隙或电极间距离
	测量电极	高压电极	保护电极	
板状	直径 50±0.1	直径≥74	宽 10	2±0.2
	直径 25±0.1	直径≥39	宽 5	
管状	长 50±0.1	长≥74	宽 10	2±0.2
	长 25±0.1	长≥39	宽 5	
棒状	宽 10	宽 10		2±0.2

用高阻计测试时应满足下列要求：

① 阻值大于 $10^{12}\Omega$ 时，测量误差小于±20%，阻值等于或小于 $10^{12}\Omega$ 时，测量误差小于±10%。

② 零点漂移每小时不大于全标尺的 4%。

③ 输入接线的绝缘电阻应大于仪器输入电阻的 100 倍。

④ 测试电路应有良好屏蔽。

⑤ 仪器应定期进行检查。

（4）用检流计测试时，对线路的基本要求如下：

① 检流计的电流常数 C_g 不大于 10^{-9} A/mm。

② 保护电阻 R 的阻值为 $10^6\Omega$。

③ 测量检流计常数时，应采用阻值为 $10^6\Omega$，误差不大于 1%的电阻器。

④ 与检流计相匹配用的分流器 N 的调节级数不少于 5 级。

⑤ 直流电源的输出电压必须稳定，电压表的精度为 0.5 级。

⑥ 检流计、分流器和测量电极的接线应有良好的屏蔽，对地有良好绝缘。

3.3.3.4　实验条件

（1）实验电压为 100～1000V，误差范围±5%（对比实验须采用相同的电压）。

（2）实验环境　常态实验环境温度为（20+5）℃，相对湿度为（65±5）%。热态实验或潮湿环境实验条件由产品标准予以规定。

3.3.3.5　实验步骤与实验结果

（1）实验步骤

① 高阻计法　用高阻计测试时，将充分放电后的试样，接入仪器测量端，调整仪器，按仪器说明书进行操作。加上实验电压 1min，读取电阻的指示值。施加电压时间有特殊要求时，可按产品标准规定的读数时间进行读数。

② 检流计法　用检流计测试时，按图 3-31 接线，由 K_2 选择 ρ_V 或 ρ_S 的测定，加上实验电压，逐渐增大分流比，直至检流计有足够的偏移格数（大于 10mm），在加电压 1min 时读取检流计偏移格数。

（2）实验结果表示　用高阻计或检流计测量时，体积电阻率和表面电阻率按表 3-30 公式计算。实验结果以各次实验数值的对数的算术平均值计算，并以带小数的个位数乘以 10 的几次方表示，取二位有效数字，数据处理按产品标准的规定。用检流计测量时，被测材料的电阻值应大于保护电阻值的 100 倍，如材料电阻值≤$10^8\Omega$ 时，在计算时应减去

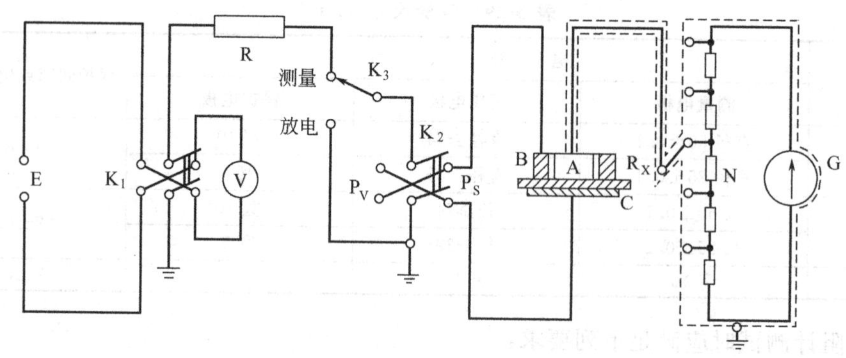

图 3-31 检流计电路原理图

E—直流电源；K_1、K_2—转换开关；V—直流电压表；K_3—放电短路开关；

A、B、C—电极；R_X—被测试样；N—分流器；G—检流计；R—保护电阻

保护电阻值后再计算电阻系数。

表 3-30 体积电阻率和表面电阻率计算公式

测试方法	试 样	体积电阻率 $\rho_v/(\Omega\cdot cm)$	表面电阻率 ρ_s/Ω
高阻计法	板 状	$\rho_v=R_v(S/t)$	$\rho_s=R_s[2\pi/\ln(d_2/d_1)]$
	管 状	$\rho_v=R_v[2\pi l_s/\ln(D_2/D_1)]$	$\rho_s=R_s(2\pi D_2/\Delta)$
	棒 状	—	$\rho_s=R_s(\pi D_2/\Delta)$
检流计法	板 状	$\rho_v=(U\cdot n\cdot S)/(C_g\cdot a\cdot t)$	$\rho_s=(2\pi\cdot U\cdot n)/(C_g\cdot a\cdot \ln(d_2/d_1))$
	管 状	$\rho_v=(2\pi l_s\cdot U\cdot n)/C_g\cdot a\cdot \ln(D_2/D_1)$	$\rho_s=(2\pi\cdot D_2\cdot n)/(C_g\cdot a\cdot\Delta)$
	棒 状		$\rho_s=(\pi\cdot D_2\cdot U)/(C_g\cdot a\cdot\Delta)$

注：公式中符号含义：t—平板试样厚度或管状试样壁厚，cm；d_1—平板测量电极直径，cm；d_2—平板保护电极内径，cm；D_1—管状试样内径，cm；D_2—管（棒）状试样外径，cm；l_s—管状试样测量电极的有效长度，$l_s=l+g$，cm；l—管状试样测量电极长度，cm；g—测量电极与保护电极间隙宽度，cm；S—平板测量电极的有效面积，$S=\pi/4\cdot d_1^2$，cm^2；Δ—测量电极与高压电极间的距离，cm；R_v—体积电阻率，Ω；R_s—表面电阻率，Ω；U—实验电压，V；n—分流比；a—检流计两次读数的平均值，mm；C_g—检流计电流常数，A/mm；ln—自然对数

3.3.3.6 实验报告与思考题

（1）实验报告 实验报告应包括下列内容：

① 材料型号、名称和规格、制造厂名称和日期；

② 试样形状、尺寸、数量和处理条件；

③ 电极型式及尺寸；

④ 实验环境温度及相对湿度；

⑤ 测试仪器和外施电压；

⑥ 测量数据及计算结果；

⑦ 解答思考题。

（2）思考题

① 试样表面的粗糙度对测定结果有无影响？为什么？

② 测试环境温度对测定结果有无影响？为什么？

③ 材料的分子结构和聚集态结构与材料的体积电阻、表面电阻有何关系？举例说明。

3.4 燃烧性能

3.4.1 氧指数测定

3.4.1.1 实验目的与原理

(1) 实验目的

① 了解高分子材料氧指数测定的基本原理。

② 掌握高分子材料材料氧指数测定的方法。

(2) 实验原理　氧指数指在规定实验条件下维持垂直小试样燃烧的最低的与氮混合的氧气浓度，用 LOI 表示。本实验将高分子材料试样置于专用燃烧室中，通过气体测量和控制装置，测定进入燃烧室内维持高分子材料试样燃烧的氧气和氮气的体积流量，计算出混合气体中最低的氧气浓度。

3.4.1.2 原材料试样

(1) 试样的尺寸和制备　根据材料相应的标准和制备试样的 ISO 方法所规定的程序，模塑或切割出符合表 3-30 所列最宜试样型式规定尺寸的试样。

试样表面清洁和无有影响燃烧行为的缺陷，例如模塑周边溢料或机加工毛刺。要注意试样与样品材料中某种不均匀性有关的位置和方位。

所取样品应至少能制备 15 根试样。

本次实验试样是采用 4.1.1 热塑性塑料模压成型实验方法中制备的厚度为 (3±0.5) mm 的 PVC 板材，经机械加工而成。

(2) 试样的标线　为了检测试样烧过的距离，可根据试样的形式和所用的点火程序，在一个水平上或多个水平上画上横向标线。自撑高分子材料试样最好至少在相邻的两面都画上标线。试样型号及尺寸见表 3-30。

3.4.1.3 设备

(1) 氧指数测定仪　其工作原理示意图见图 3-32。

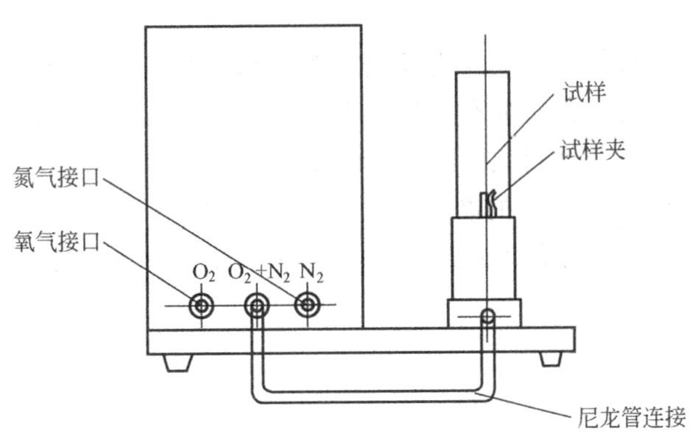

图 3-32　氧指数测定仪示意图

(2) 实验燃烧筒　是一根耐热玻璃管。垂直固定于可通人含氧混合气体的基座上。推荐的燃烧筒为最低高度 450mm，最小直径 75mm 的圆管。其顶部出口必须按需要用一个有足够小出口的顶盖来限流，以便燃烧筒内30mm/s的气体能产生流速至少为90mm/s的排出速度。如果证明能得到相同的结果，也可使用其他尺寸的有或没有限流出口的燃烧筒。

燃烧筒的底部或支持燃烧筒的基座上，须安装使进入燃烧筒的混合气体分布均匀的装置。推荐的装置是一层厚80～100mm的直径3～5mm的玻璃珠。如果实验证明能得到相同的结果，亦可使用其他的装置，例如经向集流腔。可在低于试样夹的水平上固定一块多孔隔网，以防止下落燃烧碎片阻塞气体入口和配气通路。

燃烧筒支座应安装有水平调整器和指示器，以便使圆筒和安在其中的试样垂直对中。为了便于观察燃烧筒内的火焰，可以安一个深暗色的背景。

(3) 试样夹　用于在燃烧筒中心垂直固定试样。

对于自撑材料，试样可用一个小夹子夹住，夹持处至少与燃烧范围可能烧到的最近的一点相距为15mm。试样可能持续燃烧的长度由材料断标准估算。对于薄膜和薄片试样，应该用如图3-34所示框架中的两个垂直边共同固定，垂直边上在低于框顶100mm和20mm处划有参照标记。

夹子和它的支柱的轮廓应平滑，尽可能避免挑动上升气流。

(4) 气源　应采用纯度不低于98%（m/m）的压缩氧气和/或氮气和/或清洁的空气（含氧20.9%）作为气源。

除非已经证明结果对混合气体内较高的湿度是不敏感的，进入燃烧筒的混合气体的湿含量应<0.1%（m/m）。气体供给系统应装有干燥装置，或装有检查供气湿含量的监测装置或取样装置，除非已知供气的湿含量是合格的。

混合气供应管线连接的方式应使各种气体在进入燃烧筒底座的配气装置以前充分地混合，使燃烧筒内低于试样水平面的混合上升气流中的氧浓度的变化<0.2%（v/v）。

(5) 气体测量和控制装置　在确定进入燃烧筒的混合气体的氧浓度时，应以混合气体准确度为±0.5%（v/v）为限。并且，当通过燃烧筒的气体温度为（23±2)℃，速度为（40±10）mm/s时，应以混合气体精密度为±0.1%（v/v）来调节此时的氧浓度。

必须装备检测和确保进入燃烧筒的混合气体的温度是（23±2)℃的装置。该装置中有一个插入筒内的探头，探头位置和外形的设计应使探头对燃烧筒内气体的扰动程度减到最低。

(6) 点火器　由一根管子构成。它能插入燃烧筒并从直径为（2±1)mm的尾端出口点燃试样。火焰的燃料必须是未混有空气的丙烷。当管子垂直插在燃烧筒内并在燃烧筒内大气中燃起火焰时，应调节燃料供量，使火焰垂直向下伸出出口（16±4)mm。

(7) 计时装置　能以±0.2s的准确度测量5min以内的时间。

(8) 排烟系统　应能充分的通风或排风，排除燃烧筒中的烟尘或灰粒。但不干扰燃烧筒中的温度和气流速率。

3.4.1.4　实验步骤

(1) 实验仪器的环境温度保持在（23±2)℃。必要时将试样放在维持在（23±2)℃和（50±5)%RH的密封箱内，使用时从中取出。

(2) 选择所要使用的初始氧浓度。可能时，可用相似材料实验结果为根据。或者，试着在空气里燃点试样，注意其燃烧行为。如果试样迅速燃烧，则初始氧浓度选为18%左右；如果试样缓慢燃烧或时断时续，初始氧浓度选为21%左右：如果试样在空气里不连续燃烧，则依据其在空气里熄灭前的燃烧时间或燃点的困难程度，初始氧浓度至少选为25%。

(3) 保证实验燃烧筒垂直（见图3-32）。将试样垂直地安放在燃烧筒的中心。其顶端低于燃烧筒开口顶端至少100mm，其暴露部分的最低处应高出圆筒底部配气装置的顶端至少100mm。

(4) 调节气体混合装置和流量控制装置，使(23±2)℃的氧浓度符合要求的氧/氮混合气体以(40±10) mm/s的速度流经燃烧筒。在燃点每根试样之前，用气流洗涤燃烧筒至少30s。在每根试样燃点和燃烧的过程中应维持流速不变。依据燃烧柱的截面积，计算出气体的总流量，再分别计算出不同比例氧和氮的流量。根据计算，我们规定总流量为10L/min。

记下计算出的氧浓度，以体积百分数表示。

(5) 取标准试样10根，在试样一端50mm处划线，将另一端插入燃烧柱内试样夹中。对每根进行测量并记录。

(6) 开启氧、氮钢瓶阀门，调节减压阀，压力为0.2～0.3MPa。调节微量调节阀，得到稳定流速的氧、氮气流。通过转子流量计指示，看浮子上平面。调节至工作位置，检查仪器压力表指针是否在0.1MPa处，否则，应调节到规定压力。N_2+O_2压力表不大于0.03MPa或不显示压力为正常，当压力超过此值时，应检查燃烧柱内是否有结炭、气路堵塞现象，直至符合要求为止。测试前或改变氧的浓度时，系统必须冲洗30s。

(7) 燃点试样　根据试样形式，从下述两种燃点方法中选用一种。

对Ⅰ、Ⅱ、Ⅲ和Ⅳ型试样（见表3-30），可使用顶端表面燃点的A法或使用扩散式燃点的B法。

注：方法A——顶端表面燃点法　是在试样上端的顶表面使用点火器引发燃烧。使火焰的最低可见部分接触试样顶端，必要时扭动着以覆盖整个表面，但注意勿使火焰碰到试样的棱边和垂直的侧表面。火焰作用时间为30s，每隔5s移开火焰一下。移开的时间以刚好能判明试样整个表面是否在燃烧为限。在增加5s接触时间后，若整个试样的顶面都烧着，即认为试样点燃。立即移去点火器，并开始测量燃烧距离和燃烧时间。

方法B——扩散式点火法　是用点火器引起横过试样顶面并下达试样部分垂直表面的燃烧。充分降低和移动点火器，使可见火焰置于试样顶表面，并置于垂直表面约6mm之长。点火器施用时间最多为30s，每隔5s停一下，观察试样，直到它的垂直表面稳定燃烧或可见燃烧部分的前锋达到试样上的标线水平处为止。为了测定燃烧周期和范围，当可见燃烧部分的任一部分达到上参照线水平时，就认定试样已点燃。

(8) 评价燃烧行为　按下列各条观察并终止试样的燃烧：

① 点燃试样后，立即开始测量燃烧周期，同时观察其燃烧行为。如果燃烧中止，但在1s内又自发再燃，则继续观察和测量。

② 如果试样的燃烧范围和周期都不超过表3-31中规定的相应试样的对应极限值，记下燃烧的范围和时间。把这次实验记录为“O”反应。如果，燃烧周期或燃烧范围越过了表3-31规定的相应极限，则相应地记录燃烧行为，并扑灭火焰。把这次实验记录为“X”反应。还要记下材料的燃烧特征，例如滴落、结炭、漂游性燃烧、灼烧或余辉。

③ 取出试样，并按需要擦净燃烧筒内或点火器上被炭烟等玷污的表面。让燃烧筒回复到23±2℃，或用另一个同样状态调节的燃烧筒替换它。

(9) 逐次选择氧浓度　根据“少量样品升-降法”，采取N_T　$N_L=5$的特定条件，采用任意步长对所用氧浓度作一定的改变。实验下一个试样所用氧浓度按下述规则选择：

表 3-31　试样尺寸及燃烧方式

试样型式	塑料类别	宽/mm	厚/mm	长/mm	点火方法	准则(两者取一)	
						点燃后的燃烧周期 s	燃烧范围
Ⅰ	自撑型	6.5±0.5	3.0±0.5	70～150	A法	180	试样顶面下50mm
Ⅱ	兼有自撑型和柔软型	6.5±0.5	2.0±0.5	70～150			
Ⅲ	泡沫型	12.5±0.5	12.5±0.5	125～150	B法	180	上参照标记下50mm
Ⅳ	薄片和膜	52±0.5	原厚	140±5			

a. 如果前一个试样的燃烧行为表现为“X”反应，则减低氧浓度。

b. 如果前一个试样表现为“O”反应，则增加氧浓度。

选用合适的改变氧浓度的步长的方法如下：

① 初始氧浓度的测定　采用任意合宜的步长改变氧浓度，重复（2）～(4）各条规定的步骤，直到以体积百分数表示的两次氧浓度值之差≤1.0，其中一次得到的是“O”反应，而另一次得到的是“X”反应为止。将这一对氧浓度中得“O”反应的那个记作初始氧浓度，然后按②继续进行。

② 氧浓度的改变

A. 再一次用初始氧浓度，重复（2）～(8）各条所述步骤实验一个试样。记录所用的氧浓度（Co）值；和“X”或“O”反应，作为 N_L 和 N_T 系列结果的第一个。

B. 以总混合气体浓度的 0.2%（v/v）为改变量（d），改变氧浓度，按（2）～(8）所述步骤进一步实验试样。记下 C_0 值和相应的反应，直至得到不同于②A 所得反应的反应为止。

得自②A 的结果加上得自②B 的相同反应的结果，(若有的话)，构成 N_L 系列结果。

C. 保持 $d=0.2\%$，按（2）～(8）所述再实验 4 个试样，记下用于每个试样的反应。用 C_T 表示最后一个试样所用的氧浓度。

这 4 个结果和得自②B 的最后结果一起组成此系列的其余数据，因此，$N_T=H_L+5$

D. 用 N_T 系列最后 6 个反应（包括 C_T）计算氧浓度测量的估算标准偏差。如果条件

$$\frac{2\hat{\sigma}}{3}<d<1.5\hat{\sigma}$$

得到满足、氧指数按式（3-48）进行计算。否则：

a. 如果 $d\leqslant\frac{2\hat{\sigma}}{3}$，就增大 d 值，重复②各步骤。直到满足条件为止。或者

b. 如果 $d>1.5\hat{\sigma}$，就减小 d 值，重复②A～②D 各步骤，直到满足条件为止。除非相应的材料规格要求，不应将 d 值减至小于 0.2。

(10）当采用顶端表面点燃法，亦可采用本观察方法确定氧浓度值。试样上端点燃后，马上开始记时，并注意观察。如试样燃烧 3min 以上，或烧掉 50mm 以上，说明氧的浓度太高，必须降低。如果试样在 3min 以前或 50mm 之前熄灭，必须提高氧的浓度。必须测得试样正好在 3min 或 50mm 处试样熄灭时氧的体积百分比浓度。重复三次，取三次氧浓度的平均值计算。

3.4.1.5　实验结果表示

（1）氧指数

以体积百分数表示的氧指数 OI 由下式计算：

$$OI = C_T + kd \tag{3-48}$$

式中　C_T——用于按操作步骤（9）①完成的 N_T 测定值系列中记录的最后氧浓度值。用体积百分数表示，取 1 位小数；

d——按操作步骤（9）①使用和控制的两个氧浓度值间之差值。用体积百分数表示，至少取 1 位小数；

k——按表 3-31 获得的系数。

OI 值应算到 2 位小数，准确到 0.1。

（2）k 值的确定

k 的数值和符号取决于按①实验的试样的反应形式，可由下述规定由表 3-32 确定。

表 3-32　由 Dixon“升—降”法测定氧指数时所需 k 值

1	2	3	4	5	6
最后 5 次测定的反应	(a) O	OO	OOO	OOOO	
XOOOO	−0.55	−0.55	−0.55	−0.55	OXXXX
XOOOX	−1.25	−1.25	−1.25	−1.25	OXXXO
XOOXO	0.37	0.38	0.38	0.38	OXXOX
XOOXX	−0.17	−0.14	−0.14	−0.14	OXXOO
XOXOO	0.02	0.04	0.04	0.04	OXOXX
XOXOX	−0.50	−0.46	−0.45	−0.45	OXOXO
XOXXO	1.17	1.24	1.25	1.25	OXOOX
XOXXX	0.61	0.73	0.76	0.76	OXOOO
XXOOO	−0.30	−0.27	−0.26	−0.26	OOXXX
XXOOX	−0.83	−0.76	−0.75	−0.75	OOXXO
XXOXO	0.83	0.94	0.95	0.95	OOXOX
XXOXX	0.30	0.46	0.50	0.50	OOXOO
XXXOO	0.50	0.65	0.68	0.68	OOOXX
XXXOX	−0.04	0.19	0.24	0.25	OOOXO
XXXXO	1.60	1.92	2.00	2.01	OOOOX
XXXXX	0.89	1.33	1.47	1.50	OOOOO
	(b)X	XX	XXX	XXXX	最后 5 次测定的反应

注：1. 如果按②A 实验的试样的反应是“O”，第一个相反的反应是“X”（见②B），则查表 3-32 第一栏，找出其中后 4 个反应符号和按②C 实验所得者一致的那一行。k 的数值和符号即为示于该行 2，3，4 或 5 栏内者，该栏中列于表中（a）行的“O”反应数目与按②A 和②B 所得的 N_L 系列中的“O”反应数一致。

2. 如果按②A 实验的试样的反应是“X”，第一个相反的反应便是“O”（见②B），则查表 3-32 第六栏．找出后 4 个反应符号和按②C 实验所得者一致的那一行。k 的数值即为示于该行的 2，3，4 或 5 栏内者，核栏中列于表中（b）行的“X”反应数目与按②A 和②B 所得的 N_L 数列中“X”反应数目相一致。但是 k 的符号必须相反，即示于表3-32 中的负 k 值变为正 k 值，反之亦然。

（3）氧浓度测定的标准偏差

氧浓度测定的估算标准偏差 $\hat{\sigma}$ 由下式计算：

$$\hat{\sigma} = \left[\frac{\sum(c_i - OI)}{n-1}\right]^{\frac{1}{2}} \tag{3-49}$$

式中　c_i——逐一表示在测定 N_T 系列中最后六个反应时所用的每个氧浓度百分数；

OI——按（1）式计算的氧浓度值；

n——计入$\sum(c_i-OI)^2$ 的氧浓度测定次数。

3.4.1.6　实验报告与思考题

（1）实验报告

实验报告应包括以下几项：

① 受试材料的鉴别说明，包括材料的类型、密度、先前的历史，以及与材料或样品内的不均匀性相关的试样取向；

② 试样的形状和尺寸；

③ 所用的点火方法；

④ 氧指数；

⑤ 估算的标准偏差和所用的氧浓度增量，如果不是用 0.2%的话；

⑥ 描述有关的附属特征或行为，例如结炭、滴落、剧烈的收缩、漂游性的燃烧、余辉等；

（2）思考题

① 氧指数主要表征高分子材料的难燃性，用氧指数划定高分子材料难燃级别是如何用氧指数划定的?

② 高分子材料的分子化学结构与其氧指数大小有何关系？举例说明。

附录：氧浓度计算

氧浓度应用下式计算：

$$c_0=\frac{100V_0}{V_0+V_N} \tag{3-50}$$

式中　c_0——以体积百分数表示的氧浓度；

V_0——在 23℃时每体积混合气体内的氧气体积；

V_N——在 23℃时每体积混合气体内的氮气体积。

3.4.2　水平燃烧和垂直燃烧实验

3.4.2.1　实验目的与原理

（1）实验目的

① 了解高分子材料水平燃烧和垂直燃烧实验的基本原理。

② 掌握高分子材料材料水平燃烧和垂直燃烧的实验方法。

（2）实验原理　本方法是水平或垂直地夹住试样一端，对试样自由端施加规定的气体火焰，通过测量线性燃烧速度（水平法）或有焰燃烧及无焰燃烧时间（垂直法）等来评价试样的燃烧性能。

3.4.2.2　原材料试样

（1）试样制备　若从最终产品或板样品中取样，应按照产品标准或 GB 2547 的有关规定进行。

若从原料制备试样，应按 GB 5471、GB 9352 的有关规定压塑或注塑成所需形状，也可按有关各方商定的条件和方法制样。

试样表面应清洁、平整、光滑、没有影响燃烧行为的缺陷，如气泡、裂纹、飞边和毛刺等。

除非产品标准另有规定，试样均应按照 GB 2918 的规定，在 (23±2)℃，相对湿度 (50±5)%条件下至少调节 48h。

(2) 试样尺寸　试样尺寸为长 (125±5)mm，宽 (13±0.3)mm，厚 (3.0±0.2)mm 。

经有关各方协商，也可采用其他厚度，但最大厚度不应超过 13mm，并应在实验报告中注明。

对于厚度、密度不同的原材料试样，或各向异性材料试样，或原材料中所含颜料、填料及阻燃剂种类和用量不同的试样，其实验结果不能相互比较。

(3) 试样数量　水平法每组三根试样，垂直法每组五根试样。

本次实验试样是采用 4.1.1 热塑性塑料模压成型实验方法中制备的厚度为 3±0.5mm 的 PVC 板材，经机械加工而成。

3.4.2.3　实验装置

实验装置为 CZF-3 型水平垂直燃烧测定仪，其结构和面板布置分别如图 3-32 和图 3-33 所示。

(1) 实验装置应满足的要求

① 本生灯：管长 100mm，可倾斜 0°～45°；内径 9.5mm；本生灯蓝色火焰高度可调范围为 20～40mm，本生灯移动距离不小于 150mm。

② 水平试样夹具的最大夹持厚度 13mm。

③ 金属筛网水平固定在试样下，属筛网的边缘与试样自由端对齐。

④ 金属支承架与试样最下边间距离 10mm，用以支撑试样自由端下垂和弯曲的金属支架，支架应长出试样自由端 20mm。火焰沿试样向前推进，支架以同样速度退回。

⑤ 垂直试样夹具的最大夹持厚度 13mm。

⑥ 试样-F 端离水平铺置的医用脱脂棉层距离 300mm：在试样下端 300mm 处水平铺置撕薄的脱脂棉层尺寸为 50mm×50mm，自然厚度 6mm。

⑦ 试样夹垂直最大调整距离≤130mm。

⑧ 试样夹水平最大调整距离≥70 mm。

⑨ 电源为 220V±10%，50Hz，功率＜100VA。

(2) 仪器面板按键的功能和使用说明

① 第 1 个数码管为实验次数显示位置，用 A、B、C、D、E5 个符号来分别表示 5 个试样。选用垂直法时，在实验或读出过程中，该数码管右下角的亮点分别表示施加火焰的次数。该点暗时表示对某个试样第一次施加火焰，此时只记录有焰燃烧时间。该点亮时，表示对某个试样第二次施加火焰，此时既要记录有焰燃烧时间，又要记录无焰燃烧时间。

② 第 2、3、4 个数码管组成一组时间计数器，在垂直燃烧实验时，用以显示本次实验的有焰燃烧时间，(精度 0.1s)。

③ 第 5、6、7、8 个数码管组成一组时间计数器，在垂直燃烧实验时，用以显示诸次有焰燃烧的积累时间；与无焰燃烧指示灯配合，用以显示无焰燃烧时间。在水平燃烧实验时，用以显示测量的时间，在两种实验方法的施加火焰时，均采用倒计数的方式显示施焰的剩余时间（精度 0.1s）。

④ 面板上各开关和按键（如图 3-33 所示）的意义如下：复位——强制复位键，清零——清零键，用以清除机器内部不必要的信息，以利于精确计时。该键仅在数码显示器显示“P”的初始状态时，才起清零的作用，显示为其他状态时，该键起不到清零的作用。不合格——不合格键，在垂直燃烧法实验中，在施加火焰时间内，火焰蔓延到支架夹具时，按此键判定该试样的实验结束，水平燃烧法中，此键无效。返回——返回初始状态键，按此键使仪器返回到初始状态“P”。退火——在垂直燃烧实验中，如果有滴落物并引燃脱脂棉时，按此键结束该试样的实验，该试样定在水平燃烧实验中，在施焰时间内，火焰前沿已燃至第一标记立即开始记录时间。运行——当显示器显示出垂直或水平符号时，按此键用以确定某种实验方式。当显示点火信息时，用以启动电机，向试样施加火焰。读出——当某一个试样实验结束或某一组实验结束后，按此键用以读出实验数

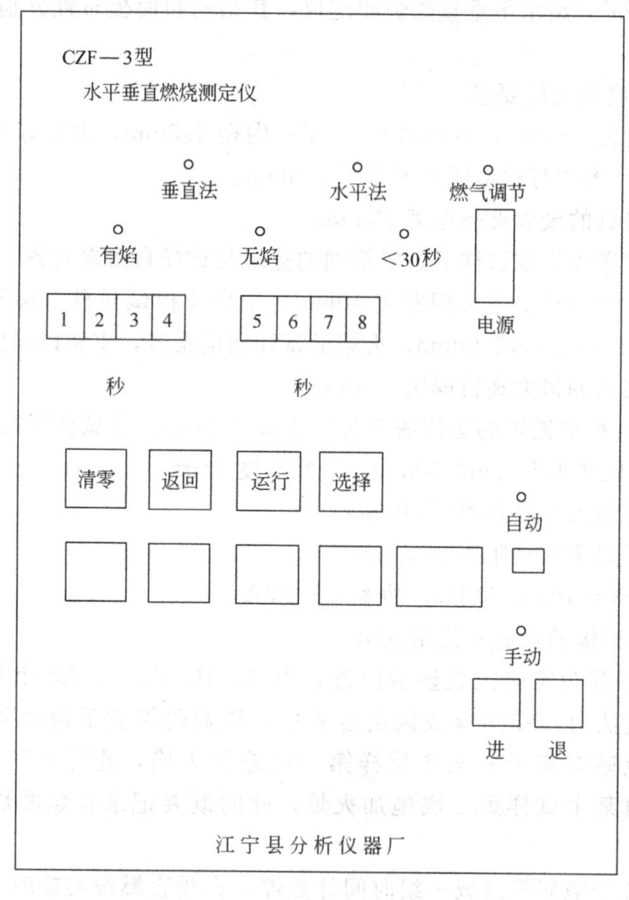

图 3-33　仪器面板布置图

据。[选择]——在仪器的初始状态P时，按此键用以选择水平或垂直燃烧实验方法。[计时控制]——用以控制记录时间的开始与终止。[电源]——电源开关。[进]、[退]——当选择手动状态时，按进或退两个键，可控制本生灯的进火和退回。

⑤ 燃烧室（见图 3-34）的火焰标尺高度为 20mm。

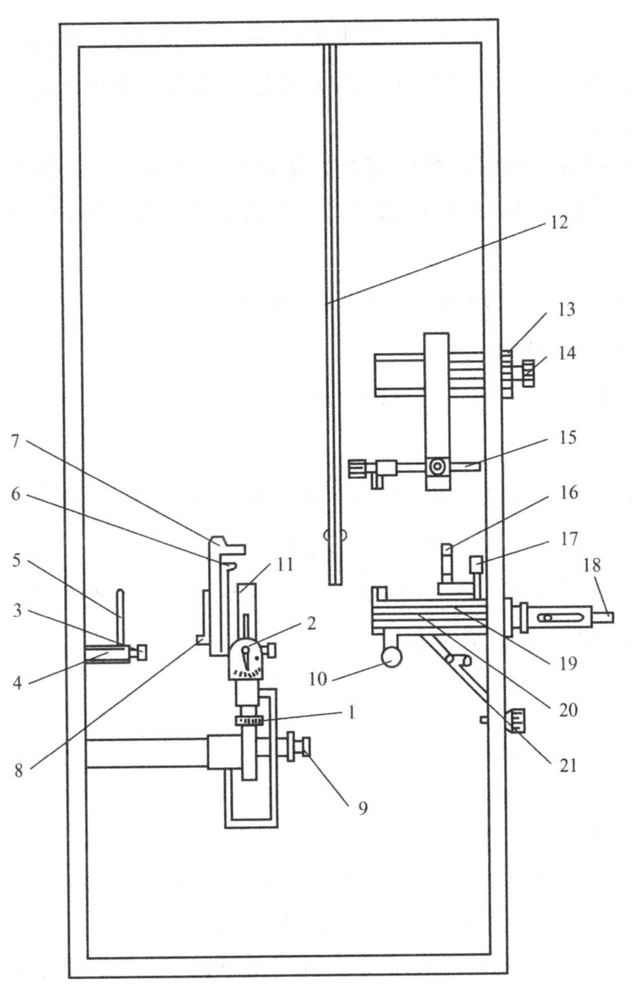

图 3-34 燃烧室介绍图

1—风量调节螺母；2—角度标牌；3—长明灯阀体；4—长命灯火焰调节螺母；5—长命灯管；6,7—火焰标尺；8—25mm 高火焰调节手柄；9—进气调节手柄；10—小拉杆；11—本生灯管；12—纺织物试样；13—横向调节手柄；14—纵向调节手柄；15—垂直试样夹；16—试样板手；17—手柄；18—支承件拉杆；19—支承件；20—金属筛网；21—水平支承架

3.4.2.4 水平法实验操作步骤

（1）在距离试样一端 25mm 和 100mm 处，垂直于长轴划两条标线，在 25mm 标记的另一终端，用试样夹夹住试样，夹持的方位为：试样与纵轴平行，与横轴倾斜 45°。

（2）在试样下部约 300mm 处放一个水盘。

（3）点着本生灯并调节火焰，使灯管在垂直位置时，产生 20mm 高的蓝色火焰，并将本生灯倾斜 45°。

(4) 开电源→[复位]→[返回]→[清零]，显示初始状态 P。

(5) 按[选择]：显示"—F"？意思为用水平法吗？

(6) 按[运行]显示 A、dH；水平法的指示灯亮，表示选择水平法，进行第一个试样实验，安装上试样。

(7) 当准备工作完成后，按[运行]将本生灯移至试样一端，对试样施加火焰。显示 A、SYXXX、X 表示正在施焰，并以倒计数的方式显示施焰剩余的时间，在这一步骤里，可能出现以下两种情况：

① 当施焰时间剩余 3 秒时，蜂鸣器响，提醒操作者做好下一步的准备。施焰时间结束，本生灯自动退回显示 A、d-b?，意思是"火焰前沿到第一标线了吗?"，这时可能出现两种选择：

a. 火焰未燃到第一标线即熄灭，按[计时控制]，立即再按 2 次[计时控制]，显示 b、dH，表明 A 试样符合最好的标准。

b. 火焰前沿燃到第一标线时按[计时控制]，显示 A、XXX、X，开始计时，下面有两种选择：

Ⓐ 火焰前沿燃至第二标线，按[计时控制]，显示 b、dH；计时停止。这时操作者应记录实际燃烧长度为 75m，以便于算出燃烧速度。

Ⓑ 火焰在燃烧途中熄灭，按[计时控制]，显示 b、dH；计时停止，这时操作者应记录实际燃烧长度，按下式计算燃烧速度。

$$V=\frac{60L}{t} \tag{3-51}$$

式中 V——线性燃烧速度，mm/min；

L——烧损长度，mm；

t——烧损 L 长度所用的时间，s。

② 施加火焰时间未到 30s，火焰前沿已燃到第一标线时，按退回，本生灯退回，"<30s"灯亮，时间计数器开始自动计数，显示 A、XXX、X，以上出现的两种情况分别按①-b-Ⓐ或①-b-Ⓑ计算。当完成 A 试样测试后需要继续做 B 试样实验时，安装试样并点火，按前述（7）步骤重复操作。

(8) 当一组实验结束后，仪器显示 End，这时可用[读出]键连续地读出各个试样的实验参数。

(9) 在读出各个试样实验参数并加以记录之前，严禁按[清零]键。在每一个试样实验完毕后，如需读出实验数据，可依次按读出，显示第某个试样的数据，直至显示 dc-End。

3.4.2.5 水平法实验结果的评定与表示

按点燃垂直法后的燃烧行为，材料的燃烧性能可分为下列四级（符号 FH 表示水平燃烧）：

FH-1：移开点火源后，火焰即灭或燃烧前沿未达到 25mm 标线；

FH-2：移开点火源后，燃烧前沿越过 25mm 标线，但未达到 100mm 标线。在 FH-2

级中，烧损长度应写进分级标志，如 FH-2-70mm。

FH-3：移开点火源后，燃烧前沿越过 100mm 标线，对于厚度在 3 至 13mm 的试样，其燃烧速度不大于 40mm/min；对于厚度在小于 3mm 的试样，燃烧速度不大于 75mm/min；在 FH-3 级中，线性燃烧速度应写进分级标志，如 FH-3-30mm/min。

FH4：除线性燃烧速度大于规定值外，其余与 FH-3 级相同，其燃烧速度也应写进分级标志。

如果被试材料的三根试样分级标志数字不完全一样，则应报告其中数字最高的类级作为该材料的分级标志。

3.4.2.6　垂直法燃烧试验

(1) 垂直法（10s，塑料）实验操作步骤

① 用垂直夹具夹住试样一端，将本生灯移至试样底边中部，调节试样高度，使试样下端与灯管标尺平齐。

② 点着本生灯并调节至产生 20mm±2mm 高的蓝色火焰。

③ 开电源→复位→返回→清零显示初始状态 P。

④ 按选择，显示—F？再按选择，显示 11F—10—？意思为用施焰时间为 10s 的垂直吗？

⑤ 按运行，显示 AdH，垂直法的指示灯亮表示选择了垂直法。

⑥ 按运行将本生灯移至试样下端，对试样施加火焰，显示 A、SYXXX、X，表示正在施加火焰，并以倒计数的方式显示施焰的剩余时间，当施焰时间还剩 3s 时，蜂鸣器响，提醒操作者准备下一步操作，当施焰时间结束 10s 后，本生灯自动退回，“有焰燃烧”指示灯亮，显示信息为 AXX、XXXX、X，中间 2、3、4 三个数码管表示本次有焰燃烧时间，右边 5、6、7、8 四个数码管表示诸次有焰燃烧的积累时间。

⑦ 当有焰燃烧结束后，按计时控制，显示 A、dH，按运行开始本次试样的第二次施焰，显示 A、SYXXX、X。同样，当施焰时间还剩 3s 时，蜂鸣器响，施焰时间结束，本生灯自动退回，“有焰燃烧”指示灯亮，显示信息为 A、XX、XXXX、X 中间 2、3、4 三个数码管为第二次施焰后的有焰燃烧时间，右边 5、6、7、8 四个数码管表示诸次有焰燃烧的积累时间。

⑧ 当有焰燃烧结束，按计时控制，“有焰燃烧”指示灯灭，“无焰燃烧”指示灯亮，显示信息为 A、XXX、X 表示无焰燃烧的时间。

⑨ 当无焰燃烧结束，又没有无焰燃烧时，按计时控制，显示 bdH，表示 A 试样实验结束。

⑩ 重复（6）到（9）各步骤，直至一组试样结束。

⑪ 在实验的过程中，若有滴落物引燃脱脂棉的现象，按退回，仪器显示 X、dH，该试样停止实验。

⑫ 在施焰时间内，若出现火焰蔓延至夹具的现象，按不合格，此试样实验结束。

⑬ 实验后，需读出试样的实验数据时，按读出。先显示的是与第一数码管所对应的

实验次数的第一次施焰后的有焰燃烧时间；再按[读出]，则显示第二次施焰的有焰燃烧时间；第三次按[读出]，则显示第二次施焰的无焰燃烧时间；直至显示大 dc-End（表示实验数据全部读完）。若有蔓延到夹具的现象时，读出显示“ X、bHg”，若有滴落物引燃脱脂棉现象，读出显示信息为“X92V—2”。

⑭ 结果表示在自动状态下，仪器可直接读出总的有焰燃烧时间。当采用手动时，实验结果按下式计算：

$$t_f = \sum_{i=1}^{5}(t_{1i} + t_{2i}) \tag{3-52}$$

式中 t_{1i}——第 i 根试样第一次有焰燃烧时间，s；

t_{2i}——第 i 根试样第二次有焰燃烧时间，s；

I——实验次数 i=1～5。

（2）垂直法实验结果的评定与表示　按点燃后的燃烧行为，材料的燃烧性能分为 FV—0，FV—1，FV—2 等三级（符号 FV 表示垂直燃烧），详见表 3-33。

表 3-33　垂直法燃烧评定材料燃烧性的级别与表示

判　据	级　别			
	FV—0	FV—1	FV—2	×
每根试样的有焰燃烧时间（t_1+t_2）	≤10	≤30	≤30	>30
对于任何状态调节条件，每组五根试样有焰燃烧时间总和 t_f：	≤50	≤250	≤250	>250
每根试样第二次施焰后有焰加上无焰燃烧时间（t_2+t_3）	≤30	≤60	≤60	>60
每根试样有焰或无焰燃烧蔓延到夹具现象	无	无	无	有
滴落物引燃脱脂棉现象	无	无	有	有或无

注：×表示该材料不能用垂直法分级，而应采用水平法对其燃烧性能分级。

（3）垂直法（12s，纺织品）实验操作步骤

① 开电源，本生灯位于实验箱左端，点着本生灯并且调节火焰高度 40mm±2mm。

用垂直夹具，根据《GB/T 5455》国标之规定，将试样挂在实验箱中，关好实验箱门。

② 面板操作[复位]→[返回]→[清零]，显示初始状态 P。

③ →[选择]　显示—F？意思为水平法实验？

→[选择]　显示 11F—10—？意思为垂直法施焰 10s？

→[选择]　显示 11F—12—？意思为垂直法施焰 12s？

④→[运行]　显示 AdH，垂直法的指示灯亮，表示选择了施焰时间为 12s 的垂直法。

⑤→[运行]　本生灯自动移至试样下端，对试样施加火焰，显示 A、SY、XXX、X，表示正在施加火焰，并以倒计数的方式显示施焰的剩余时间，当施焰时间还剩 3s 时，蜂鸣器响，提醒操作者准备下一步操作。

当施焰时间结束（12s）后，本生灯自动退回，“有焰燃烧”指示灯亮，同时自动地开始记录有焰燃烧（续燃）时间，并在面板上显示。

⑥ 当有焰燃烧结束时，按[计时控制]，自动进行无焰燃烧（阴燃）的时间记录，面板

上“有焰燃烧”指示灯灭，“无焰燃烧”指示灯亮，此时面板上显示的时间为无焰燃烧的时间。

⑦ 当无焰燃烧结束时，按[计时控制]，面板显示 A、dH，表示一个试样实验完成，可以换下一个试样，并重复（3）～（7）各步骤继续进行实验，直至 10 个试样的实验结束，当实验结束时，面板上显示 END。

⑧ 当某一实验结束或全部实验结束，多次按[读出]，可分别给出各个试样在实验中的有焰燃烧和无焰燃烧的时间，其区别由指示灯来表示，当记录到的实验数据读完时，面板显示 dc-End。

⑨ 对于 10 个试样，为了表达进行实验和读出实验数据的序号，分别用 A，A_0，B，B_0，C，C_0，D，D_0，E，E_0 代表 1～10，并在面板的最左端显示，所有时间均计至 0.1s。

⑩ 当仪器因为偶然现象而不能进行自动工作时，可将面板上的（自动/手动）按键按下，呈半自动状态，此时可通过仪器右下角的进和退按键来控制本生灯的进与退，完成实验。

3.4.2.7 实验报告与思考题

（1）实验报告

实验报告应包括下列内容：

① 材料的鉴别特征：名称、牌号、批号、生产厂和生产日期等；

② 试样的制备方法、试样厚度、各向异性试样的方向和标称表观密度（仅用于硬质泡沫材料）等；

③ 试样的状态调节条件及实验环境；

④ 燃料气体种类；

⑤ 水平或垂直燃烧性能，即线性燃烧速度、有焰或无焰燃烧时间及燃烧等级；

⑥ 其他需要注明的事项。

（2）思考题

① 对于给定材料试样，如何确定选用水平燃烧还是垂直燃烧实验？

② 根据国家标准规定，对于厚度、密度不同的原材料试样，或各向异性材料试样，或原材料中所含颜料、填料及阻燃剂种类和用量不同的试样，其实验结果不能相互比较。为什么？对于这类试样，应用什么方法比较试样的燃烧性？

③ 水平燃烧或垂直燃烧实验主要用于哪些高分子材料制品的阻燃性能指标测定？

名词术语解释：

有焰燃烧（afterflame）：在规定的实验条件下，移开点火源后，材料火焰持续的燃烧。

有焰燃烧时间（afterflame time）：在规定的实验条件下，移开点火源后，材料火焰持续的燃烧的时间。

无焰燃烧（afterglow）：在规定的实验条件下，移开点火源后，当有焰燃烧终止或无火焰产生时，材料保持辉光的燃烧。

无焰燃烧时间（afterglow time）：在规定的实验条件下，当有焰燃烧终止或移开点火源后，材料持续无焰燃烧的时间。

3.4.3 烟密度测定

3.4.3.1 实验目的与原理

(1) 实验目的

① 了解伴随高分子材料燃烧或分解时烟量测定的基本原理。

② 掌握测定高分子材料材料燃烧或分解时烟密度的实验方法。

(2) 实验原理 烟密度测定是在一定的条件下，通过光电系统，测定材料燃烧或分解时产生的烟对光的吸收率，以烟对光的吸收率对实验时间作图，并将曲线函数对实验时间积分，得到材料燃烧或分解时产生烟的总量值。

高分子材料燃烧或分解时产生烟雾的量是评定材料阻燃性能的重要指标，因为烟雾使人或动物窒息伤亡的危害，往往比熊熊烈火造成的灾难更大。目前，建筑材料制品检验标准中，烟密度已成为严格控制的性能指标，无烟、低烟高分子材料已成为阻燃材料发展的新趋势。

3.4.3.2 原材料试样

试样的外形尺寸见表 3-34 规定。每组试样为 3 个。试样加工可采用机械切磨。要求取样部位具有代表性，试样应表面平整，厚度均匀，无飞边和毛刺等缺陷。

在实验前，应将试样放置在 (23±2)℃温度、50%±6%相对湿度的环境中达 40h 以上。

本次实验试样是采用 4.1.1 热塑性塑料模压成型实验方法中制备的厚度为 (6±0.3) mm 的 PVC 板材，经机械加工而成。

表 3-34 试件的外形尺寸 (mm)

<table>
<tr><th rowspan="2">材料密度/(kg/m³)</th><th colspan="2">l</th><th colspan="2">b</th><th colspan="2">h</th></tr>
<tr><th>基本尺寸</th><th>极限偏差</th><th>基本尺寸</th><th>极限偏差</th><th>基本尺寸</th><th>极限偏差</th></tr>
<tr><td>≥100</td><td rowspan="3">30</td><td rowspan="3">±0.3</td><td rowspan="3">30</td><td rowspan="3">±0.3</td><td>6</td><td rowspan="3">±0.3</td></tr>
<tr><td>100 ~1000</td><td>10</td></tr>
<tr><td><1000</td><td>25</td></tr>
</table>

3.4.3.3 实验装置

实验装置由以下几个主要零部件组成：

(1) 烟箱 由防锈蚀的合金板制成，并固定在外形尺寸为 350mm×400mm×57mm 的底座上，底座正面设有操作装置。烟箱外形尺寸为 300mm×300mm×790mm，如图 3-35 所示，烟箱正面镶装有耐热玻璃观察门。

烟箱内外表面涂有防腐蚀的黑漆；烟箱内部左右两侧距离底座 480 mm 高处的中心各装有直径为 70mm 的不漏烟的玻璃圆窗，作为测量光线的出射和入射口；烟箱内部的背面装有一块可拆卸的白色塑料板，在其距离底座 480mm 的居中处有高 90mm、宽 150mm 的清晰区，通过这个清晰区可以看见白底背景上的红色安全标志。安全标志后面装有两只功率为 8W 的日光灯；烟箱底部四边，有高 25mm、宽 230mm 的开口，烟箱其余部分均应密封。

(2) 排风机 安装在烟箱左外侧，排风量为 1700L/min，由一个调节器控制气门开关。

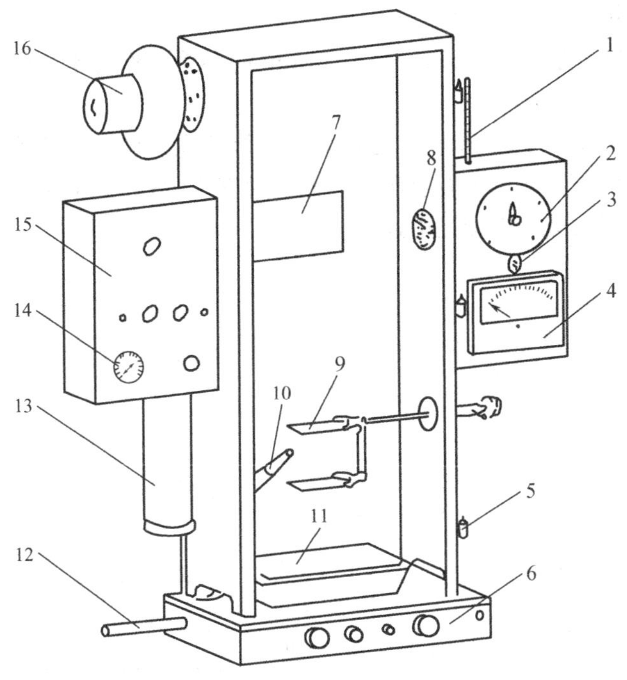

图 3-35 烟箱结构示意图

1—温度计；2—计时器；3—温度补偿器；4—光度计；5—烟箱门轴；6—操作板面；7—安全标志；8—光束入射口；9—试件支架；10—本生灯；11—接物盘；12—空气导入管；13—丙烷气瓶；14—压力表；15—光源箱；16—风机

(3) 试件支架　固定在一根钢杯手柄的顶端。支架由上下两个规格相同的正方形（边长 64mm）框槽组成，上框槽内放有一块由 ϕ0.9mm 钢丝编成的 6mm×6mm 金属格网。下框槽内嵌一块石棉板。钢杯手柄位于烟箱右侧面距离底座 220mm 高的中心。

(4) 燃烧系统　燃气采用纯度≥85%的丙烷气。丙烷气工作压力通过压力调节器调节，压力计读数。

燃烧实验采用本生灯火焰。本生灯的结构如图 3-36 所示。本生灯的喉径为 0.13 mm。

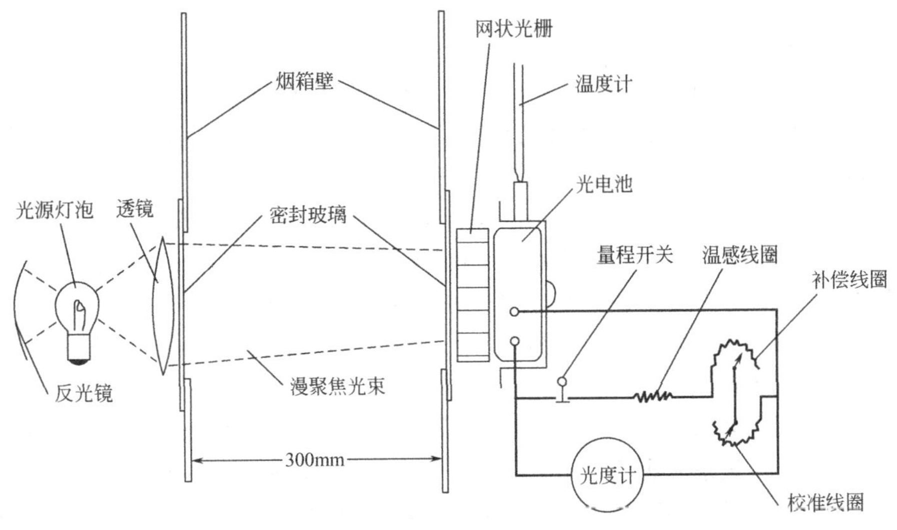

图 3-36 燃烧器部件示意图

工作时本主灯与烟箱底面成45°夹角。

底座左外侧设有一根长150mm、内径14mm的导管，作为本生灯工作时所需空气的导入通道。

(5) 光电系统　如图3-37所示，光源安装在烟箱左外侧、距底座上表面480 mm居中处的箱内。光源灯泡为灯丝密集型显微灯泡，功率15 W。灯泡发射的光束由一个焦距为60～65mm的透镜聚焦在右侧光电池上。

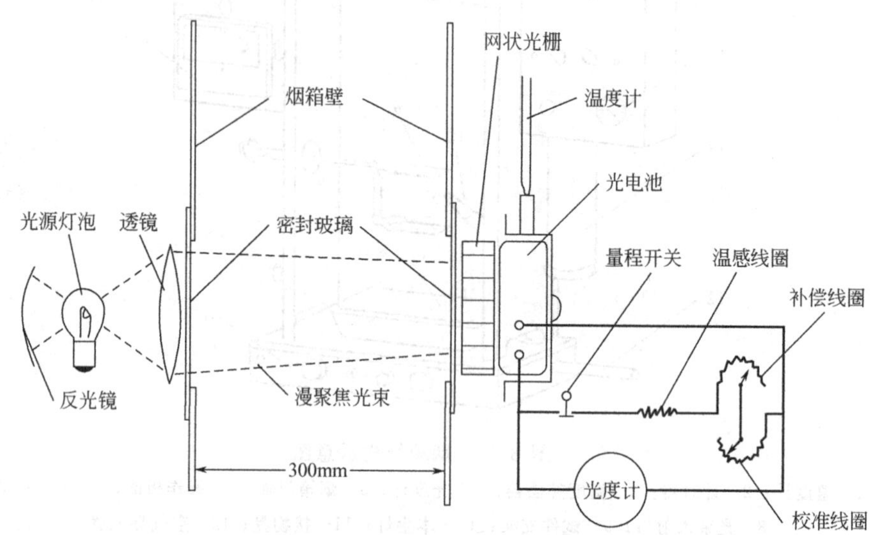

图3-37　烟箱光路示意图

光电池应在50℃以内工作。光电池的温度效应可由一个补偿装置来调节。

烟箱右外测装有光度计，用于指示光束通过烟箱之后的光强度，其读数为烟对光的吸收率值，量程为0%～100%和90%～100%。

(6) 计时装置　采用一只以间隔15s发出蜂鸣声的计时器。当本生灯转动到工作位置时，计时器开始记时。

3.4.3.4　实验操作

(1) 实验应在通风橱中进行。首先应打开排风机和安全标志灯。

(2) 关闭排风机。打开丙烷气阀门，立即点燃本生灯。并把丙烷气的压力调至210kPa。

(3) 根据光电池的温度指示，将温度补偿器调节到所示修正值的位置。

(4) 打开测量光源开关，调节光源电位器，使光度计指示的光吸收率为0%；然后用一块不透光的板挡住光束，使光度计指示的光吸收率为100%。

(5) 将试件平放在实验支架的钢丝网上，其位置应处于本生灯工作时燃烧火焰刚好对准试件下表面的中心。

(6) 将计时器调整到4min刻度位置。关闭烟箱门，将本生灯转入工作位置，实验开始记时。每隔15s记录一次烟对光的吸收率值，每次实验进行4min。

(7) 用一台自动平衡记录仪绘制光吸收率与实验时间的曲线，并用一台曲线积分仪测算记录的结果。也可用一台电子计算机绘制光吸收率与时间的曲线和计算实验结果值。

3.4.3.5　实验结果与准确性

(1) 实验结果表示

① 最大烟密度值（*MSD*）　根据三个平行试件在每隔15s所测得的光吸收率求出平均值，在曲线最高点的光吸收率读数为最大烟密度值（*MSD*）。

②烟密度等级（*SDR*）　烟密度等级（*SDR*）可用下式计算：

$$SDR=\frac{1}{16}\left(a_1+a_2+\cdots+a_{15}+\frac{1}{2}a_{16}\right)\times 100\% \tag{3-53}$$

式中　a_1、a_2、…a_{16}为每隔15s三个试件平均烟密度的百分率值。

(2) 实验的准确性

① 重复性　同一操作者在同一实验室所测得的两个独立数据（不是平均值）之间的差如果不大于18%（绝对值），则应该认为数据是可信的。

② 再现性　由不同实验室所测得的两个数据（为三次平行实验的平均值）之差如果不大于15%（绝对值），则应该认为数据是可信的。

3.4.3.6　实验报告与思考题

(1) 实验报告

① 试样名称、密度、规格、种类及生产厂家；

② 实验用燃气；

③ 最大烟密度（*MSD*）和烟密度等级（*SDR*）；

④ 解答思考题。

(2) 思考题

① 哪些操作因素影响实验测定结果？如何提高烟密度实验的准确性？

② 最大烟密度（*MSD*）和烟密度等级（*SDR*）分别表示材料燃烧时产烟的什么特点？了解这些指标有何意义？

3.5　光学性能

3.5.1　热台偏光显微镜观察聚合物结晶形态

3.5.1.1　实验目的与原理

(1) 实验目的

① 了解偏光显微镜的结构及使用方法。

② 观察聚合物的结晶形态，估算聚丙烯球晶大小。

(2) 实验原理　用偏光显微镜研究聚合物的结晶形态是目前在实验室中较为简便而实用的方法。众所周知，随着结晶条件的不同，聚合物的结晶可以具有不同的形态，如单晶、树枝晶、球晶、纤维晶及伸直链晶体等，其中球晶是聚合物结晶中最常见的晶体形式。从浓溶液析出或熔体冷却结晶时，聚合物倾向于生成这种比单晶更为复杂的多晶聚集体，通常呈球形，故称为“球晶”。球晶可以长得很大，直径甚至可达厘米数量级。对于几微米以上的球晶，用普通的偏光显微镜就可以进行观察；对小于几微米的球晶，则用电子显微镜或小角光散射法进行研究。

结晶聚合物材料的实际实用性能（如光学透明性、冲击强度等）与材料内部的结晶形态、晶粒大小及完善程度有着密切的联系，因此，对于聚合物结晶形态等的研究具有重要的理论和实际意义。

球晶的基本结构单元是具有折叠链结构的片晶（晶片厚度在10nm左右）。许多这样的晶片从一个中心（晶和）向四面八方生长，发展成为一个球状聚集体。电子衍射实验证明了在球晶中分子链（*c* 轴）往往垂直于球晶的半径方向，而 *b* 轴总是沿着球晶半径的方向（图 3-38）。

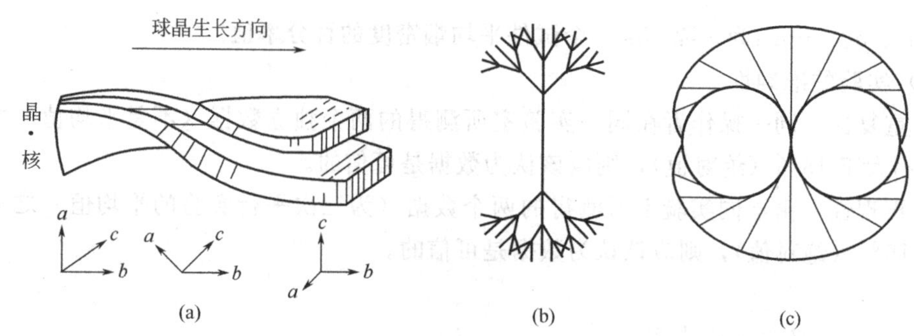

图 3-38 聚乙烯球晶生长示意图

(a) 晶片的排列与分子量的取向（其中 *a*，*b*，*c* 轴表示单位晶胞在各方向上的取向）；(b) 球晶生长；(c) 长成的球晶

分子链的取向排列使球晶在光学性质上是各向异性的，即在不同的方向上有不同的折射率。在正交偏光显微镜下观察时，在分子链平行于起偏器或检偏器的方向上，将产生消光现象。因此可以看到球晶特有的黑十字消光图案（称为 Maltase 十字），如图 3-39 所示。

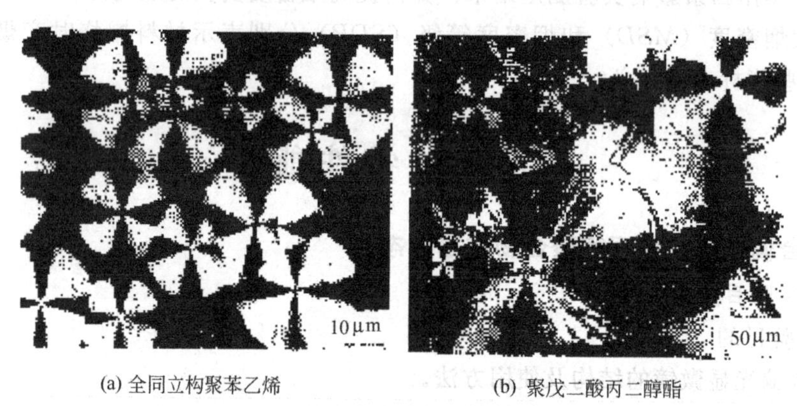

(a) 全同立构聚苯乙烯　　(b) 聚戊二酸丙二醇酯

图 3-39 聚合物球晶的偏光显微镜照片

在某些情况下，晶片会周期性地扭转，从一个中心向四周生长（如聚乙烯的球晶），这样，在偏光显微镜中就会看到由此而产生的一系列消光同心圆环。

3.5.1.2 原材料与仪器

（1）原材料试样　聚丙烯、聚乙烯树脂颗粒料

（2）仪器和试剂　偏光显微镜及附件、载玻片、盖玻片、电炉、甘油

3.5.1.3 实验步骤和结果

(1) 制备样品

① 将少许聚丙烯树脂颗粒料放在已于260℃电炉上恒温的载玻片上，待树脂熔融后，加上盖玻片，加压成膜。保温2min，然后迅速放入140～150℃甘油浴中，结晶2h后取出。

② 将少量聚乙烯粉料同上用熔融加压法制得薄膜，然后切断电炉电源，使样品缓慢冷却到室温。

(2) 熟悉偏光显微镜的结构及使用方法（参阅本实验的［附］及仪器说明书）。

(3) 显微镜目镜分度尺的标定　将带有分度尺的目镜插入镜筒内，把载物台显微尺放在载物台上，调节到两尺基线重合。载物台显微尺长1.00mm，等分为100格，每格为0.01mm。在显微镜内观察，若目镜分度尺50格正好与显微尺10格相等，则目镜分度尺每格相当于：$0.01\times10/50=2\times10^{-3}$mm。在进行测量时只要读出被测物体所对应的格数，就能知道实物的大小。

(4) 将制备好的样品放在载物台上，在正交偏振条件下观察球晶形态，估算球晶的半径，并和实验10的结果对比。

(5) 记录所观察到的现象，并进行讨论。

3.5.1.4 实验报告与思考题

(1) 实验报告

① 材料名称、规格和制造厂名称；

② 试样形状、尺寸、数量和处理条件；

③ 实验环境温度及湿度；

④ 测试仪器型号和实验步骤；

⑤ 实验结果及讨论；

⑥ 解答思考题。

(2) 思考题

① 用偏光显微镜能否观测聚合物其他形态的结晶？

② 聚合物球晶还可以用那些方法表征？

［附］　偏光显微镜工作原理

1. 偏振光与自然光

光波是电磁波，因而是横波。它的传播方向与振动方向垂直。如果我们定义由光的传播方向和振动方向所组成的平面叫振动面，那么对于自然光，它的振动方向虽然永远垂直于光的传播方向，但振动面却时时刻刻在改变。在任一瞬间，振动方向在垂直于光的传播方向的平面内可以取所有可能的方向，没有一个方向占优势［图3-40 (a)，箭头代表振动方向，传播方向垂直于纸面］。

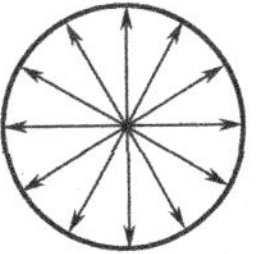

(a) 自然光　　(b) 线偏振光

图3-40　自然光和线偏振光的振动状况

太阳光及一般的光源发出的光都是自然光。自然光在通过尼科耳棱镜或人造偏振片以后，光线的振动被限制在某一个方向，这样的光叫做线偏振光（或平面偏振光），可用图 3-40（b）表示。

2. 起偏器与检偏器

能将自然光变成线偏振光的仪器，叫做起偏振器，简称起偏器（polarizer）。通常用得较多的是尼科尔棱镜和人造偏振片。

尼科尔棱镜是用方解石晶体按一定的工艺制成的，当自然光以一定角度入射时，由于晶体的双折射效应，入射光被分成振动方向互相垂直的两条线偏振光——e 光和 o 光，其中 o 光被全反射掉了，而 e 光出射。

人造偏振片是利用某些有机化合物（如碘化硫酸奎宁）晶体的二向色性制成的。把这种晶体的粉末沉淀在硝酸纤维薄膜上，用电磁方法使晶体 c 轴指向一致，排成极细的晶线，只有振动方向平行于晶线的光才能通过，而成为线偏振光。

起偏器既能够用来使自然光变成线偏振光，反过来，它又能被用来检查线偏振光，这时，它被称为检偏器或分析器（analyser）。例如，两个串联放着的尼科尔棱镜，靠近光源的一个是起偏器，另一个便是检偏器。当它们的振动方向平行时，透过的光强最大；而当它们的振动方向垂直时，没有光透过。这种情况，我们称为“正交偏振”。

3. 偏光显微镜

偏光显微镜是利用光的偏振特性对晶体、矿物、纤维等有双折射的物质进行观察研究的仪器。它的成像原理与生物显微镜相似，不同之处是在光路中加入两组偏振器——起偏器和检偏器，以及用于观察物镜后焦面产生干涉像的勃氏透镜组。

仪器结构如图 3-41 所示。

由光源发出的自然光经起偏器变为线偏振光后，照射到置于工作台上的聚合物晶体样品上，由于晶体的双折射现象，这束光被分解为振动方向互相垂直的两束线偏振光。这两束光不能完全通过检偏器，只有其中平行于检偏器振动方向的分量才能通过。通过检偏器的这两束光的分量具有相同的振动方向与频率而产生干涉效应。由干涉的级序可以测定晶体薄片的厚度和双折射率等参数。

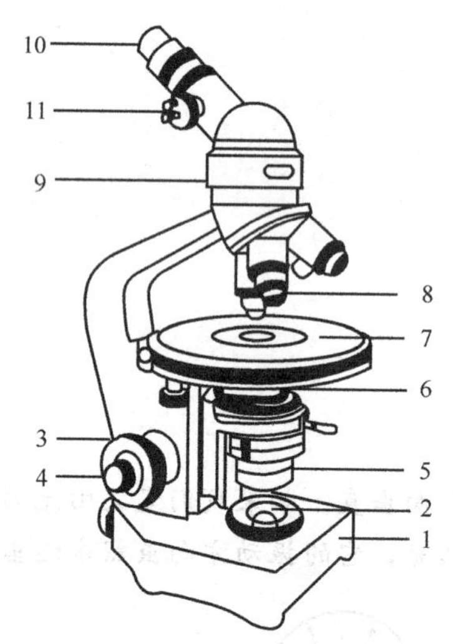

图 3-41 偏光显微镜的结构

1—仪器底座；2—视场光阑（内照明灯泡）；3—粗动调焦手轮；4—微动调焦手轮；5—起偏器；6—聚光镜；7—旋转工作台（载物台）；8—物镜；9—检偏器；10—目镜；11—勃氏镜调节手轮

在偏振光条件下，还可以观察晶体的形态，测定晶粒大小和研究晶体的多色性等。

3.5.2 透光率和雾度测定

3.5.2.1 实验目的与原理

（1）实验目的

① 了解高分子材料透光率和雾度测定的基本原理。

② 掌握高分子材料透光率和雾度的测定方法。

（2）实验原理 透光率的定义是透射光与入射光之比，通常所报道的值为透过光的百分率。例如，甲基丙烯酸甲酯能透过垂直入射光的 92%。对于垂直的入射光来说，在聚合物-空气界面上，大约反射掉 4%。

雾度是表征透明试样其内部或表面发生光散射而

引起的云雾状外貌。雾度的定义是当透射光通过试样时，由于前锋散射而偏离入射线方向的透光百分率。如果透射光线与入射光线的偏离量大于 2.5°，一般地说是合格的，这时把这个光通量当作是雾度。一般雾度是由于材料表面缺陷、密度变化或产生光散射的杂质引起的。雾度的单位是百分率。

高分子材料透光率和雾度是利用雾度计或分光光度计测定入射光量，通过试样的总透光量，仪器引起的光散射量以及仪器和试样共同引起的光散射量，计算出通过试样的总的透射率 T_t、漫散透射率 T_d 和雾度（T_d/T_t）。

从实际应用出发，透光性和雾度是非常重要的。例如，窗玻璃材料透光性应该高，不应有混浊。相反，用作光学仪器罩材料要求屏蔽亮光源，应有最大的漫反射和最小的透明度。房屋材料也必须有高的透光率。

3.5.2.2　原材料试样与测试仪器

（1）原材料试样　透明高分子材料如聚苯乙烯、聚碳酸酯、聚甲基丙烯酸甲酯的薄膜、片材和板材。

试样表面状态（如光滑平整度、缺陷、划痕、污染）、厚度尺寸不同的试样之间的测定结果不能相互比较。

本次实验试样有两种：①采用 4.4.2 吹塑薄膜实验制备的低密度聚乙烯薄膜，经裁切而成。②采用 4.3.2 标准测试试样实验制备的聚苯乙烯拉伸试样，经机械切割加工而成。

（2）测试仪器　测量透光率和光散射性能有两种方法：方法 A 和方法 B。方法 A 需要用一台积分球雾度计，方法 B 带记录仪的分光光度计。

本次实验采用方法 A。用积分球雾度计作为测试仪器，如图 3-42 所示，所采用的试

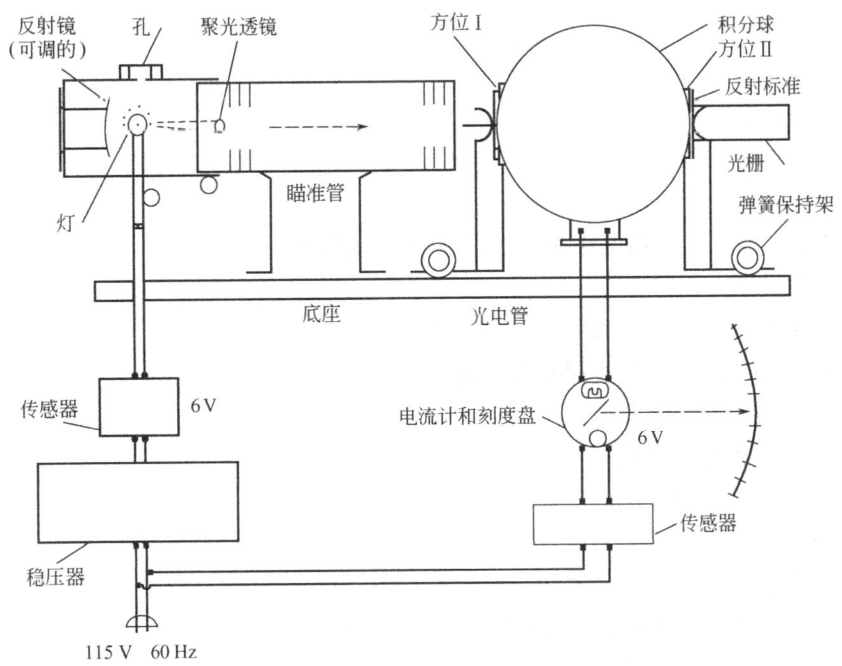

图 3-42　雾度计示意图

样要大到能遮盖光阑孔，而又足够小使之与球壁相切。最常用的试样是直径为34.93mm的圆盘。它是采用四种不同顺序的读数进行实验，并按下述步骤测量光电管输出：

T_1＝试样和光栅不在应有位置，反射率方法在适当的位置上。

T_2＝试样和反射率方法在适当的位置上，光栅不在应有位置。

T_3＝光栅在适当的位置上，试样和反射率方法不在应有位置。

T_4＝试样和光栅在适当位置上，反射率方法不在应有位置。

3.5.2.3 操作步骤

(1) 开启仪器，预热至少20min。

(2) 放置标准板，调检流计为100刻度，挡住入射光，调检流计为1，反复调100和0直到稳定，即 T_1 为100。

(3) 放置试样，此时透过的光通量在检流计上的刻度为 T_2，去掉标准板，置上陷阱，在检流计上所测出的光通量为试样与仪器的散射光通量 T_4。再去掉试样，此时检流计所测出的光通量为仪器的散射光通量 T_3。

(4) 按照 (3) 重复测定5片试样。

(5) 终止实验，关闭仪器。

3.5.2.4 实验结果、报告与思考题

(1) 实验结果表示

① 透光率 T_t

$$T_t(\%)=T_2\times 100/T_1 \tag{3-54}$$

② 漫散透射率 T_d

$$T_d=\frac{T_4-T_3(T_2)}{T_1} \tag{3-55}$$

③ 雾度值 H

$$H(\%)=T_d\times 100/T_t \tag{3-56}$$

取5片试样的算术平均值作为结果，取到小数点后一位。

(2) 实验报告

① 材料名称、规格、制造厂名称和日期；

② 试样形状、尺寸、数量和处理条件；

③ 实验环境温度及湿度；

④ 测试仪器和操作步骤；

⑤ 实验数据处理及讨论；

⑥ 解答思考题。

(3) 思考题

① 雾度主要影响那类塑料制品的哪方面的性能？

② 如何减小塑料制品的雾度？

③ 试样的几何尺寸对雾度测定有何影响？制样方法呢？

3.5.3 色泽测定

3.5.3.1 实验目的与原理

(1) 实验目的

① 了解塑料色泽测定的基本原理。

② 掌握塑料色泽的测定方法。

(2) 实验原理　在了解色度测量、规格和允许剂量之前，有必要粗略地了解着色理论。

颜色从暗到亮排列，即黑色最暗，灰色居中，白色最亮，这些叫做中和色。颜色的外观叫做“灰度”或“亮度”。颜色还有另一种基本的差别，即红色不同于蓝色、绿色和黄色。这些差别叫做“色调”。色调的定义是判断一个物体是红色的、黄色的、绿色的、蓝色的、紫色的或上述颜色之间的中间色的颜色感觉特征。“亮度”或“色度”是表示偏离于相同亮度灰色程度的颜色感觉特征。因此，可以用灰度、色调和色度来描述整个色谱。在图 3-43 中用色调、灰度/色度图说明了这个概念。

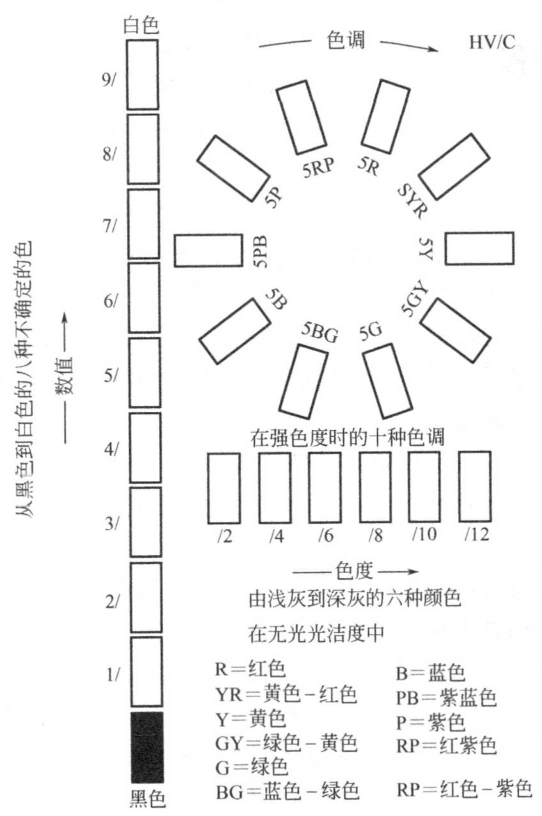

图 3-43　色调、灰度/色度图

不同色调光谱中的基本差别是光的波长。因为光的波长不同，光被分散为光谱。整个光谱可在紫光（最短波长约为 380nm）到红色光（最长波长是 760nm）之间变化[10]。

为了能看见物体，该物体应该受一个标准光源照明。光源的种类、照射角度、视野角都会影响物体的外貌。因此，在鉴定颜色时，人们必须考虑光谱的能量分布和光源的强度，因为它会影响物体的外貌。为了使光源之间的差异方法化，一个名为 CIE（Commission Internationale de 1'Eclairage）的国际照明委员会建立了方法光源。例如，光源 A 代表一种白炽灯；光源 B 表示中午的太阳光；C 是阴天的太阳光。鉴别颜色还必须考虑另一个因素，即颜色观察者的误差。CIE 也建立了一种方法观察仪。一个 CIE 方法观察仪是对应于正常人肉眼观察的颜色的数字说明[11]。应用 CIE 方法源、CIE 方法观察仪和方法物可以得出 CIE 光谱三（色）激励值。

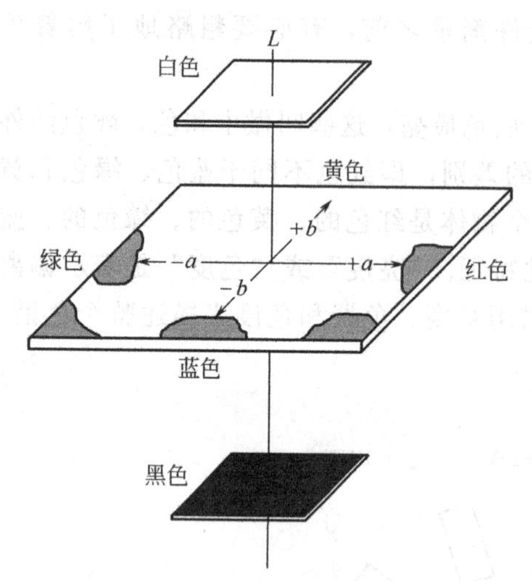

图 3-44　L、a、b 颜色间位置

从以上讨论可以清楚看出：有了 CIE 方法光源、方法物和 CIE 光谱三色激励值，人们就能容易地测定颜色。为测定颜色而研制出的这种仪器叫三色激励比色计。三色激励比色计用三种原色：红、绿、蓝来测定颜色，或用更适当的办法，由三个三色激励值来表征。人们根据亮度和色调研制了许多不同的色标，并用数字来描述颜色。受到人们高度赞扬并接受的体系之一的叫做 L、a、b 三色体系。图 3-44 示出了 L、a、b 颜色间位置。坐标 L 处于垂直方向，相当于亮度。完全白色的 L 值为 100，完全黑色的值为零。a_L 和 b_L 表示材料的灰度和色度。a_L 为正值表示红色；而 a_L 为负值表示绿色。例如，一辆黄色的校用公共汽车，其颜色由下述数值描述：$L=70.3$；$a_L=30.3$；$b_L=23.7$。这种颜色用普通话来说是相当亮的；因为 L 值高，而由 a_L 和 b_L 值的大小表示则是带淡黄色的红色。

因此，所述的滤色比色计是以方法观察仪的理论以及人眼对颜色的感觉为基础的。已把这种方法叫做测定颜色的“精神物理”法。但在滤光片的设计和滤光片材料始终保持原状的能力方面仍存在一些问题。

近年来，又发展了以分光光度计为基础的新一代比色计。分光光度计的比色计不是模拟人眼，而是在全部可见光谱范围内，以 16 个 20 纳米间隔进行分光光度测定。将分光光度计得到的反射百分率，通过一台微处理机转化为三色激励值。这类分光光度计的另一个有用的特性就是选择不同类型的 CIE 光源。例如在不同照明条件下观察这些试样，则即使实际光源是相同的，微处理机也会计算出所见的颜色。

要对颜色进行研究，一台能提供三色激励值和计算色差的比色计是不够的。一般来说，需要一台更好的仪器如分光光度计。采用一台图形记录仪与 CRT 时，分光光度计会得出从 380 到 700nm 整个可见光谱范围的全光谱反射曲线。此外，它还能得出每 20nm 间隔处的反射值百分率，并计算出三色激励值、色度参数和色差值。

塑料黄色指数是指无色透明或半透明或近白色塑料偏离白色的程度。它是通过在标准 CIE 方法光源照射下，测量试样色的三激励值 x、y、z，从而计算出试样材料的黄色指数。

3.5.3.2　原材料试样与设备

（1）原材料试样　所有高分子材料树脂试样或从成型加工以及机械加工所得的板、片、膜试样。

本次实验试样是采用4.4.2吹塑薄膜实验方法制备的无色、白色、黄色三种低密度聚乙烯薄膜，经裁切而成。

(2) 实验设备　对于颜色的测定，根据不同的要求，可采用两种基本类型的仪器。当使用者只对三色激励值、色度系数和色差信息感兴趣时，可以应用一台滤色比色计或一台分光光度比色计。比色计主要用作生产控制、质量控制、规格和颜色匹配的需要。

通常，对颜色配方和其他的颜色研究需要一台分光光度计，它配备一台 CRT，能显示并计算出结果。

本次实验采用分光光度计，配备一台 CRT。

3.5.3.3　测试步骤

(1) 开启仪器电源，预热 30min，按仪器说明书校准和调节仪器。

(2) 选择所需要的 CIE 方法光源。

(3) 在试样夹上装上白色薄膜试样，点亮一个光源。

(4) 观测记录在可见光谱范围内，16 个纳米间隔处的光谱反射百分率。微处理机还能计算和显示出 CIE 实验室的颜色间隔和光谱反射曲线与波长的关系。

(5) 将白色薄膜实验试样和标准白色薄膜试样对着光源，并对两种重叠的光谱反射曲线进行比较，进行颜色匹配。

(6) 重复测量 3 个试样。

(7) 分别用无色、黄色薄膜，重复实验步骤 (2)～(5)，进行实验。

(8) 分别计算薄膜的黄色指数。

3.5.3.4　实验结果、报告与思考题

(1) 实验结果表示

① 三色激励值　如果是反射色，则三色激励值为：

$$\begin{aligned} x &= k\sum s(\lambda)p(\lambda)X(\lambda)\Delta\lambda \\ &- k\sum s(\lambda)p(\lambda)Y(\lambda)\Delta\lambda \\ z &= k\sum s(\lambda)p(\lambda)Z(\lambda)\Delta\lambda \end{aligned} \tag{3-57}$$

式中　$s(\lambda)$——光源相对光谱功率分布；

$p(\lambda)$——光谱反射比；

$X(\lambda)$、$Y(\lambda)$、$Z(\lambda)$——光谱三色激励值；

k——调整系数，为将光源的 y 值调整到 100 而得出。

如果是透射色，则三色激励值为：

$$\begin{aligned} x &= k\sum s(\lambda)\tau(\lambda)X(\lambda)\Delta\lambda \\ &= k\sum s(\lambda)\tau(\lambda)Y(\lambda)\Delta\lambda \\ z &= k\sum s(\lambda)\tau(\lambda)Z(\lambda)\Delta\lambda \end{aligned} \tag{3-58}$$

式中　$\tau(\lambda)$——透射率。

② 黄色指数 Y

$$Y=[100\cdot(1.28x-1.06z)]/y \tag{3-59}$$

式中　x——CIE1931xyz 表色系中，红色所占的比例；

z——CIE1931xyz 表色系中，蓝色所占的比例；

y——CIE1931xyz表色系中，绿色所占的比例。

(2) 实验报告

① 材料名称和规格、制造厂名称和日期；

② 试样形状、尺寸、数量和处理条件；

③ 测试仪器和实验条件；

④ 实验步骤；

⑤ 实验结果表示；

⑥ 解答思考题。

(3) 思考题

① 影响塑料色泽测定的因素有哪些？

② 试样的厚度对黄色指数值有无影响？为什么？

3.6 渗透性能

3.6.1 透气性测定

3.6.1.1 实验目的与原理

(1) 实验目的

① 了解气相色谱法测聚合物薄膜透气性的原理。

② 掌握实验方法、测量、计算薄膜的透气系数。

(2) 实验原理　当气体或蒸气透过聚合物膜时，先是气体溶解于固体的薄膜中，然后在薄膜中向低浓度处扩散，最后从薄膜的另一面蒸发。故聚合物的透气性一方面决定于扩散系数，另一方面决定于气体在聚合物中的溶解度。在扩散系数和浓度较低，扩散系数不依赖于浓度变化的情况下，根据扩散的费克定律：单位时间、单位面积的气体透过量与浓度梯度成正比：

$$\frac{q}{A \cdot t} = -D \cdot \frac{\mathrm{d}c}{\mathrm{d}x} \tag{3-60}$$

式中　q——气体扩散透过量，mL；

D——扩散系数，$\mathrm{mL \cdot s^{-1}}$；

$\frac{\mathrm{d}c}{\mathrm{d}x}$——在薄膜中 $\mathrm{d}x$ 厚度内的浓度梯度；

A——薄膜面积，$\mathrm{cm^2}$；

t——时间，s。

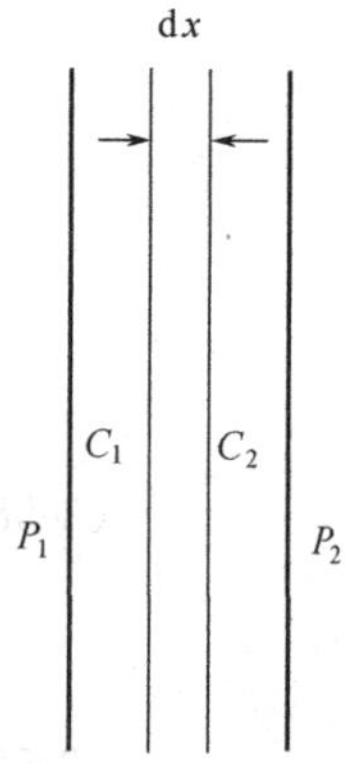

图 3-45　薄膜剖面图

假定薄膜厚度为 1cm，P_1 为高压侧压力×1.33kPa（cmHg *），P_2 为低压侧压力，相应于薄膜中气体的浓度分别为 c_1，c_2（mL/mL 固体），参见图 3-45。将式（3-60）积分，令 $J=\frac{q}{A \cdot t}$（J 为单位面积、单位时间的气体透过量），则：

$$J = \frac{q}{A \cdot t} = -D\frac{\mathrm{d}c}{\mathrm{d}x}$$

$$J \cdot \int_0^l \mathrm{d}x = -D\int_{c1}^{c2} \mathrm{d}c$$

$$J \cdot l = -D(c_2 - c_1) = D(c_1 - c_2)$$

$$J = \frac{D(c_1 - c_2)}{l} \tag{3-61}$$

由于薄膜中的气体浓度非常小，因此可用亨利定律来表示气体浓度与相互平衡的压力间的关系，即

$$c_1 = S_1 P_1,\ c_2 = S_2 P_2$$

若溶解度为常数，$S_1 = S_2 = S$，则式（3-51）变为

$$J = D \cdot S \cdot \frac{P_1 - P_2}{l} \tag{3-62}$$

令 $\mathrm{P_g} = D \cdot S$，则

$$J = P_g \cdot \frac{P_1 - P_2}{l} \tag{3-63}$$

我们就称比例系数 P_g 为透气系数。它表示在单位时间、单位压差下，通过单位厚度、单位面积的气体量。它的单位是 $\mathrm{mL \cdot cm \cdot cm^{-2} \cdot s^{-1} \times 1.33kPa^{-1}}$。

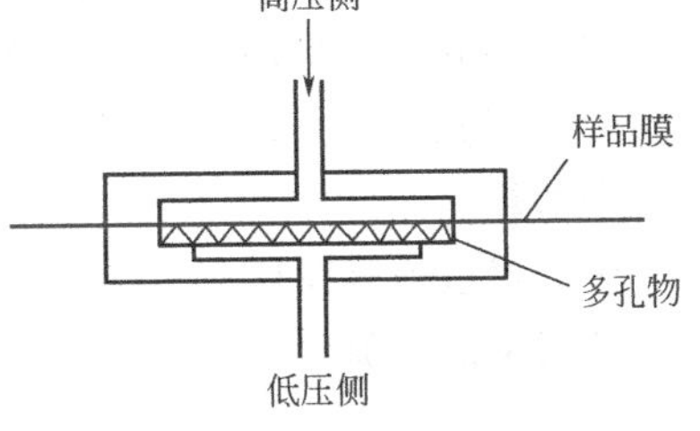

图 3-46　透气池剖面图

测量透气系数的一般方法是：将薄膜支撑在透气池中，见图 3-46。在膜的一边加以一个恒定的气体压力，而膜的另一边保持在低压下。高压侧的气体通过薄膜向低压侧扩散，然后测定低压侧中气体压力随时间的变化，在计算出透气系数 P_g。

我们现在用的气相色谱法测定透气性与常用方法不同的是：透过薄膜的气体量直接由色谱方法来测量，然后根据薄膜的面积和透过时间计算透气系数，流程图见图 3-47。

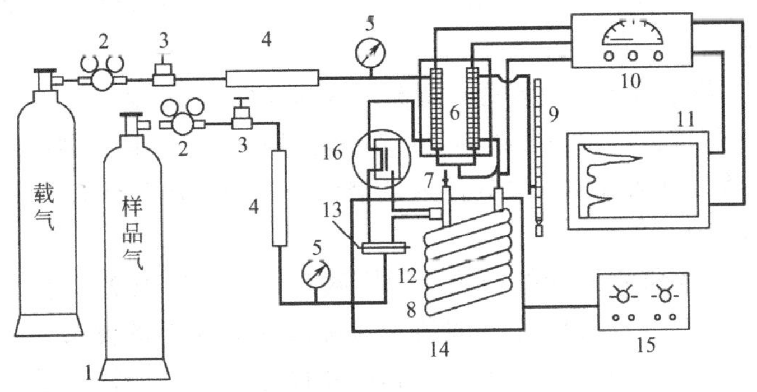

图 3-47　气相色谱法流程图

1—气体钢瓶；2—减压阀；3—精密调节器；4—净化干燥管；5—压力表；6—热导池；7—气体进样口；8—层析柱；9—皂膜流量计；10—测量电表；11—记录仪；12—透气池；13—样品膜；14—恒温室；15—温度调节器；16—六通阀

其基本原理与普通的气固色谱一样，固定相是表面有一定活性的吸附剂，移动相是气体。主要是使用了一个六通阀将透气池与层析柱相连。六通阀关闭时，在气经热导池直接流过层析柱，再从热导池另一臂流出。经一定时间后，扳动六通阀，使载气流过透气池的

“透气室”一侧将透过薄膜的气体带入层析柱，再进入热导池的测量臂，由于载气与样品气的热导率不同，则在记录仪上就出现一个色谱峰。根据峰面积从方法曲线上查得透过气体的量，然后就能计算透气系数。

塑料、纤维、橡胶制品在实际使用过程中，都有一个透气性问题。不同的应用对透气性的要求也不同。例如，薄膜应用于包装时，要求较小的透气性；应用于分离气体方面，要求薄膜只能透过某种气体；在医学上用于人工肺的膜，则要求对氧气、二氧化碳有较大的透气性，故测量透气性在材料的应用科学中有一定的意义。由于透气性与聚合物的结构如结晶、交联、取向等因素有关，故测量透气性在一定程度上能反映出聚合物的聚集态结构。又由于透气过程与链段运动有关，因此在不同的温度下测定透气性，也能反映出聚合物薄膜的玻璃化温度转变情况。

3.6.1.2 实验试样与仪器

(1) 实验试样　实验试样为高分子材料薄膜、片材和人造革。试样表面平整，无微裂纹、气泡、针眼、皱折、划伤杂质等缺陷。每一组至少取三个试样。对两个表面材质不相同的样品，在正反两面各取一组试样。

本次实验试样采用 4.4.2 吹塑薄膜实验中制备的低密度聚乙烯薄膜，经冲切而成。

(2) 实验仪器　102G 型色谱仪

马弗炉

千分尺或薄膜厚度测定仪

载气钢瓶（氮气、氧气）

3.6.1.3 实验步骤

(1) 装柱　取 60～80 目 5A 型（或 13X 型）分子筛 2g 左右（预先在 550～600℃的马福炉中烘 2h），装入内径为 3mm、长 1m 的不锈钢柱内。

(2) 取直径为 7.5cm 的聚合物薄膜夹入透气池中，用六通阀将透气池接入气路中。

(3) 方法曲线的测量　打开载气钢瓶，调节柱前压为 75kPa 左右，调节导热池桥电流为 120mA（若要使信号大，电流可在调高），控制层析室温度在 25℃。待仪器一切都正常，基线稳定后，即可进行方法曲线测定：用微量注射器从灌有渗透器的球胆中取 10μL，20μL，30μL……将气体从气体入口处注入色谱仪。分别求出各体积下的峰面积。然后作体积对峰面积的图。

(4) 测透气量　先将六通阀拉杆拉起，用载气将透气池先洗干净，待基线回到原处后，把六通阀关上。然后打开渗透气的活塞（使加在薄膜上的渗透压力为 90kPa 左右，视具体情况定），同时将秒表按下，开始计算透气时间。2min 后将六通阀拉起，这时载气就将透过薄膜的气体带入层析柱，流经热导池的测量臂，由于渗透气与载气的热导率不同，记录仪上即出现一色谱峰。计算峰面积，从方法曲线上查得气体体积，这体积即为 2min 内透过薄膜的气体量，以后每隔 2min（或每隔 3min 等，按具体情况定）进样一次，取最后几次的平均值。

3.6.1.4 实验数据、报告与思考题

(1) 实验数据处理

① 按下列要求记录

载气________压力________流速________温度________

薄膜名称________薄膜面积________薄膜厚度________

渗透气压力	透过时间	峰面积	体积

② 计算透气系数 P_g

$$P_g = \frac{T_0 P_{大} Vl}{P_{标} TAtP_{渗}} \tag{3-64}$$

式中 $P_{大}$——大气压力，1.33kPa (cmHg)；

$P_{标}$——方法状态大气压，1.33kPa (cmHg)；

T_0——零摄氏度，273K；

l——样品厚度，mm；

t——时间，s；

T——测量温度，K；

V——透过薄膜的气体体积，mL；

$P_{渗}$——渗透气的绝对压力，1.33kPa (cmHg)。

(2) 实验报告

① 材料名称和规格、制造厂名称和日期；

② 试样形状、尺寸、数量和处理条件；

③ 测试仪器和实验条件；

④ 实验数据及计算结果；

⑤ 解答思考题。

(3) 思考题

① 薄膜的厚度对测定结果有何影响？

② 在测定过程中哪些操作因素会影响实验误差？

3.6.2 水蒸气渗透率测定（杯式法）

3.6.2.1 实验目的与原理

(1) 实验目的

① 了解塑料薄膜和片材透水蒸气性测定的原理。

② 掌握塑料薄膜和片材透水蒸气性测定的方法。

(2) 实验原理　水蒸气透过量（WVT）是指在规定的温度、相对湿度，一定的水蒸气压差和一定厚度的条件下，$1m^2$ 的试样在 24h 内透过的水蒸气量。

水蒸气透过系数（P_v）是指在规定的温度、相对湿度环境中，单位时间内，单位水蒸气压差下，透过单位厚度，单位面积试样的水蒸气量。

杯式法是在规定的温度、相对湿度条件下，使试样两侧保持一定的水蒸气压差，通过气压计测量透过试样的水蒸气量变化，从而计算水蒸气透过量和水蒸气透过系数。

杯式法适用于塑料薄膜（包括复合塑料薄膜）、片材和人造革等材料的透过水蒸气性能的测定。

3.6.2.2 实验试样与仪器

(1) 实验试样　实验试样为高分子材料薄膜、片材和人造革。试样表面平整，无微裂纹、气泡、针眼、皱折、划伤杂质等缺陷。试样用方法的圆片冲刀冲切。试样直径应为杯环内径加凹槽宽度。

每一组至少取三个试样。对两个表面材质不相同的样品，在正反两面各取一组试样。对于低透湿量或精确度要求较高的样品，应取一个或两个试样进行空白实验。空白实验系指除杯中不加干燥剂的实验。

本次实验试样采用4.4.2吹塑薄膜实验中制备的低密度聚乙烯薄膜，经冲切而成。

(2) 实验仪器和试剂

① 恒温恒湿箱　温度精度为±0.6℃；相对湿度精度为±2%；风速为0.5～2.5m/s。恒温恒湿箱关闭门之后，15min内应重新达到规定的温度和湿度。

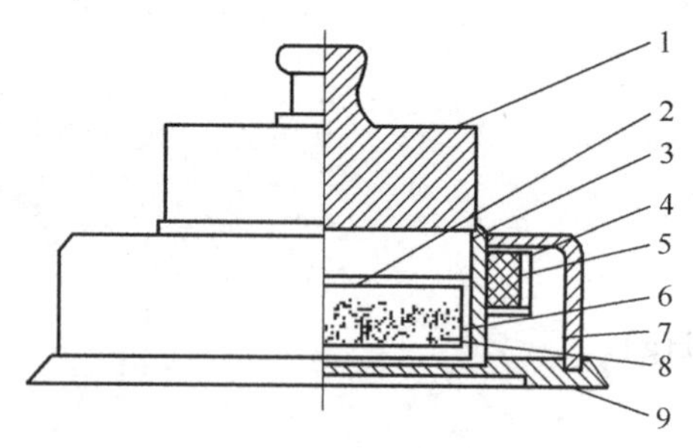

图3-48　透湿杯组装图

1—压盖（黄铜）；2—试样；3—杯环（铝）；4—密封蜡；5—杯子（铝）；6—杯皿（玻璃）；7—导正环（黄铜）；8—干燥剂；9—杯台（黄铜）

② 透湿杯　透湿杯由质轻、耐腐蚀、不透水、不透气的材料制成。有效测定面积至少为25cm²。见图3-48：

③ 分析天平　感量为0.1mg。

④ 干燥器

⑤ 薄膜厚度测量仪：精度为0.001mm；测量片材厚度精度为0.01mm。

⑥ 密封蜡　密封蜡应在温度38℃、相对湿度90%条件下暴露不软化变形。若暴露表面积为50cm²，则在24h内质量变化不能超过1mg。可由85%石蜡（熔点为50～52℃）和15%蜂蜡组成。或80%石蜡（熔点为50～52℃）和20%黏稠聚异丁烯（低聚合度）组成。

⑦ 干燥剂　无水氯化钙粒度为0.60～2.36mm。使用前应在(200±2)℃烘箱中干燥2h。

3.6.2.3 实验步骤

(1) 实验条件选择　实验条件有两种：条件A：温度(38±0.6)℃，相对湿度(90±2)%。条件B：温度(23±0.6)℃，相对湿度(90±2)%。应根据提供试样者要求或相关标准确定。

(2) 将干燥剂放入清洁的杯皿中，其加入量应使干燥剂距试样表面约3mm为宜。

(3) 将盛有干燥剂的杯皿放入杯子中，然后将杯子放到杯台上，试样放在杯子正中，加上杯环后，用导正环固定好试样的位置，再加上压盖。

(4) 小心地取下导正环，将熔融的密封蜡浇灌的杯子的凹槽中。密封蜡凝固后不允许产生裂纹及气泡。

(5) 待密封蜡凝固后，取下压盖和杯台，并清除黏在透湿杯边及底步的密封蜡。

(6) 称量封好的透湿杯。

(7) 将透湿杯放入已条好温度、湿度的恒温恒湿箱中，16h后从箱中取出，放入处于(23±2)℃环境下的干燥器中，平衡30min后进行称量。注意：以后每次称量前均应进行上述平衡步骤。

(8) 称量后将透湿杯重新放入恒温恒湿箱内，以后每两次称量的间隔时间为 24h、48h 或 96h。

注意：若试样透湿量过大，亦可对初始平衡时间和称量间隔时间做相应调整。但应控制透湿杯增量不少于 5mg。

(9) 重复上述步骤，直到前后两次质量增量相差不大于 5%时，方可结束实验。

注意：① 每次称量时，透湿杯的先后顺序应一致，称量时间不得超过间隔时间的 1%，每次称量后应轻微振动杯子中的干燥剂使其上下混合。② 干燥剂吸湿总增量不得超过 10%。

3.6.2.4 实验结果、报告与思考题

(1) 实验结果表示

①水蒸气透过量（WVT）用式（3-65）表示：

$$WVT=\frac{24\cdot\Delta m}{A\cdot t} \tag{3-65}$$

式中 WVT——水蒸气透过量，$g/m^2\cdot 24h$；

t——质量增量稳定后的两次间隔时间，h；

Δm——t 时间内的质量增量，g；对于需做空白实验的试样，在计算水蒸气透过量时，式（3-65）中的 Δm 需扣除空白实验中 t 时间内的质量增量。

A——试样透水蒸气的面积，m^2。

实验结果以每组试样的算术平均值表示，取三位有效数字。每一个试样测试值与算术平均值的偏差不超过±10%。

② 水蒸气透过系数（P_v）用（3-66）式表示：

$$P_v=\frac{\Delta m\cdot d}{A\cdot t\cdot\Delta p}=1.157\times10^{-9}\times\frac{WVT\cdot d}{\Delta p} \tag{3-66}$$

式中 P_v——水蒸气透过率，$g\cdot cm/cm^2\cdot s\cdot Pa$；

WVT——水蒸气透过量，$g/m^2\cdot 24h$；

d——试样厚度，cm；

Δp——试样两侧的水蒸气压差，Pa。

实验结果以每组试样的算术平均值表示，取两位有效数字。

注意：人造革、复合塑料薄膜、压花薄膜不计算水蒸气透过系数。

(2) 实验报告

① 注明按照本国家方法；

② 试样名称、牌号、批号、生产厂家；

③ 仪器型号，温度、湿度条件；

④ 试样的厚度和透过水蒸气的面积；

⑤ 试样的水蒸气透过量以及水蒸气透过系数的算术平均值；

(3) 思考与讨论

① 如何测定试样两侧的水蒸气压差？

② 实验过程中哪些操作因素会影响实验测定结果？

4 高分子材料成型加工实验

4.1 模压成型实验

4.1.1 热塑性塑料模压成型

4.1.1.1 实验目的与原理

(1) 实验目的　热塑性塑料硬板多数为半成品，作为热成型及二次加工的原材料，用于制作箱体、壳体、家具、防腐槽、复合装饰板等。用压制成型制备热塑性塑料硬板，在研究一些熔体黏度较大的塑料改性技术（如塑料合金、塑料复合材料、氟塑料、热固性塑料），制备材料性能测试试样时常常采用。本实验通过高速混合、双辊塑炼成片和热压成型制备 PVC 塑料硬板，加深学生理解 PVC 复合物配制及其工艺控制对产品外观和力学性能的作用，掌握压制成型特点和生产操作。

(2) 实验原理　PVC 是应用很广泛的树脂之一。单纯的 PVC 树脂是较刚硬的原料，其熔体黏度大，流动性差，虽具有一般非晶态线型高聚物的热力学状态，但 $T_g \sim T_d$ 范围窄，对热不稳定，在成型温度下会发生严重的降解，放出氯化氢气体、变色和粘住设备。因此，在成型加工之前必须加入热稳定剂、加工改性剂、润滑剂、抗冲改性剂等多种助剂。压制硬 PVC 板材生产过程包括下列工序：①混合　按一定配方称量 PVC 及各种组分，按一定的加料顺序，将各组分加入到高速混合机中进行几何分散；②双辊塑炼拉片　用双辊塑炼机将混合物料熔融混合塑化，得到组成均匀的成型用 PVC 片材；③压制　把PVC 片材放入恒温压制模具中，预热、加温加压使 PVC 熔融塑化，然后冷却定型成硬质 PVC 板材。

硬质 PVC 板材，可以制成透明的或不透明的两种类型。在配方设计中主体成分是树脂和稳定剂，适量加入润滑剂和其他添加剂，不加或少量加入增塑剂，使复合制品能够达到外观光洁，具有较高的热变形温度、冲击强度、刚性和耐化学稳定等性能。

混合工序是利用对物料加热和搅拌作用，使树脂粒子在吸收液体组分的同时，受到反复撕捏、剪切，形成能自由流动的粉状掺混物。塑炼工序是使物料在黏流温度以上和较大的剪切作用下来回折叠、辊压，使各组分分散更趋均匀，同时驱出可能含有水分等挥发气体。PVC 混合物经塑炼后，可塑性得到很大改善，配方中各组分的独特性能和它们之间的“协同作用”将会得到更大发挥，这对下一步成型和制品性能有着极其重要的影响。因此，塑炼过程中与料温和剪切作用有关的工艺参数、设备特性（如辊温、辊距、辊速、时间）以及操作的熟练程度都是影响塑炼效果的重要因素。

压制是板材成型的重要方法，正确选择和调节压制温度、压制压力、时间以及制品的冷却程度是控制板材性能的工艺措施。通常在不影响制品性能的前提下，适当提高压制温度，降低成型压力，缩短成型周期对提高压机生产效率是行之有效的；但过高的温度、过长的加热时间会加剧树脂降解和熔料外溢，致使制品颜色暗淡、毛边增多及力学性能变劣。

综上可知，PVC 塑料的组成、共混方式、加工历程是提高制品质量的关键。要生产出性能优异的 PVC 板材，除了设计一个较合理的配方外，其加料顺序、各工序的工艺参数都必须通过实验分析调整，严格控制。

4.1.1.2　原材料

(1) 树脂及改性剂　为了配制透明的和不透明的两种类型板材，按 PVC 树脂的加工特性和硬板的一般用途，选用分子量适当、颗粒度大小分布较窄的悬浮聚合疏松型树脂为宜。这类树脂含杂质少、流动性较好、有较高的热变形温度和耐化学稳定性，成本也较低廉。

由于硬质 PVC 塑料制品冲击强度低，在板配方中加入一定量的冲击改性剂（如 MBS、ABS、CPE 等）可弥补其不足。冲击改性剂的特点是：与 PVC 有较好的相容性和粘接作用，在 PVC 基体中分散均匀，形成似橡胶粒子相（如 MBS、ABS 和 ACR）或弹性网络（如 CPE）。

具有两相结构材料的透明性取决于各相的折射率是否相近。若两相折射率不相匹配，光线会在两相的分界面上产生散射，所得制品不透明。当抗冲改性剂粒子足够小时，也能使 PVC 硬板显示优良的透明性和冲击韧性。当然，PVC 配方中其他添加剂（润滑剂、稳定剂、色料等）的类型与含量对折射率的匹配也有明显影响，需全面考查调配，才能实现最佳透明效果。

(2) 稳定剂　为了防止或延缓 PVC 树脂在成型加工和使用过程中受光、热、氧的作用而降解，配方中必须加入适当类型和用量的稳定剂。常用的有：铅盐化合物、有机锡化合物、金属盐及其复合物等类型的稳定剂。各类稳定剂的稳定效果除本身特性外，还受其他组分、加工条件影响。

铅盐稳定剂成本低，光稳定作用与电性能良好，不存在被萃取，挥发或使硬板热变形温度下降等问题。但比重大、有毒、透明性差，与含硫物质或大气接触易受污染。仅适用于透明性、毒性和污染性不是主要要求的通用板材。

从热稳定作用、初期色相性和加工性能来看，硫醇有机锡是最有效的，它不仅能提供优良的透明性，同时还具有很好的相容性。在加工中不会出现金属表现沉析现象，不被硫化物污染。不过它的价格昂贵且有难闻的气味和耐候性较差的缺点，但与羧酸锡并用，可取长补短，是透明制品不可缺少的一类稳定剂。

单一的钡、钙金属盐（皂）稳定效果差，在长时间加热下出现严重变色现象，一般都不单独使用。若将它们与另一种重金属盐（如锌、镉等）适当配合，混合金属盐则产生“协同效应”，表现出明显的增效作用。此外，在钙、锌混合金属盐中加入环氧大豆油，可作无毒稳定剂；钡、镉皂与环氧油并用，不仅能改善热稳定性，而且能显著地提高耐候性。

除此之外，在 PVC 硬板的配方中，为了降低熔体黏度，减少塑料对加工设备的粘附和硬质组分对设备的磨损，应适量加入润滑剂。选用润滑剂时，除考虑必要的相容性外，还应有一定的热稳定性和化学惰性，在金属表面不残留分解物，能赋予制品以良好的外观，不影响制品的色泽和其他性能。

硬质 PVC 板材配方示例见表 4-1。

表 4-1 硬质 PVC 板材配方示例（质量份%）

原料＼品种	普通板材	透明板材
PVC(SG5,SG4)	100	100
DOP	4～6	5～7
MBS		2～4
三碱式硫酸铅	5～6	
硫醇有机锡		2～3
BaSt	1.5	
CaSt	1.0	0.2
ZnSt		0.1
ESBO		2～3
HSt		0.3
$CaCO_3$	10	
液体石蜡	0.5～1.0	
色料	0.005～0.01	

4.1.1.3 主要仪器设备

Z 型捏和机或高速混合机	1 台
SK-160B 双辊炼塑机	1 台
SL-45 压力成型机（带冷却装置）	1 台
不锈钢模板（型腔尺寸 30×30mm）	1 付
浅搪瓷盘	1 个
水银温度计（0～250）	2 支
表面温度计（0～250℃）	1 支
天平（感量 0.1g）	1 台
制样机	1 台
测厚仪或游标卡尺	1 件
小铜刀、棕刷、手套、剪刀等实验用具	

4.1.1.4 实验步骤

(1) 粉料配制

① 以 PVC 树脂 100g 为基准，按表 4-1 配方在天平上称量各添加剂质量，经研磨、磁选后依次放入配料瓷盘中（与配方核对有无差错）。

② 熟悉混合机操作规程。先将 PVC 树脂稳定剂等干粉状组分加入高速混合机中，盖上加料盖，并拧紧螺栓，开动搅拌。1～2min 后，停止搅拌，打开加料盖，缓慢加入增塑剂等液体组分，此时物料混合温度不超过 60℃。然后加盖，继续搅拌 3min 左右，当物料混合温度自动升温至 90～100℃时，即添加剂已均匀分散吸附在 PVC 颗粒表面，固体润滑剂也基本熔化时，换转速至低速，打开料闸门，将混合粉料放入浅搪瓷盘中待用，并将混合机中的残剩物料清除干净。

(2) 塑炼拉片

① 按照双辊筒机操作规程（详见该机使用说明书），利用加热、控温装置将辊筒预热

至(160±5)℃，（后辊约低 5～10℃），恒温 10 min 后，开动辊筒机，调节辊间距为 2～3mm。

② 在辊隙上部加上初混物料，操作开始后从两辊间隙掉下的物料应立即再加往辊隙中，不要让物料在辊隙下方的搪瓷盘内停留时间过长，且注意经常保持一定的辊隙存料。待混合料已粘接成包辊的连续状料带后，适当放宽辊隙以控制料温和料带的厚度。

③ 塑炼过程中，用切割装置或铜刀不断地将料带从辊筒上拉下来折叠辊压，或者把物料翻过来沿辊筒轴向不同的料团折叠交叉再送入辊隙中，使各组分充分地分散，塑化均匀。

④ 辊压约 6～8min 后，再将辊距调至 2～3mm 进行薄通 1～2 次，若观察物料色泽已均匀，截面上不显毛粒、表面已光泽且有一定强度时，结束辊压过程。迅速将塑炼好的料带成整片剥下，平整放置，按压模板框尺寸剪裁成片坯。

(3) 压制成型

① 按照压力成型机操作规程（详见该机使用说明书），检查压机各部分的运转、加热和冷却情况并调整到工作状况，利用压机的加热和控温装置将压机上、下模板加热至(180±5)℃。由压模板尺寸、PVC 板材的模压压强（1.5～2.0MPa）和压力成型机的技术参数，按公式（4-1）计算出油表压力 p（表压）。

② 把裁剪好的片坯重叠在不锈钢模板之间，放入压机工作台中心位置。启动压机，使已加热的压机上、下模板与装有叠合板坯的模具相接触（此时模具处于未受压状态），预热板坯约 10min。然后闭模加压至所需表压，当物料温度稳定到（180±5)℃时，可适当降低一点压力以免塑料过多地溢出。

③ 保温、保压约 30min，通水进行冷却，待模具温度降至 80℃以下直至板材充分固化后，方能解除压力，取出模具脱模修边得到 PVC 板材制品。

④ 改变配方或改变配制成型工艺条件，重复上述操作过程进行下一轮实验，可制得不同性能的 PVC 板材。

(4) 机械加工制备试样　将已制得的透明或不透明 PVC 板材，在制样机上切取试样，试样数量纵、横各不少于 4 个，以原厚为试样厚度，按将进行的性能测试标准制成试样。

4.1.1.5　实验结果、报告与思考题

(1) 实验结果表示　压力成型机表压 P

$$P=\frac{P_0 A\times P_{\max}}{N_{机}\times 10^3} \tag{4-1}$$

式中　P——压机油压表读数，MPa；

P_0——模压压强，MPa；

A——模具投影面积，cm^2；

$P_{\max}$——压机公称吨位，t。

(2) 配制、成型工艺参数和板材外观记录　配制、成型工艺参数和板材外观记录于表 4-2 中。

表 4-2 配制、成型工艺参数和板材外观记录

配方编号	粉料混合		辊压		压制			
	温度/℃	时间/min	温度/℃	时间/min	模板温度 上/℃，下/℃	表压/MPa	时间/min	模板压强/MPa
1								
2								
3								
4								
5								

（3）实验报告　实验报告应包括下列内容：

① 原材料牌号、生产厂家和日期；

② 实验设备型号、生产厂家和主要性能参数；

③ 实验工艺参数和板材外观记录表；

④ 实验操作步骤及工艺调节；

⑤ 实验现象记录及原因分析；

⑥ 对实验的改进意见；

⑦ 解答思考题。

（4）思考题

① PVC 配方中个组分的作用。透明和不透明配方的区别是什么？

② 压制的工艺控制参数对 PVC 硬板的性能和外观有何影响？举例说明。

③ 原料牌号对 PVC 硬板的性能和外观有哪些影响？

4.1.2 热固性塑料模压成型

4.1.2.1 实验目的与原理

（1）实验目的

① 了解模压成型热固性塑料的原理和工艺控制过程；

② 加深理解塑料模塑粉配方以及模压成型工艺参数对热固性塑料模压制品性能及外观质量的影响；

③ 了解酚醛模塑粉中各组分的作用以及配方原理。

（2）实验原理　热固性塑料的模压成型是将缩聚反应到一定阶段的热固性树脂及其填充混合料置于成型温度下的压模型腔中，闭模施压。借助热和压力的作用，使物料一方面熔融成可塑性流体而充满型腔，取得与型腔一致的形样，与此同时，带活性基因的树脂分子产生化学交联而形成网状结构。经一段时间保压固化后，脱模，制得热固性塑料制品的过程。

在热固性塑料模压成型过程中，温度、压力和在压力下的持续时间是重要的工艺参数。它们之间即有各自的作用又相互制约，各工艺参数的基本作用和相互关系如下：

① 模压温度　在其他工艺条件一定的情况下，热固性塑料模压过程中，温度不仅影响其流动状态而且决定成型过程中交联反应的速度。如图 4-1 所示，不同温度下的流量变化反映出聚合物交联、固化的进程。由此看出，高温有利于缩短模压周期，改善制品物理-力学性能。但温度过高，熔体流动性会降低以致充模不满，或表面层过早固化而影响

水分、挥发物排除，这不仅要降低制品的表观质量，在启模时还可能出现制品膨胀、开裂等不良现象。反之，模压温度过低，固化时间拖长，交联反应不完善也要影响制品质量，同样会出现制品表面灰暗、粘模和力学强度下降等问题。

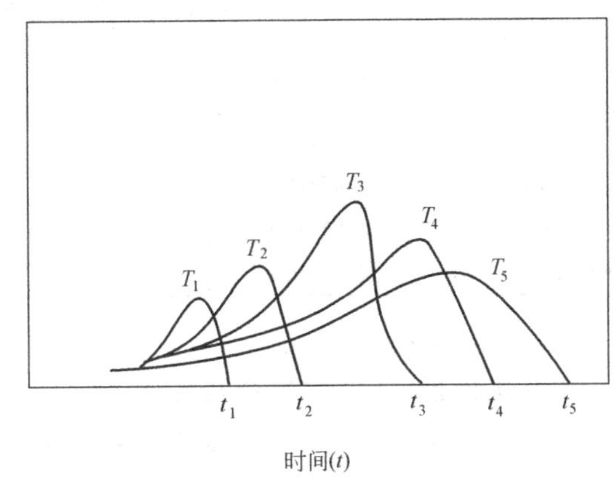

图 4-1 在不同温度下热固性塑料流动与固化的关系
温度 $T_1>T_2>T_3>T_4>T_5$

② 模压压力　模压压力的选择取决于塑料类型、制品结构、模压温度及物料是否预热诸因素。一般来讲，增大模压压力可增进塑料熔体的流动性、降低制品的成型收缩率、使制品更密实；压力过小会增多制品带气孔的机会。不过，在模压温度一定时，仅仅就增大模压压力并不能保证制品内部不存在气泡，况且，压力过高还会增加设备的功率消耗，影响模具的使用寿命。

③ 模压时间　指压模完全闭合至启模这段时间，模压时间的长短也与塑料的类型、制品形样、厚度、模压工艺及操作过程有密切关系。通常随制品厚度增大，模压时间相应增长，适当增长模压时间，可减少制品的变形和收缩率。采用预热如、压片、排气等操作措施及提高模压温度都可缩短模压时间，从而提高生产效率。但是，倘若模压时间过短，固化未完全，启模后制品易翘曲、变形或表面无光泽，甚至影响其物理力学性能。

除此之外，塑料粉的工艺特性、模具结构和表面粗糙度等都是影响制品质量的重要因素。

表 4-3 列出酚醛塑料模压成型工艺条件，可供实验参考。

表 4-3　酚醛塑料模压成型工艺条件

条件 / 试样类别	预热条件		模压条件		
	温度/℃	时间/min	温度/℃	压力/MPa	时间/min
电气(D)	135～150	6～3	160～165	25～35	6～8
绝缘 V165	150～160	6～10	150～160	25～35	6～10
绝缘 V1501	140～160	4～8	155～165	25～35	6～10
高频(P)	150～160	5～10	160～170	40～50	8～10
高电压(Y)	155～165	4～10	165～175	40～50	10～20
耐酸(S)	120～130	4～6	150～160	25～35	6～10
耐热(H)	120～150	4～8	155～165	25～35	6～10
冲击 J1503	125～135	4～8	165～175	25～35	6～10
冲击 J8603	135～145	4～8	165～175	25～35	6～10

注意：板材厚度为 3.5～10mm，厚度小，压制工艺参数取较小值。

4.1.2.2　实验原材料与仪器设备

（1）实验原材料　酚醛树脂（或其改性树脂）与填料及其他添加剂所组成的热固性塑料粉。

本实验采用酚醛树脂模塑粉配方见表 4-4。

表 4-4 实验用酚醛树脂模塑粉配方

原材料	生产厂家	质量份数	原材料	生产厂家	质量份数
酚醛树脂(02)	重庆合成化工厂	100	硬脂酸锌	重庆长江化工厂	1.5
六次甲基四胺	上海化学试剂厂	13	炭黑	自贡市炭黑研究所	0.6
轻质氧化镁	北京建材化工厂	3	云母	绵竹云母厂	100
硬脂酸镁	重庆长江化工厂	2			

(2) 主要仪器设备

公称吨位 200～500KN 油压机　　1台

称动式压模(包括长条、圆板试样模具)　　1套

水银温度计(0～250)　　2支

天平(感量 0.5g)　　1台

脱模器、铜刀、石棉手套等实验用具

本实验采用 QLB-D400mm×400mm×2mm 平板硫化机，该机由机身、液压控制、油箱、电器控制等四大部分组成。

该机备有手、半自动操作方式，其中、下两块加热平板可上下移动调节其间距。模压时平板的加热，平板的上、下动作，模具排气以及保压等油泵电机的开启过程均由电器控制屏上的开关、按钮、指示灯所控制和显示。

QLB-400mm×400mm×2mm 平板硫化机主要技术参数

公称压力　490kN

工作液最高压力　10MPa

活塞杆直径　250mm

热板规格　400mm×400mm

最高使用温度　200℃

温度分布　中心区域 320mm 范围内加热 60min，任两点温差≤±5℃

热板单位面积压力　3MPa

工作台快速上升速度　≥15mm/s

工作台慢速上升速度　≯2mm/s

工作台下降速度　≥10mm/s

4.1.2.3 实验步骤

(1) 塑料粉配制　按表 4-4 配方称量，将各组分放入捏和机中，搅拌 30min 后，将塑料粉装入塑料袋中备用。

(2) 塑料粉工艺性能检测

① 塑料粉表观密度的测定(方法见 2.5.1 粉末表观密度的测定)

② 拉西格流动性的测定(方法见 2.5.2 拉西格流动性的测定)

(3) 压制成型

① 熟悉 QLB-D400mm×400mm×2mm 平板硫化机的基本结构和运转原理，了解压机在手动、半自动状态下的操作程序。

② 根据塑粉工艺性能、制品尺寸以及制品使用性能，参照表 4-3，拟定模压温度、压

力和时间等工艺条件，由模具型腔尺寸和单位压力分别计算出所需的塑粉量和模压压力，并结合实验用压机吨位计算出模压时压机的油表压力（表压）。

③ 接通电源，检查压机各部分的运转、加热情况是否良好，并及时调节到工作状态。根据工艺要求设定排气次数和模压时间，将电接点压力表指针调至拟定的放气，保压位置。

④ 将移动压模置于压机上预热到模压温度（预热时应注意压机热板与压模接触），然后在脱模器上将压模脱开，用棉纱擦拭干净并涂以少量脱模剂。随即把已计量的塑料粉（必要时应按规定预热）加入模腔内，堆成中间稍高的形式，合上上模板再置于压机热板中心位置。

⑤ 把手动/自动开关板向自动位置，触动循环按钮，自动过程即开始。液压活塞推动下压板上升。合模后，系统压力升至设定位置，模具自动完成排气过程，然后继续升压至要求的油表压力。

⑥ 按工艺要求保压一定时间后，电机自动启动解除压力，中、下压板降至原位。带上手套将压模移至脱模器上脱开模具，取出制品，用铜刀清理干净模具并重新组装待用。

⑦ 改变工艺条件，重复上述操作过程，再次进行模压实验。

4.1.2.4 实验结果、报告与思考题

（1）实验结果表述　记录下列实验内容

① 原料牌号、规格、生产厂家名称；

② 实测塑料粉工艺特性；

③ 计算塑料粉用量及压机表压；

④ 模具结构尺寸；

⑤ 模压成型工艺条件；

（2）实验报告　实验报告应包括下列内容：

① 原材料牌号、生产厂家和日期；

② 实验设备型号、生产厂家和主要性能参数；

③ 实验工艺参数记录表；

④ 实验操作步骤及工艺调节；

⑤ 实验现象记录及原因分析；

⑥ 酚醛模塑板性能和外观分析；

⑦ 对实验的改进意见；

⑧ 解答思考题。

（3）思考题

① 模压温度、压力和时间对制品质量有何影响？你在实验中是如何思考和处理它们之间的关系的？

② 热固性塑料模压过程中为什么要进行排气？其模压过程与热塑性塑料的模压成型有何差别？

③ 酚醛模塑粉中各组分的作用是什么？

4.2 挤出成型实验

挤出成型是最重要的高分子材料成型方法之一。挤出成型塑料制品产量占所有塑料制品总产量的一半以上。利用挤出成型方法生产的制品不仅有纯塑料管材、棒材、板材、异型材、丝、网、膜、带、绳等，而且还包括由塑料与其他非塑料共同组成的复合制品，如电线电缆、铝塑复合管材及密封嵌条、增强输送带、钢塑窗型材、轻质隔墙板等。

挤出成型是连续性生产过程，由挤出机（主机）、机头（口模）和辅机协同作用完成。挤出机有单螺杆挤出机和多螺杆挤出机之分，后者是在前者基础上发展起来的，目前两者均较常用。挤出机在成型过程中的作用是熔融塑化和输送原料。机头构成熔体流道，引导聚合物分子优先排列，形成适当的结构分布，赋予熔体一定的几何形状和密实度。辅机包括定型装置、冷却装置、牵引装置、切割装置、检测仪器和堆放装置等。定型装置和冷却装置的作用在于将熔体结构形态确定保留下来。牵引装置除了引离挤出物，维持连续性生产外，还有调节聚合物熔体分子取向作用，控制制品尺寸和物理力学性能的作用。因此，决定挤出成型制品质量的重要因素为塑料材质、设备结构和工艺控制参数。

塑料材质系指聚合物品种、分子量及其分布、大分子序列结构、支化结构、改性聚合物种类及其用量、塑料添加剂种类和用量，以及因生产聚合物合成方法导致树脂聚集态结构的差异等。选用不同树脂或树脂牌号，或配用不同的改性塑料或塑料助剂，生产所得产品性能则相差很大。

挤出成型不同截面几何形状的制品需要配用不同结构的挤出机、机头和辅机。不同原材料的挤出成型的工艺控制参数不同；同一种原材料生产不同规格制品的工艺控制参数也不尽相同。这里通过高分子材料管材、型材和单丝简单制品的成型实验，加深大家对挤出成型及其相关制品生产的认识。

4.2.1 普通聚乙烯管材

4.2.1.1 实验目的与原理

（1）实验目的

① 了解普通聚乙烯管挤出成型原理、挤出机和挤管辅机工作特性、挤出成型工艺参数对制品质量的影响；

② 掌握挤出成型操作过程。

（2）实验原理　本实验原理为：将高密度聚乙烯（HDPE）加入单螺杆挤出机中，经加热、剪切、混合及排气作用，HDPE 塑化成均匀熔体，在螺杆挤压下，熔体通过圆环形口模成型、真空冷却定型，最终成为 HDPE 管材。

挤出生产管材所用设备的结构和工艺控制参数对制品质量和生产效率的影响如下：

挤出机螺杆和料筒结构直接影响塑料原料的塑化效果、熔体质量和生产效率。单螺杆挤出机与双螺杆挤出机相比，其塑化能力、混合作用和生产效率相对较低，但是投资少，维修方便。使用单螺杆挤出成型 HDPE，尤其是熔体流动速率很小的牌号，应选用新型螺杆；普通突变型单螺杆挤出成型适用于普通的有明显熔点的结晶性塑料，如 PA。双螺杆挤出机主要用于高速挤出、高效塑化、大挤出量及复合材料管材成型。

机头典型结构分三种：直通式、直角式和偏心式机头。直通式机头适用于普通小管成型，其他两种适用于对内在质量要求较高的大中管材成型。口模和模芯是分别成型管材的外表面和内表面的部件。为了获得精确的几何尺寸和优良的外观质量，应根据塑料性质设计机头结构，对于聚烯烃而言，口模直径和芯模直径为管径的（0.9～2）倍，拉伸比（口模和芯模所形成空间的截面积与挤出管材截面积之比）为1～1.5。口模和芯模的定型长度相同，一般为管材外径的（0.5～3）倍，且与熔体接触零部件表面的光洁度要高。

辅机结构设计已标准化，我国部分塑料机械厂生产管材辅机的技术规格及参数见表4-5。

表 4-5 管材辅机标准（草案）基本参数

辅机规格	40		90		150		
管材外径/mm	10～40	25～63	40～110	63～160	125～200	160～280	200～400
配用螺杆直径/mm	35	45	65	90	120	150	200
冷却方式	浸浴式		浸浴式		喷淋式		
冷却槽长度/ mm	1500		3000		4000		
牵引管径范围/ mm	10～75		35～170		120～450		
牵引速度/m×min^{-1}	0.2～2		0.15～1.5		0.1～1		
驱动功率/kW	0.8		1.1		2.2		
切割方式	圆盘锯		圆盘锯		行星锯		
切割管径范围/mm	～170		～170		120～450		
辅机中心高/mm	1000		1000		1100		

挤出工艺控制参数包括挤出温度（料筒、机头）、挤出速率、口模压力、冷却速率、牵引速率、拉伸比、真空度等。对于单螺杆挤出机而言，物料熔融所需的热量主要来自料筒外部加热，挤出温度应在塑料黏流温度（T_m、T_f）至热分解温度范围之间，温度设置一般从加料口至机头呈逐渐升高，最高温度较塑料热分解温度 T_d 低 15℃以上。各段温度设置变化范围不超过 60℃。挤出温度高，熔体塑化质量较高，材料微观结构均匀，制品外观质量较好，但是挤出产率较低，能源消耗量大，所以挤出温度在满足制品质量要求的前提下应尽可能低。挤出速率同时对塑化质量和挤出产率起决定作用，对给定的设备和制品性能来说，挤出速率可调的范围则已定，过高的增加挤出速率，追求高产率，只会以牺牲制品质量为代价。挤出过程中，需冷却的部位包括料斗、螺杆、定型套、冷却水箱等。对于 PE 塑料，一般不需螺杆冷却，料斗下方应通冷却水，防止 PE 过早熔化粘接搭桥。定型套用温水（30～50℃）较好，或空气冷却后再进行定型。为了排除管材中的余热，管材应进入冷却水箱冷却。牵引速率应与挤出速度相匹配，以达到制品尺寸精度和性能要求为准。用真空定型套定型时，适当真空度既能使管坏紧贴定型套，表面光洁，又能节约能源。

总之，应根据塑料加工特性、管材大小、壁厚和使用性能指标，经反复实验后方可优化出最佳挤出工艺参数。

塑料管材小知识 塑料管材与金属、水泥等传统材料管相比，具有质轻、耐腐蚀、导热系数低、绝缘性能好、内壁不结垢、流动阻力小、不生锈、不生苔、易着色、易加工、不需涂装、施工安装和维修方便等特点。早在 20 世纪 30 年代，一些工业发达国家就开始生产使用塑料管，其发展速度很快。1980 年～1990 年塑料管使用量以每年 8%的速度增长，居各类材料管道使用增长率之首。目前塑料管已成为最大的管道品种。常见塑料管材种类有：硬聚氯乙烯（PVC-U）、聚乙烯、聚丙烯、ABS、聚丁烯-1（PB）等，其中

PVC-U 管用量最大。据报道，1995 年，PVC-U 管道人均消费量：美国 8.3kg，日本 4.27kg，西欧 4.18kg，加拿大 4.07kg；聚烯烃管道人均消费量西欧较高（4kg），美国 HDPE 管道人均消费量 1.38kg，ABS 管道人均消费量 0.23kg。我国在 20 世纪 50 年代后期开始生产 PVC 软管，20 世纪 60 年代初开始生产 PVC 硬管、PE 管和 PP 管。现已能生产排水管、雨水管、给水管、供水管、穿线管、复合塑料管、燃气管、化工管、发泡管和微滴灌管等多种塑料管。2003 年，我国塑料管道总产量达 150 万吨，其中 PVC-U 82 万吨，占 55%；PE 管 60 万吨，占 40%；PP 管 7.5 万吨，占 5.0%，其他占 5%。

聚乙烯管包括普通聚乙烯管和交联聚乙烯管。普通聚乙烯管又称通用性聚乙烯管，多数采用高密度聚乙烯（HDPE）制得。它是乳白色，具有半透明、柔韧、无毒等特点，其耐腐蚀性，电绝缘性，耐寒性能和抗冲击性能优越，广泛用作自来水管、排污管、农田排灌管、化工管道，及地下电缆等电器绝缘套管。

4.2.1.2 原材料与主要仪器设备

(1) 原材料 生产普通聚乙烯管材一般直接采用专用牌号的高密度聚乙烯（HDPE）作为原料。MFR＝0.1～7g/10min。对于医用管材，选用医用级树脂即可。有些管材因有耐老化、安全识别等要求，需加入色母粒、光和氧稳定剂及加工助剂。

本次实验采用大庆石油化工总厂烯烃厂生产的牌号为 6100M 和 5000S 的 HDPE 作为原材料。

(2) 主要仪器设备

ϕ45 同向旋转双螺杆挤出机（武汉塑机厂）	1 台
ϕ15×2mm 直通式管口模（自制）	1 套
真空冷却定型套（自制）	1 付
[内径 ϕ＝(15.5±0.5)mm，定型套长度为 100mm]	
履带式牵引机（晨光塑模机械厂）	1 台
冷却水槽（长×宽＝3m×0.3m）（自制）	1 个
堆料架（自制）	1 个
手锯	1 把
水银温度计、手套	数支

4.2.1.3 实验操作步骤及说明

(1) 挤出机预热升温。依次接通挤出机总电源和料筒加热开关，调节加热各段温度仪表设定值至操作温度。当预热温度升至设定值后，恒温 30～60min（以手动盘车轻快为宜）。挤出操作温度分五段控制，机身：供料段 100～120℃，压缩段 130～150℃，计量段 150～160℃；机头：机颈 155～165℃，口模 170～180℃。

(2) 检查冷却水系统是否漏水，真空系统是否漏气。拧开水阀。高密度聚乙烯挤出管材的冷却速度应缓慢，使管子表面光泽好。

(3) 启动油泵电动机，约 5～10min 后，将主电动机调速旋钮调至零位，然后启动主电动机。调速过程要缓慢、均匀，转速逐渐升高、要注意主电动机电流的变化，一般在较低的转速（如 20～30r/min）下运转几秒，待有熔融的物料从机头挤出后，再继续提高转速。

(4) 启动喂料系统　首先将喂料机调速按钮调至零位，关闭料斗下方出料闸板，把6100M牌号的HDPE倒入料斗，然后打开出料闸板，启动喂料电动机，调整喂料电动机的转速，在调速过程中密切注意主电动机电流的变化，要适当控制喂料量（由喂料电机的转速决定），以避免挤出机负荷过大；随着主机转速的提高，喂料量可适当增加。

(5) 将挤出管坯通过真空定型套、水槽，引上牵引机。

(6) 启动真空系统，调节真空度至0.06MPa。

(7) 启动牵引装置及切割等辅助装置，用游标卡尺测量管子直径和壁厚，调节真空度、牵引速度和挤出速度等直到挤出管子尺寸符合要求。

(8) 当挤出管材基本符合要求之后，切取数米长管子，检测其内外壁光泽、抗破坏性实验。

(9) 改变挤出速率、牵引速率和挤出温度，观察管材尺寸、外观质量和抗破坏性变化。

(10) 更换5000S牌号的HDPE树脂重复以上实验。

实验结果、报告与思考题

(1) 实验结果表示

① 记录挤出工艺条件（温度、螺杆转速、加料速度、真空度、牵引速度）。

② 观察挤出过程的不稳定现象，记录工艺参数改变后，管子尺寸和外观的变化。

③ 记录HDPE牌号不同，挤出成型的工艺条件和管材外观的差别。

(2) 实验报告

实验报告应包括下列内容：

① 原材料牌号、生产厂家和日期；

② 实验设备型号、生产厂家和主要性能参数；

③ 实验工艺参数记录表；

④ 实验操作步骤及工艺调节；

⑤ 实验现象记录及原因分析；

⑥ 管材性能和外观分析；

⑦ 对实验的改进意见；

⑧ 解答思考题。

(3) 思考题

① 影响HDPE管的表面光泽度的工艺因素有哪些?

② 真空度对HDPE管的尺寸和力学性能有何影响?

③ 改变牵引和挤出速度，管子产量和质量有何变化，实验的最佳控制如何?

④ 原料牌号对挤出物性能和外观有哪些影响?

4.2.2 医用高分子导管的成型及性能测试

4.2.2.1 实验目的与原理

(1) 实验目的

① 了解双螺杆挤出机基本结构、基本操作和安全技术措施。

② 了解医用导管的化学性能、物理性能和生物性能以及医用材料的主要技术指标。

(2) 实验原理　制备医用导管大多采用挤出成型加工方法。挤出成型是将医用高分子材料在挤出机料筒内，借助料筒外部加热和螺杆旋转的剪切挤压作用使其熔化，同时在压力推动下熔体通过成型口模连续地挤出。所挤出的管状经芯棒内定型、牵引冷却定型得到管制品。

医用高分子材料的化学结构、物理性能对挤出过程及挤出制品的性能有很大影响，首先是固态粒料的性能，如粒料大小、形状、真实密度、松密度以及摩擦系数；其次是从固态受热转变为黏流态的热性能，如熔点、分解温度、热导率、比热容、扩散热系数、诱导时间等；再其次是加工的流变性能。这些都是在挤出过程中对制品质量有重要影响的因素。

医用高分子导管小知识 医用高分子是一种十分重要的材料，在医学领域中得到广泛的应用。从药品、药剂的包装，到一次性医疗器械（如点滴瓶、注射器、导管等）的应用，随着医疗水平的提高，医用高分子材料具有相当的发展空间。目前市场上主要使用的有 PVC（聚氯乙烯）、PE（聚乙烯）、PS（聚苯乙烯）、PPC（聚丙酯）、PMMA（聚甲苯丙烯酸甲酯）、PU（聚氨酯）等医用塑材。作为医用材料，医用塑料应具备有优良的化学性能、物理力学性能、生物性能以及血相容性等，制品的原材料和成品的质量指标必须符合国家 GB/T 1688.1—1997 和有关相应的标准，才有保证使用的安全性。

4.2.2.2 实验原料与仪器设备

(1) 实验原料 医用聚乙烯或聚丙烯，医用聚乙烯专用料的技术要求如下：

① 物理力学性能 医用聚乙烯专用料的物理力学性能见表 4-6。

表 4-6 医用聚乙烯专用料的物理力学性能指标

项 目	指 标	项 目	指 标
密度/(g/cm³)	≥0.904	弯曲模量/MPa	≥1000
熔体流动速率/(g/10min)	5～15	悬臂梁冲击强度/(J/m)	≥25
拉伸屈服强度/MPa	≥20		

② 化学性能 专用料的水浸液与空白对照液 pH 之差不得超过 1.0。

③ 重金属 专用料的水浸液中重金属总含量不得超过 2μg/mL。

④ 生物性能 专用料应无明显毒性；无溶血作用；无细胞毒性；无刺激性。

(2) 主要仪器设备

双螺杆挤出机	1 台
模具机头	1 套
牵引冷却装置	1 套
卷取装置	1 套

4.2.2.3 实验步骤

(1) 根据医用聚乙烯专用料熔体流动速率，初步确定挤出温度控制范围。

(2) 按照挤出机操作规程，检查机器各部分的运转，加热冷却是否正常。待各段预热到要求的温度时，应拧紧机头部分的衔接螺钉。保温 20min 以后再加料。

(3) 开动主机，在慢速运转下先少量加入医用导管材料，并注意电流计和进料情况，待熔料挤出后，立即将挤出物慢慢引上冷牵引装置（带上手套操作）。并开动这些附属设备，使螺杆转速逐渐向工作速度平滑上升。然后，根据控制仪表的指示值和工艺条件的要求，将各部分作相应的调整以达到正常操作参数。

（4）注意观察挤出导管制品的外观质量，并记录挤出制品质量合格的螺杆转速及其他工艺条件。

（5）实验完毕，逐渐减速停车立即清洗机头和衬套中的残留料。

4.2.2.4 实验结果、报告与思考题

（1）实验结果的表述

① 原材料表观性能测试 原材料表观性能测试按附加说明进行，测试结果填入表4-7中。

表4-7 原材料表观性能测试结果

项目 次数	水分/%	表观密度/(g/mL)	粗糙度	耐腐蚀性
1				
2				
3				
4				
5				
平均值				

② 导管挤出成型工艺条件及观察现象 将导管挤出成型工艺条件及观察现象填入表4-8中。

表4-8 导管挤出成型工艺条件及观察现象

	料面		机头		
	1区	2区	3区	4区	5区
初始温度/℃	90～100	100～140	140～160	140～160	140～160
正常挤出温度/℃					
挤出速度/(r/min)	10				
牵引速度/(r/min)	10～12				
定型分离几模距离/cm	～5				
真空度/MPa	0.02～0.04				
观察现象			原因分析		

作为医用导管应做生物学评价，具体应用治疗的某个部位，应按国家标准GB/T 1688.1—1997评价指南中的相应标准进行评价试验。这部分内容只作为了解。根据各自的实际条件可做相应的测试试验。

（2）实验报告 实验报告应包括下列内容：

① 原材料牌号、生产厂家和日期；

② 实验设备型号、生产厂家和主要性能参数；

③ 原材料表观性能测试表和实验工艺参数记录表；

④ 实验操作步骤、导管挤出成型工艺条件及观察现象；

⑤ 对实验的改进意见；

⑥ 解答思考题。

（3）思考题

① 影响挤出导管制品均匀，表面光滑平整的主要因素有哪些？

② 挤出过程中，应从哪些条件来保证得到质量良好的导管制品。

③ 医用导管有哪些特殊要求。

④ 医用制品的原材料应有哪些主要技术指标？

附：主要测试方法

(1) 原料中的水分含量　原材料中水分含量和挥发物含量过多时，会影响制品的成型性能和制品外观及物理性能。因此测定和控制其原料中的水分含量是导管制品成型过程中的一项重要技术指标。本实验采用干燥失重法测定原料的水分含量。

① 仪器及原料

称量瓶	2 只
天平（最小称量为 0.0001g）	1 台
恒温烘箱	1 台
原料	20g

② 实验步骤　将称量瓶编号称重（准确至 0.0001），然后称取 5g（准确定 0.0001g）原料放入称量瓶中，在 100～105℃的恒温干燥中保持 2h。将称量瓶取出放入干燥器中冷却 0.5h，再称重。

③ 含水量 x（%）按下式计算：

$$x\% = \frac{W_1 - W_2}{W} \times 1200 \tag{4-2}$$

式中　W_1——干燥前试样加称量瓶的质量，g；

W_2——干燥后试样加称量瓶的质量，g；

W——干燥前试样的质量，g。

求两份试样中 x 量的算术平均值（取二位有效数）。

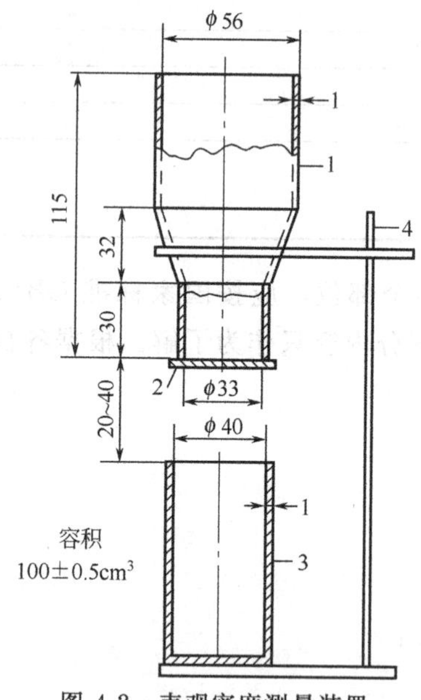

图 4-2　表观密度测量装置

1—漏斗；2—挡料板；3—测量圆筒；4—支架

(2) 表观密度的测量　粉料、粒料在自然堆砌时，单位体积内的原料重量叫表观密度，它与原料形态和湿含量有关，表观密度对于评价塑料的相对松散性或体积有一定价值。

① 仪器及原料

表观密度测定仪	1 套
天平（感量为 0.1g）	1 台
200mL 量筒	1 只
试料（聚乙烯）	400mL

② 按图 4-2 安装好表观密度测定仪，并用插片关闭漏斗出口

③ 称受器质量（准确至 0.1g）并用量筒取试样 120mL，倒入漏斗，取出插片，让试样自由落入受器中，并用直尺沿受器口刮平试料。

④ 称盛有试料的受器质量（准确至 0.1g），同批做三次，测过的试料应弃去。

⑤ 结果表示　试料的表观密度 D（g/mL）按下式计算

$$D=\frac{W-W_1}{V} \tag{4-3}$$

式中　W——受器加试料的质量，g；

W_1——受器的质量，g；

V——受器的体积为（100±0.5）mL。

求三次 D 的算术平均值。

（3）外表面粗糙度　用正常和矫正视力在无放大条件检验时，导管（包括管壁）及其附件应光滑无毛刺，表面平整，无模压或挤压缺陷。

在2.5倍的放大条件下拉伸时导管及其附件应无外来杂质。

（4）耐腐蚀性能　将导管或附件浸入柠檬酸溶液中，在放入沸腾的蒸馏水中，最后目测检验腐蚀现象。

仪器和试剂：

柠檬酸单水化合物水溶液（分析片），浓度为100g/L。

蒸馏水或去离子水，符合GB 6682中三级水要求。

硅硼玻璃烧杯。

实验步骤：将导管或附件浸入柠檬酸溶液中，室温放置5h，取出后浸入沸水中30min，冷却至室温并放置48h，取出导管或附件晾干。目测检验腐蚀迹象，记录发生的腐蚀现象。

4.2.3　异型材

4.2.3.1　实验目的与原理

（1）实验目的

① 了解聚氯乙烯配方、原料配制工艺及挤出工艺参数对异型材性能和外观的影响；

② 掌握包括配料在内的异型材生产线的操作控制。

（2）实验原理　本实验原理为：按一定配方称量，依适当顺序添加PVC各组分入高速混合机中混合，配制PVC混合粉料。将PVC混合粉料加入双螺杆挤出机中，经加热、剪切、混合及排气作用，PVC混合粉料塑化成均匀熔体，并在双螺杆强制挤压下，通过口模挤出，冷却定型成PVC型材。

塑料异型材小知识　异型材是指横截面为非简单的几何形状的型材。异型材种类繁多，有软质、硬质之分，不发泡与低发泡之分。其品种以聚氯乙烯为主，也有聚烯烃、聚苯乙烯、ABS、聚甲基丙烯酸酯、工程塑料以及聚氨酯、不饱和聚酯等热固性塑料等。异型材按断面形状可分为以下几类。

① 敞口型异型材　敞口型异型材是指横截面上的几何图形周边带缺口的型材异型材。其主要制品有住宅天花板围条、住宅门槛、天花板分型条、窗框、长凳板条、雨水槽（管）、配线槽等硬聚氯乙烯制品，也有采用聚甲基丙烯酸甲酯、聚碳酸酯、聚酰胺和聚芳酯等工程塑料制成的异型材如透明性高、刚性大的聚碳酸酯照明罩、窗档玻璃刮雨水器、耐热、耐酸碱、耐热水性优异的改性聚苯撑氧烟雾消除器叶片等。除以上硬制品外，还有软质聚氯乙烯嵌条，如铝门窗玻璃嵌垫、皮箱包边牙子、家具镶边等。

② 中空异型材　中空异型材顾名思义，是指内部为空心的异型材。主要制品有聚氯乙烯框和中空板材等建材构件。使用双层玻璃的硬质聚氯乙烯窗框是节药资源的一个重要

措施，需求量急剧增加。采用硬聚氯乙烯、聚碳酸酯和聚甲基丙烯酸甲制造的中空板材和双层表皮片材可以提高隔热效果、隔音效果和采光性，而且质量轻，广泛用于室内游泳池顶棚、园艺温室和太阳能集热器等。

③ 实心异型材　典型的实心异型材有圆棒、方棒、超厚壁管、厚板等。这些异型材大多用作各种机械部件的坯料或直接用作建材构件。耐磨耗性优异的超高分子量聚乙烯导轨就是实心异型材的一个实例。制造实心异型材所用的树脂有高密度聚乙烯、超高分子量聚乙烯、聚丙烯、硬聚氯乙烯、聚甲基丙烯酸甲酯、聚酰胺、聚碳酸酯、聚甲醛树脂以及改性聚苯撑氧、聚砜和聚芳酯等树脂。

除以上几类外还有复合型异型材。在各类异型材挤出成型中，软、硬 PVC 异型材挤出较为典型，应用也最广泛。硬 PVC 异型材大量用于塑料门窗。

塑料门窗异型材开发研究最早于 20 世纪 50 年代后期在德国进行，之后欧洲各国、美国、加拿大、日本等国随之跟进。20 世纪 70 年代以前塑料门窗异型材处于开发研制阶段，发展缓慢。20 世纪 80 年代以后，世界塑料门窗型材年产量及应用才得到迅速发展。到 1997 年，全球塑料门窗的平均生产率年增长速度达到 8%，产量达 110 万吨，塑料门窗的市场平均占有率欧洲达到 50%以上，美国和日本均达到 40%以上。我国于 20 世纪 80 年代开始引进德国设备，进行塑料异型材开发研制，到了 90 年代后，在国家政策大力扶持下，发展非常迅速。2003 年已形成年产塑料异型材能力 180 万吨，产量约 80 万吨，其中引进设备约占 1/2 ，已形成了一批达到国际先进水平的大型企业。

4.2.3.2　原材料与仪器设备

(1) 原材料　本次实验采用白色硬质 PVC 粉状混合料作为原材料，其配方见表 4-9。清机料配方见表 4-10。

表 4-9　白色硬质 PVC 窗压条中空异型材配方

原　料	生产厂家	质量份数	原　料	生产厂家	质量份数
PVC(SG4)	宜宾天原集团	100	PE 蜡	重庆长江化工厂	1.0
三盐碱式硫酸铅	重庆长江化工厂	4.0	钛白粉	重庆渝钛白有限公司	4.0
二盐碱式亚磷酸铅	重庆长江化工厂	1.0	轻质碳酸钙	都江堰碳酸钙厂	4.0
硬脂酸	重庆长江化工厂	0.3	CPE	兰州石化	7.0
硬脂酸钡	重庆长江化工厂	0.5	ACR401	苏州安利化工厂	3
硬脂酸锌	重庆长江化工厂	0.5			

表 4-10　清机料配方

原　料	生产厂家	质量份数	原　料	生产厂家	质量份数
PVC(SG4)	宜宾天原集团	100	聚乙烯蜡	重庆长江化工厂	0.8
三盐碱式硫酸铅	重庆长江化工厂	6.0	石蜡	重庆长江化工厂	1.0
二盐碱式亚磷酸铅	重庆长江化工厂	2.0	轻质碳酸钙	都江堰碳酸钙厂	15.0
硬脂酸	重庆长江化工厂	0.8			

注意：各种原料应保持干燥状态，若出现原料变色、结块、潮润等现象，应在使用前进行干燥、研磨处理。

PVC 混合料应准备 70kg 以上，清机料 20kg 以上。

(2) 主要仪器设备

ϕ45 锥形异向旋转双螺杆挤出机（张家港华明塑机厂生产） （螺杆转速 3～35r/min，加料转速 3～47r/min）	1 台
异型 PVC 窗压条机头	1 套
2.5×0.3m 冷却槽	1 个
真空定型套	1 个
履带式牵引机	1 台
圆片式切割机	1 台
铜刀、五金工具、剪刀	各 1 套
线手套	数双

4.2.3.3　实验操作步骤及说明

(1) 了解原料各组分的性能和在配方中的作用，熟悉双螺杆挤出机的工作原理及操作步骤。绘制挤出工艺条件表及实验观察结果（参见表 4-11）。

(2) 按表 4-9 配方称量各组分，先将树脂和热稳定剂倒入高速混合机中混合，2min 后，加入除蜡状润滑剂之外的其他助剂混合，当温度升至约 80℃左右时，再加入蜡状润滑剂，直到温度升至 100～105℃时，将混合物料放入冷混机中，搅拌至温度低于 50℃时出料。

表 4-11　白色硬质 PVC 窗压条中空异型材挤出工艺条件及实验观察

加热部位		料筒				机头		
		1 区	2 区	3 区	4 区	5 区	6 区	7 区
初始挤出温度/℃		167	172	180	175	167	182	182
正常挤出温度/℃								
挤出速度/r/min		10						
加料速度/r/min		3.75						
牵引速度/r/min		10～12						
定型台离口模距离/cm		～4						
真空度/MPa		0.07						
水泵水量	阀门编号							
	阀门挡							
实验现象					原因分析			

注意：混合物料总体积不得超过高速混合机容积的 60%。高速混合机转速设有高速和低速两挡，启动高速混合和出料时应用低速运行，混合运行采用高速。高速混合机转速见机器说明书。物料在高速混合机内因高速摩擦生热，温度会自动升高。若采用捏合机，需向物料补充热量至料温 95～105℃，混合过程需时间较长。

混合是挤出生产线上重要的工序之一。对于易吸湿原材料，成型前应预先干燥，如碱式铅盐。有些原材料易结块，含杂质，必要时应粉碎和过筛（一般选 60～80 目的筛网）。

(3) 依次接通挤出机总电源和料筒加热开关，调节加热各段温度控制仪表，设定温度值为：1 区 130℃，其余各区 140℃。当预热温度升至设定温度之后，恒温 20～30min。然后再将设定温度调至挤出操作温度，即表 4-10 中所列温度。当加热温度升至设定值后，恒温 20～30min。方可启动挤出系统。

(4) 启动冷却水系统，调节水量。

(5) 启动润滑油泵电动机，检查真空系统是否有漏气现象，如有漏气发生应立即处理。

(6) 将原料倒入料斗中，打开闸门。

(7) 启动油泵电动机约 5～10min 后，首先依次将主电动机、加料电动机和同步调速的调速旋钮调至零位，然后按下同步开关旋钮，启动主电动机和加料电机。调速过程要缓慢、均匀，转速逐渐升高、要注意主电动机电流的变化。将主机转速调至 10r/min，10～20s 后，调节加料转速至 5r/min，待物料从机头挤出后，调节同步速度至出料速度适当为止。

(8) 启动牵引装置及切割等辅助装置，将挤出条料通过定型套、水槽，引至牵引机上。

(9) 启动真空系统，调节真空度（0.07 MPa）、牵引速度和挤出速度，直到挤出异型材尺寸符合要求为止。

牵引速度一般为 0.5～1m/min。切割时必须保持与异型材相同的移动速度。

4.2.3.4 实验结果、报告与思考题

(1) 实验结果表述

① 观察挤出时，调节异型材外观和尺寸的方法，并记录在表 4-11 中。

② 记录异型材的表面粗糙度随主机转速、牵引速度、真空度和冷却水量工艺参数变化情况。

③ 将正常挤出时的挤出速度、牵引速度、水量、真空度及温度值记录在表 4-11 中。

④ 观察异型材外观，实验异型材的力学强度，分析其原因，并记录在表 4-11 中。

(2) 实验报告　实验报告应包括下列内容：

① 材料牌号、生产厂家和日期；

② 实验设备型号、生产厂家和主要性能参数；

③ 实验工艺参数记录表；

④ 实验操作步骤及工艺调节；

⑤ 实验现象记录及原因分析；

⑥ 异型材性能和外观分析；

⑦ 对实验的改进意见；

⑧ 解答思考题。

(3) 思考题

① 在实验过程中出现制品外壁或内壁有块状凸起的原因及消除方法是什么？

② 分析异型材配方中各组分的作用。

③ 混合 PVC 各组分时加料顺序对产品的质量有何影响？

4.2.4 单丝

4.2.4.1 实验目的与原理

(1) 实验目的 通过实验加深对PA6干燥工艺、挤出和拉丝工艺参数对单丝成型及质量的影响的认识。

(2) 实验原理 将干燥好的PA6颗粒料加入单螺杆挤出机中，经加热、剪切、混合和排气作用，PA6颗粒料塑化成均匀熔体，通过圆孔口模挤出坯料丝，经缠绕机高速卷绕热拉伸，空气冷却定型成尼龙单丝。

挤出单丝实验向学生展示塑料熔体拉伸成丝的生产过程，加深学生了解拉伸取向作用和拉伸工艺因素（温度、拉伸比、冷却速度、挤出速度等）与单丝制品质量的关系。

塑料单丝的小知识 塑料单丝强度高、化学稳定性好，主要用于制备编织物、绳索或直接使用。单丝原料品种有：PE、PP、PVC、PA等。PE和PP单丝可以编织渔网、缆绳，其渔网柔、质轻、强度高，颜色可制成与海水相同的颜色，极大提高捕鱼产量。PP单丝除用于编织渔网、缆绳之外，还用于编制成袋，包装水泥、蔬菜、化肥，编制坐垫、凉席、篮子、篓等编织物。PVC单丝能编织成窗纱、滤布、防虫网、绳索、刷子、军用伪装网等。尼龙单丝具有很高的强度、耐磨性和良好的韧性、化学稳定性以及无毒性，广泛应用于制作渔线、渔网、绳索、网袋、蚊帐等，特别适用于制作牙刷，洗涤刷等各种毛刷，以及医疗用滤血网，化学造纸行业用的过滤网等。

4.2.4.2 实验原料与仪器设备

(1) 实验原料 尼龙6（PA6）（分子量为1.4万～1.6万）、PE、PP、PVC、PET、UHMWPE等。

本次实验采用黑龙江省尼龙厂生产的Ⅰ型PA6树脂作为原材料。

(2) 主要仪器设备

ϕ20单螺杆挤出机（上海轻机模具厂生产）	1台
圆孔口模（自制） [ϕ=(2.5±0.2)mm，孔数4，孔中心距4mm]	1付
冷却水箱（1m×0.3m×0.5m）	1个
三台联动式拉伸辅机（自制）	1台
单丝卷绕辅机（自制）	1台
水银温度计、手套、镊子	各数支
偏光显微镜	1台

4.2.4.3 实验操作步骤及说明

(1) 了解PA6性能特点，拟定出拉丝成型和干燥PA6工艺条件。

(2) 干燥PA6，真空干燥工艺：温度100～110℃，真空度0.07MPa以下，时间8～10h，料层厚度＜50mm；热风烘箱干燥工艺：温度＜90℃，时间≥20h，料层厚度＜50mm。

(3) 依次接通挤出机总电源和料筒加热开关，调节加热各段温度控制仪表的设定温度值至操作温度。当预热温度升至设定温度之后，恒温20～30min。挤出操作温度：第一段160℃；第二段190℃；第三段230℃；机头250℃。

(4) 启动加热、冷却水系统，调节水温和水量。单丝从口模出来温度约250℃，温度很高，必须迅速冷却定型。因为：①聚酰胺是易结晶性塑料，骤冷可使结晶度小，无定形部分多，有利于拉伸取向；②从口模出来的单丝有2根，迅速冷却可防止单丝间的互相粘接；③单丝从口模出来温度很高，在空气中很容易氧化，这会降低丝的强度，为防止其氧化，必须使单丝迅速进入冷却水冷却，冷却水温度一般控制在30℃左右，喷丝板到冷却水面的距离应控制在15～40mm。

(5) 启动拉伸和卷绕辅机。聚酰胺单丝的拉伸倍数一般为4.5～5.5倍。生产尼龙牙刷时，总拉伸倍数约4.5倍，与生产聚烯烃单丝不同的是，生产尼龙单丝分两次拉伸，第一次先拉伸3.5倍，第二次拉伸1.3倍，第一牵伸辊转速4.5m/min，第二牵辊转速157m/min，第三牵伸辊转速约为200m/min。单丝的拉伸必须在沸水中进行，操作时，为防止单丝打滑，保证拉伸倍数，在每台辅机上，可将单丝在辊上绕5～8圈。

(6) 挤出机调速旋钮调至零位，启动主机。调速过程要缓慢、均匀，转速逐渐升高、要注意主机电流变化，一般在较低的转速（如10～20r/min）下运转几分钟，待有熔融的物料从口模挤出后，再继续提高转速。

(7) 向料斗内加入已干燥的PA6粒料，盖紧料斗盖子，打开料斗下方出料闸板。

(8) 将挤出单丝坯料丝，经导向辊、拉伸辊，缠绕在卷绕辊上，调节转速、拉伸比，直到单丝合格为止。

实验结果报告与思考题

(1) 实验结果表述

① 用偏光显微镜测量单丝直径和表面平整度，调节卷绕辊转速和挤出速度，记录单丝外观尺寸和质量变化。

② 改变冷却速率，观察和记录单丝外观尺寸和质量变化。

(2) 实验报告　实验报告应包括下列内容：

① 材料牌号、生产厂家和日期；

② 实验设备型号、生产厂家和主要性能参数；

③ 实验工艺参数记录表；

④ 实验操作步骤及工艺调节；

⑤ 实验现象记录及原因分析；

⑥ 单丝性能和外观分析；

⑦ 对实验的改进意见；

⑧ 解答思考题。

(3) 思考题

① PA6干燥工艺对单丝哪些性能有影响？如何影响？

② 倘若直接用卷绕辅机拉伸出单丝坯料丝，不用热拉伸工艺，单丝性能会有何变化？

③ 可用哪些方法提高单丝表面粗糙度？

4.3 注射成型实验

注射成型是使热塑性或热固性塑料在注射机加热料筒中均匀塑化，然后由螺杆或柱塞推挤熔料到闭合的模具型腔中成型塑料制品的方法。注射成型的生产效率高，制品精度好，广泛地应用于尺寸精度要求高，或/和带嵌件的单个塑料制品生产。

注射成型的核心设备是注塑机和塑模。注射机种类按塑化方式分有：螺杆式注射机、柱塞式注塑机和螺杆塑化-柱塞式注塑机。各类注塑机的工作特性不同，并且在生产时完成的动作程序也可能不尽相同，但是其成型的基本过程及原理是相同的。塑模作为赋予高分子材料制品几何形状的部件，其结构和型腔几何决定着注射成型制品的生产效率、制品的几何结构和制品的部分性能。

决定注射成型制品质量和生产效益的因素不仅有成型的核心设备，而且有原材料材质和注射成型的工艺操作参数。认识、理解设备因素、材料因素和工艺操作因素与注射成型制品质量控制之间的相互关系，掌握控制制品质量的方法是学习“注射成型”这一部分内容的核心。通过本实验，可以使学生在感性认识的基础上加深对书本知识的理解。

4.3.1 注塑机操作技能实验

4.3.1.1 实验目的与原理

(1) 实验目的

① 了解螺杆式注塑机的结构、性能参数、操作规程以及程控注塑机在注射成型时工艺参数的设定、调整方法和有关注意事项；

② 掌握注塑机的操作技能；锻炼一种实际工作的技能。

(2) 实验原理　采用螺杆式注塑机进行实验。在塑料注射成型中，注塑机需要按照一定的程序完成塑料的均匀塑化、熔体注射、成型模具的启闭、注射成型中的压力保持和成型制件的脱模等一系列操作过程。注塑机的这些操作有两种控制方式：人工控制的手动方式和计算机控制的程序控制方式，后者更为普遍。

① 螺杆式注塑机的主要结构及作用

a. 注射装置　注射装置一般由塑化部件（机筒、螺杆、喷嘴等）、料斗、计量装置、螺杆传动装置、注射油缸和移动油缸等组成。注射装置的主要作用是使塑料原料均匀塑化成熔融状态，并以足够的压力和速度将一定量的熔体注射到成型模具的型腔中。

b. 合模装置（锁模装置）　合模装置主要由模板、拉杆、合模机构、制件顶出装置和安全门组成。合模装置的主要作用是实现注射成型模具的启闭并保证其可靠的闭合。

c. 液压传动和电气控制系统　液压系统和电气自动控制系统的主要作用是满足注塑机注射成型工艺参数（压力、注射速度、温度、时间）和动作程序所需的条件。

(3) 注塑机的动作过程

① 闭模及锁紧　注射成型过程是周期性的操作过程。注塑机的成型周期一般是从模具闭合开始的。模具先在液压及电气自动控制系统处于高压状态下进行快速闭合，当动模与定模快要接触时，液压及电气自动控制系统自动转换成低压（即试合模压力）、低速状态，在确认模内无异物存在时，再转换成高压并将模具锁紧。

② 注射装置前移及注射　确认模具锁紧之后，注射装置前移，使喷嘴和模具吻合，然后液压系统驱动螺杆前移，在所设定的压力、注射速度条件下，将机筒内螺杆头部已均匀塑化和定量的熔体注入模具型腔中。此时螺杆头部作用于熔体上的压力称为注射压力(Pa)，又称一次压力。螺杆移动的速度称为注射速度（cm/s）。

③ 压力保持（保压） 注射操作完成以后，在螺杆头部还保存有少量熔体。液压系统通过螺杆对这部分熔体继续施加压力，以填补因型腔内熔体冷却收缩产生的空间，保证制件密度。保压一直持续到浇口封闭。此时，螺杆作用于熔体上面的压力称为保压压力(Pa)，又称二次压力，保压压力一般等于或者低于注射压力。保压过程中，仅有少量熔体补充注入模具型腔。

保压过程以持续到浇口刚好封闭为宜。过早卸压，浇口未封闭，模腔中熔体会发生倒流，制件密度不足；保压过程过长或保压压力过大，会使浇口附近产生较大的内应力，也会增大制件的内应力，造成脱模困难。

④ 制件冷却 塑料熔体经喷嘴注射入模具型腔后即开始冷却。当保压进行到浇口封闭以后，保压压力即卸去，此时物料进一步冷却定型。冷却速度影响到聚合物的聚集态转变过程，最终会影响到制件成型质量和成型效率。制件在模具型腔中的冷却时间应以制件在开模顶出时具有足够的刚度，不致引起制件变形为限。过长的冷却时间不仅会延长生产周期的，降低生产效率；而且会使制件产生过大的型腔包附力，造成脱模阻力增大。

⑤ 原料预塑化 为了缩短成型周期，提高生产效率，当浇口冷却，保压过程结束时，注射机螺杆在液压马达的驱动下开始转动，将来自料斗的粒状塑料向前输送。在机筒外加热和螺杆剪切热的共同作用下，使粒状塑料逐步均匀融化，最终成为熔融黏流态的流体。在螺杆的输送作用下存积于螺杆头部的机筒中，从而实现塑料原料的塑化。螺杆的转动一方面使塑料塑化并向其头部输送，另一方面也使存积在头部的塑料熔体产生压力，这个压力称为塑化压力（Pa）。由于这个压力的作用，使得螺杆向后退移，螺杆后移的距离反映出螺杆头部机筒中所存积的塑料熔体体积，注射机螺杆的这个后退距离，即每次预塑化的熔体体积，也就是注射熔体计量值是根据成型制件所需要的注射量进行调节设定。当螺杆转动而后退到设定的计量值时，在液压和电气控制系统的控制下就停止转动，完成塑料的预塑化和计量，即完成预塑化程序。注射螺杆的尾部是与注射油缸连接在一起的，在螺杆后退的过程中，螺杆要受到各种摩擦阻力及注射油缸内液压油回流阻力的作用，注射油缸内液压油回流阻力产生的压力称为螺杆背压（Pa）。注射螺杆能否后退及后退的速度取决于螺杆后退时受到的各种摩擦阻力和螺杆背压。塑料原料在预塑过程中的各种工艺参数(各部分的压力、温度等）是根据不同制件的塑料材料进行设定的。

⑥ 注射装置后退、开模及制件顶出 预塑程序完成后，注射装置后退，为了避免喷嘴长时间与模具接触散热而形成凝料，使喷嘴离开模具。当模腔内的成型制件冷却到具备一定刚度后，合模装置带动动模板开模，在开模的过程中完成侧向抽芯的动作，最后顶出机构顶脱制件，准备开始下一个成型周期。

4.3.1.2 实验原料与设备

(1) 实验原料 各种热塑性塑料。本次实验采用北京燕山石油化工公司生产的牌号为1I2A-1 的 LDPE 作为实验原料。

(2) 实验设备

① 注塑机的主要性能参数 SZ-100 程控全自动注塑机，广西南宁市第二轻工机械厂生产。其主要性能参数如下：

注射量(PS)/g	100
注射压力/MPa	165

注射速率/(cm^3/s)　91

螺杆直径/mm　34

螺杆行程/mm　120

螺杆转速/(r/min)　0～180

合模力/t　60

工作压力(油压)/MPa　14

模板行程/mm　220

最大模厚/mm　280

最小模厚/mm　140

拉杆内间距/mm　310×250

液压顶出力/t　2

② 注塑机结构简介

ⓐ 注射装置　液压马达驱动螺杆转动，具有低速大扭矩，无级变速功能。

ⓑ 合模装置　采用液压自动调模方式。通过液压马达带动四根螺杆上的四个螺母同步转动，驱动调模座前后移动，实现调模动作。顶出装置采用中心液压顶出。

ⓒ 液压传动及电气控制系统　采用电磁比例压力阀和电磁比例流量阀，以数字比例控制的方式对其液压回路的压力和速度进行控制，能够连续地设定液压系统压力和速度的数值，工作平稳可靠，无冲击。电气控制部分由电机、动作程序控制系统和加热控制系统组成。采用可变程序控制器控制，可以预先设定并显示每一控制程序的参数。

③ 注塑机面板及按钮

实验注塑机 SZ-100 的控制面板如图 4-3 所示。实验注塑机操作方式如下：

ⓐ 调整　俗称点动。操作方式选择为手动，按一下相应程序按钮如锁模，注塑机即有动作响应，放开按钮即停止，即一点一动。点动按钮通常在装卸模具和螺杆，调整机器时使用。

ⓑ 手动　操作方式选择为手动，再一直按住所需要执行的动作按钮，机器即按照预先设定的速度和压力，执行你选择所按住的动作，一直进行到底。这种操作方式一般在试模和生产开始阶段采用。

ⓒ 半自动　当使用半自动操作方式时，按下半自动按钮，关闭安全门，注塑机就会开始

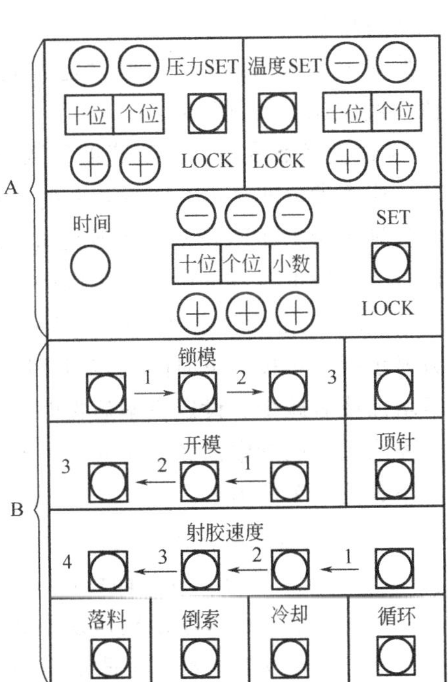

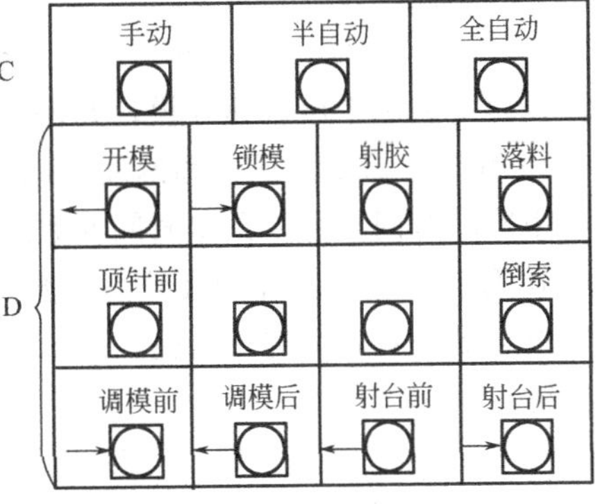

图 4-3　SZ-100 注塑机控制屏按键

A—参数显数、释放、调整、锁紧键；B—各程序参数显示键；C—操作方式选择键；D—手动操作各程序按键

按照设定的程序自动进行动作，直至一个成型周期进行完毕为止。打开安全门，取出制件，再关闭安全门，又开始下一个成型周期。实际生产中常用这种方式。

ⓓ 全自动　当使用全自动操作方式时，按下全自动按钮，关闭安全门，注塑机即自动按照设定的程序开始工作，自动地一个周期又一个周期地连续循环进行成型，在这个过程中制件的脱落是自动的。这种方式的生产效率很高。

④ 实验注塑机各程序参数的调校与设定

SZ-100 注塑机采用可编程序控制器控制，可以预先设定（或调整）和显示各程序参数条件（压力、速度和时间），见图 4-3。

ⓐ 参数调整和显示

Ⓐ 压力参数设定　设定（调整）某一程序动作的压力参数时，在控制屏上先按下该程序参数显示键，再按一下压力设定键 SET，压力参数即显示并闪烁。此时可以对压力参数进行增加或者减少，设定完毕后按压力参数锁紧键 LOCK，压力参数的显示就不再闪烁。此时表明该压力参数已经设定完成（被锁定）。压力参数可设定的范围是 0～99，显示值为设定压力的百分数。

Ⓑ 速度参数设定　设定速度参数时，先按下该程序参数显示键，再按下速度设定键 SET，速度参数即显示并闪烁，此时可以对速度参数进行增加或者减少。设定完毕后按速度参数锁紧键 LOCK，速度参数的显示就不再闪烁，此时表明该压力参数已经设定完成（被锁定）。速度参数可设定的范围是 0～99，显示值为设定速度的百分数。

Ⓒ 时间设定　设定（调整）某一程序动作的时间参数时，在控制屏上先按下该程序参数显示键，再按一下时间设定键 SET，时间参数即显示并闪烁，此时可以对时间参数进行增加或者减少。设定完毕后按时间参数锁紧键 LOCK，时间参数的显示就不再闪烁，此时表明该时间参数已经设定完成（被锁定）。时间参数显示的范围是三位数：十位、个位和小数位，单位为秒。

ⓑ 各程序参数条件的设定

Ⓐ 锁模　锁模分 3 级，即锁模 1、锁模 2、锁模 3，可以进行选择设定锁模压力和速度。锁模 1 表示中压快速锁模；锁模 2 表示低压慢速锁模，此外，需设定一个护模时间参数（0.5～2s），以防止模内有遗留物不能正常合模，超过设定时间时，机器即发出报警；锁模 3 表示高压慢速锁模。

Ⓑ 开模　开模也分 3 级。各级开模只需要设定压力和速度。开模 1 表示高压慢速开模；开模 2 表示中压快速开模；开模 3 表示低压慢速开模。

Ⓒ 预塑　需设定压力和速度，此时速度参数的大小反映出螺杆转速的快慢。时间参数借用冷却时间参数，预塑时间参数应小于冷却时间参数。

Ⓓ 顶出　需设定压力和速度参数。顶出次数的设定先按顶针次数选择键，再按时间参数设定键。对时间进行调整，显示数 1，……分别表示顶出的次数。设定后再锁紧时间参数键。

Ⓔ 冷却　只需要设定时间参数。

4.3.1.3　实验步骤

(1) 接通冷却水，对油冷器和料斗座进行冷却。

(2) 接通电源（合闸），按拟定的工艺参数，设定料筒各段的加热温度，通电加热。

(3) 将实验原料加入注塑机料斗中。

(4) 熟悉操作控制屏各键的作用与调节方法，了解注射压力与背压旋钮的调整，操作方式设定为“手动”。按拟定的工艺参数设定压力、速度和时间参数，并作记录。

(5) 待料筒加热温度达到设定值时，保持30min。

(6) 首先采用“手动”方式动作，检查各动作程序是否正常，各运动部件动作有无异常现象，一旦发现异常现象，应马上停机，对异常现象进行处理。

(7) 准备工作就绪后，关好前后安全门，保持操作方式为“手动”。操作时应集中精力观察控制屏按钮，以防误按，产生错误动作。

(8) 开机，手动操作程序如下：

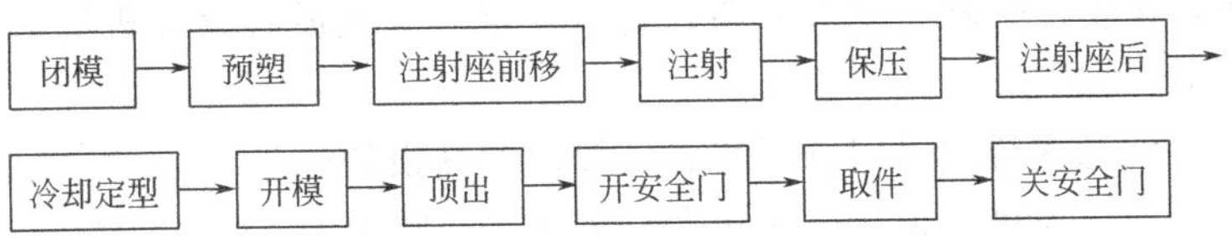

(9) 停机前，先关料斗闸门，将余料注射完。停机后，清洁机台，断电、断水（油冷却器、料斗座）。

4.3.1.4 实验报告与思考题

(1) 实验报告　实验报告应包括下列内容：

① 注射机工作原理、设备结构、特点；

② 实验的工艺条件拟定和实际操作条件记录表；

③ 实验步骤；

④ 注射成型操作过程中的安全注意事项；

⑤ 解答思考题。

(2) 思考题

① 简要说明注塑机的基本组成，各部分的主要作用与要求。

② 注射机操作方式有几种？任何选择注塑机的操作方式？

③ 要缩短注塑机的成型加工周期，可以采取哪些措施？

④ SZ-100注塑机的各程序的参数条件任何显示？各程序需要设定（调整）哪些参数条件？

⑤ 如何设定（调整）锁模和开模参数条件？为什么？

⑥ 设定（调整）注塑条件时应考虑哪些因素？

附录：SZ-100程控全自动注射机使用规程

(1) 使用须知

① 本机属精贵设备，由专人管理，未经许可不能擅自开机；

② 操作前必须详阅本机使用说明书，并真正掌握控制屏正确的调节设置方法；

③ 使用中如遇异常，应立即停机；

④ 每次用机必须登记，并作好设备运行状态记录

(2) 操作注意事项

① 开机前，应预热机筒（加热时间约1h左右），保证机筒内原料塑化后，才可以开机，以免损坏螺杆；

② 开机前，必须检查控制屏各参数（压力、速度、时间）是否调整合理；

③ 每次调模时，应将合模装置后侧的手压润滑泵提压两次，以保证润滑正常；

④ 开机前，应检查模具是否安装牢固，顶出距、注射座限位及计量装置是否调好；

⑤ 安装模具和试车时，均应采用“手动”操作方式，并以点动调试；

⑥ 开机前，切不可忘记开油冷却器冷却水阀门和注射座冷却水阀门；

⑦“对空注射”时，应选低速低压，防止熔料高速喷出造成烫伤；

⑧ 喷嘴阻塞时，应提高其温度，若仍未畅通，则应拆下清洗，不可用加大注射压力来企图使阻塞物从喷嘴中喷出；

⑨ 在正常操作时，务必将压力表关闭，以免因反复压力冲击而损坏；

⑩ 切勿使金属或硬质杂物落入料斗，物料“架桥”或拆卸螺杆机筒时，应采用铜棒清理残料，切不可用螺丝刀；

⑪ 调模时要注意使合模时肘杆撑直，以保证模具锁紧；

⑫ 机器不用时，应稍开模具，避免肘杆处于受力状态。

(3) 机器维护保养

① 每次使用完毕，应立即清扫机台，确保设备清洁；

② 保持合模导轨及注射座移动导轨清洁无脏物；

③ 设备相对滑动表面，应时常注意加油，保证润滑良好；

④ 设备长期不用时，应定期通电开机，以免电器受潮。

4.3.2 标准测试试样

4.3.2.1 实验目的与原理

(1) 实验目的

① 熟悉注射成型标准测试试样的模具结构、成型条件和对制件的外观的要求；

② 掌握注塑条件对标准试样的收缩、气泡等缺陷的影响。

(2) 实验原理　大多数热塑性塑料和复合材料的材料性能测试试样都用注射成型方法制备。制备标准测试试样的过程，首先是根据材料性能测试的相关标准或材料提供者的要求，选定模具结构和注塑条件（参见1.2节），然后进行注射成型。注射成型标准测试试样是将原材料在注塑机加热料筒中均匀塑化，然后由螺杆推挤到闭合的模具型腔中冷却定型成试样的过程。注射成型是间隙式的操作，每个周期由以下操作步骤组成：闭模→注射装置前移和注射→保压→冷却定型和预塑→开模顶出制品。

① 闭模　动模快速进行闭合与定模将要接触时，合模动力系统自动切换低压、低速，再切换成高压将模具合紧。

② 注射装置前移和注射　确认模具合紧后，注射装置前移，使喷嘴与模具吻合，液压油进入注射油缸，推动与油缸活塞杆相接的螺杆，将螺杆头部均匀塑化的物料以规定的压力和速度注入模具型腔，直至熔体充满全部模腔。塑料注入模腔时，螺杆头部对熔体的压力为注射压力 (Pa)；螺杆移动的速度为注射速度 (cm/s)。

熔体能否充满模腔，取决于注射时的速度、压力以及熔体温度、模具温度，熔体温度和模具温度通过熔体黏度、流动性质变化来影响充模程序的速率。在其他工艺条件稳定的情况下，熔体充填时的流动状态受注射速度制约。速度慢、充模时间长。反之，则充模的时间短、熔体温差较小、密度均匀、熔接强度较高，制品外观及尺寸稳定性良好。但是，注射速度过快时，熔体高速流经截面变化的复杂流道会出现十分复杂的流变现象，制品可能因不规则流动及过量充模产生结构不均匀和尺寸精度差等弊病。

注射压力使熔体克服料筒、喷嘴、浇道、模腔等处的流动阴力，以一定的充模速率注入模腔，当熔体注满型腔的瞬间，模腔内的压力迅速达到最大值，而充模速率则迅速下降，熔体受到压实。在其他工艺条件不变时熔体在模腔内充填过量或不足均取决于注射压力高低，直接影响到材料分子取向程度和制品的外观质量。

注射压力、注射速度目前尚无比较准确的计算方法，考虑原料、注塑机、模具与制品、其他工艺条件等不同的情况，可由分析成型过程及制品外观并结合实践数据选用。

③ 保压　注入模腔的熔体，由于冷却作用，物料产生收缩、出现空隙，因此须对熔体保持一定的压力使之继续流入模腔进行补缩、增密。这时螺杆作用面的压力为保压压力（MPa），保压时螺杆位置将会少量向前移动。

在保压程序中，保压程度主要控制的因素是保压压力和保压时间。它们对于提高制品密度，稳定制品形样、改善制品质量均有关系。保压压力一般可以等于或稍低于注射压力，其大小以施行压实、补缩、增密作用为量度。保压时间以压力保持到浇口刚封闭时为好，过早卸压会引起模腔内物料倒流，产生制品不足的缺欠。而保压时间过长或保压压力过大，过量的充填会使浇口周围形成内应力，同时因为模腔内物料温度不断降低，取向分子冷却冻结，制品内应力增大，产生开裂、脱模困难等现象。

④ 冷却和预塑　完成保压程序，卸料在模腔内冷却定型所需要的时间为冷却时间。冷却时间的长短与塑料的结晶性能、状态转变温度、热导率、比热容、刚性以及制品厚度、模具冷却效率、模具温度等有关。冷却时间应以塑料在开模顶出时具有足够的刚度，不致引起制品变形为好。

在保证制品质量的前提下，为获得良好的设备效率和劳动生产率，要尽量减少冷却时间及其他各程序的时间，以求缩短完成一次成型所需的全部操作时间即成型周期。

除冷却时间外，模具温度也是冷却过程控制的一个主要因素。模温高低和塑料结晶性能、状态转变温度、热性能、制品形样、使用要求以及其他工艺条件（如熔体温度、注射速度及压力、成型周期）等关系密切。塑料在模腔内冷却定型温度的上限由材料的玻璃化温度或热变形温度确定。提高模温不仅有助于保持熔体温度，便于熔体流动，对充模程序有益，而且可以调整塑料的冷却速度，使之均匀一致；模温高有利于分子热运动，促进取向分子的松弛过程，提高流动性。但是，模具温度过高会导致冷却时间延长、脱模困难。对于结晶性塑料模温直接影响结晶度和晶体构型。模温适应时晶体生长良好、结晶速率较大，可以大大减少后结晶过程，改善收缩不均匀及结晶不良等导致质量下降现象。

进入冷却定型的同时，注射机的螺杆在液压马达驱动下转动，原料从料斗进入料筒，借助螺杆旋转、受力和热的共同作用，逐渐变为熔体、积存于螺杆头部。当达到成型制品所需的计量值时，螺杆即停止转动和后移，完成预塑程序，准备下一次注射。

预塑程序中，螺杆能否后移及后移速度大小，取决于螺杆后移的各种阻力，如摩擦阻力及注射油缸内液压油的回泄阻力。螺杆头部熔料压力及注射油缸内液压油回泄阻力分别称为塑化压力（Pa）及螺杆背压（Pa）。

预塑程序要求得到一定数量、塑化均匀、流动性良好的熔体。螺杆转动时塑料不断沿着螺槽向前输送，原料中混入的气体自加料口逸出，塑料被逐渐压实，在剪切力，摩擦热以及外部加热共同作用下，塑料实现物理状态的变化，塑化为均质熔体，外部加热量由料筒、喷嘴的加热温度控制；在螺杆结构不变的情况下，影响剪切热量的则是螺杆的背压和转速。

料筒温度确定受树脂本性如热稳定性、流变性、结晶行为、定向作用，塑料组成如填料、润滑剂、增塑剂等组分，注射装置类型，制品几何形状大小，模具结构以及其他工艺因素如喷嘴、模具温度，注射压力、注射速度、螺杆转速与背压、成型周期等的影响。料筒温度的上限应该在材料的流动温度 T_f（或熔点 T_m）至分解温度 T_d 区间，料筒温度可以分为二至五段控制，分布差通常在60℃以内。

喷嘴温度控制在维持熔体良好的流动性而不出现“流延现象”，也不能使喷嘴温度过低，散失热量产生冷料堵塞喷嘴或影响制品性能情况。除聚氯乙烯等易热分解材料之外，喷嘴温度常常高于或略低于料筒的最高温度。

螺杆背压高，物料受剪切增强，熔体温度上升，熔料的均化程度改善；但是螺杆输送能力减小，延长预塑时间。背压一般为注射压力值的5%～20%。对于热稳定性好或者熔体黏度低的材料应该选择较低的背压。

原料预塑和物料在模腔内冷却定型过程在时间上是重叠的，通常要求螺杆预塑时间要小于冷却定型时间。

⑤ 注射装置后退和开模顶出制品　预塑程序完成时，不要喷嘴和模具长时间接触散热形成冷料，可以使注射装置后退。让喷嘴脱开模具。注射装置后退与否或先后动作、可视成型工艺需要选用。

模腔内物料实现冷却定型后，合模装置即行开模，顶出机构顶落制品，准备再次闭模。

总之，注射成型过程，塑料除在热、力、水、氧等因素作用下，引起高聚物的化学变化之外，主要是一个物理状态变化的过程。高分子的化学结构、聚集态结构、分子构象及运动能力与材料的性质有密切关系，因此塑料的性质与制品性能密切相关。除此之外，注塑机和注塑模具的结构、技术参数；注射成型工艺也对成型过程及制品性能有重要影响。本实验是在原料、注塑机、模具不变化的条件下仅改变若干成型工艺条件制备试样，使学生在了解原料、注塑机、模具与试样关系的同时，更注意注塑工艺条件对试样性能变化的影响。用注射成型制备的标准试样可以用于研究塑料的力学、热学及电学性能，分析工艺与性能的关系，选择合理的成型条件，以求生产时获得最佳的产品性能和生产效率。

4.3.2.2　实验原料与仪器设备

(1) 实验原料　本次实验采用北京燕山石油化工公司生产的牌号为XP6065.01聚苯乙烯（PS）作为原材料。

(2) 主要仪器设备

PS40E5ABE注射成型机（日本日精工业株式会社生产）

多功能试样注塑模具和 $\phi100/\phi50$ 圆形试样的模芯各一组

偏光应力仪

线手套数双

游标卡尺一把

4.3.2.3 实验操作步骤及说明

(1) 阅读使用注塑机的资料，了解机器的工作原理、安全要求及使用程序。了解原料的规格、成型工艺特点及试样的质量要求，参考有关的试样成型工艺条件介绍、初步拟出实验条件：原料的干燥条件；料筒温度、喷嘴温度；螺杆转速、背压及加料量；注射速度、注射压力；保压压力、保压时间；模具温度、冷却时间；制品的后处理条件。

(2) 依次接通注塑机电源、注塑机和模具加热开关，接通冷却水管，调节注塑机加热各段温度控制仪表的设定温度直至操作温度。当预热温度升至设定温度之后，恒温 20～30min。操作温度参考值：料筒 140～200℃，模具 30～50℃。

(3) 接通控制板开关，设置注射压力、预塑量、注射速度、注射时间、冷却时间等工艺参数。

(4) 启动主机，用手动进行合模操作，安装好多功能试样标准模具。

(5) 加入 PS，用手动操作方式，依次施行闭模，注射装置前移，预塑程序，注射装置后移，用慢速度进行对空注射，同时清洗料筒。

观察从喷嘴射出的料条有无离模膨胀和不均匀收缩现象。如料条光滑明亮，无变色、银丝和气泡，说明原料质量及预塑程序的条件基本适用，可以制备试样。

(6) 用手动操作方式，依次进行闭模——注射装置前移——注射（充模）——保压——预塑/冷却——注射装置后退——开模——顶出制品等操作。

动作中读出注射压力（表值）、螺杆前进的距离和时间、保压压力（表值）、缓冲垫厚度、背压（表值）及螺杆转速等数值。记录料筒温度、喷嘴加热值、注射——保压时间、冷却时间和成型周期。记录最大压力、最大速度、最大注塑量等设备参数。

从取得的缺料制品观察熔体某一瞬间在流道内的流速分布，由制得试样的外观质量判别实验条件是否恰当，调整不当的实验条件。

(7) 用半自动操作方式，在确定的实验条件下，连续稳定制取 10 模作为第一组试样。然后依次改变注射速度、注射压力、保压时间、冷却时间、料筒温度工艺条件，相应制取第二、三、四、五、六组试样。

值得注意的是，实验时，每次调节料筒温度后应有适当的恒温时间。制备各组试样时，用测温计分别测量熔体温度，动模、定模的型腔面上 3 个不同位置的温度。记录每组试样成型时的工艺条件。

(8) 按 GB 1039—79 或本实验标准观察每组试样的外观质量，记录实验条件不同导致试样外观质量变化的情况。

(9) 用 $\phi100/\phi50$ 圆形试样的模芯更换多功能试样模芯，重复进行实验步骤（6）至（8）。

(10) 将各组试样放置于应力仪双折射场内，观察材料的分子取向程序，分析内应力与实验条件、试样结构的关系。

4.3.2.4 实验结果报告与思考题

(1) 实验结果表述

① 按规定的报告要求。写出实验所用的原料、模具、注塑机以及成型工艺的各项条件。

② 表列各组试样的外观质量及内应力分布情况，写出外观质量及内应力与成型工艺

条件的关系，简述其原因。

③ 取得的各组试样留作力学、热学性能测试。

(2) 实验报告　实验报告应包括下列内容：

① 材料牌号、生产厂家和日期；

② 实验设备型号、生产厂家和主要性能参数；

③ 实验工艺参数记录表；

④ 实验操作步骤及工艺调节；

⑤ 实验现象记录及原因分析；

⑥ 试样性能和外观随工艺条件变化的分析；

⑦ 对实验的改进意见；

⑧ 解答思考题。

(3) 思考题

① 在选择料筒温度、注射速度、保压压力、冷却时间的时候，应该考虑哪些问题？

② 从 PS 的化学结构、物理结构分析其成型工艺性能的特点？

③ 注射成型厚壁的制品，容易出现哪些质量缺陷？如何从成型工艺上给予改善？

④ 消除试样中内应力集中的方法有哪些？如何克服试样中气泡和表面凹陷现象？

4.3.2.5　注意事项

(1) 电器控制线路的电压维护在 220V。

(2) 在闭合动模、定模时，应保证模具方位的整体一致性，避免错合损坏。

(3) 安装模具的螺栓、压板、垫铁应适用、牢靠。

(4) 禁止料筒温度在未达到规定要求时进行预塑或注射动作，手动操作方式在注射——保压时间未结束时不得开动预塑。

(5) 主机转动时，严禁手臂及工具等硬质物品进入料斗内。

(6) 喷嘴阻塞时，忌用增压的办法清除阻塞物。

(7) 不得用硬金属工具接触模具型腔。

(8) 压力表要在指示值为 0 时及时关闭，不应任意调整油泵溢流阀、顺序的压力。

(9) 严防人体触动有关电器，使设备出现意外动作，造成设备、人身事故。

4.3.3 精密制品

4.3.3.1　实验目的与原理

(1) 实验目的

① 熟悉玻璃纤维增强 PP 注射成型工艺；

② 掌握注射玻璃纤维增强 PP 制品的收缩、外观质量与工艺参数之间的关系；

③ 了解一模多腔模具构造及制品成型过程的控制。

(2) 实验原理　本实验采用玻纤增强聚丙烯（PP）为原料，注射成型齿轮制品。实验分两步进行：①共混挤出玻纤增强 PP 粒料；②注射成型齿轮制件。②注射成型齿轮的实验原理与 4.3.2 标准试样实验原理相同。(略)

共混挤出玻纤增强 PP 粒料的实验原理为：用同向旋转双螺杆挤出机熔融塑化 PP 树脂，从设置在螺杆熔融段的玻纤加入口定量引入连续玻璃纤维，树脂熔体与涂覆玻纤在料筒中经加热、剪切、压实、混合等作用后，一起从多孔板机头挤出，再经水槽冷却、切粒机切粒、干燥箱干燥，最后制得玻纤增强 PP 粒料。

注射成型是生产单个的、尺寸精度高或/和带有嵌件的塑料制件的重要方法。由于大多数纯高分子材料成型收缩率较大，注射成型制品的尺寸精度较差，为了提高制品尺寸精度，生产出满足工业应用要求的精密高分子材料制品，常常采用纤维增强或填料填充塑料进行注射成型。纤维增强塑料注塑制品广泛用于电子电气、交通、家电、通信、农机、办公用品、运动器械、医疗器械、化工设备、精密仪器等行业中的各种零配件、壳体及结构件。精密塑料注塑制品所用原材料树脂有 HIPS、PPO、PP、POM、PMMA、PSF、PA、ABS、PC、PET、PBT 和 PPS 等，也有塑料合金如 PC/ABS、PP/PA、PET/PBT、PBT/ PC、PPO/ABS 等；原材料纤维有玻璃纤维、碳纤维、金属纤维、天然纤维等及其与各种填料的混合物。

纤维增强塑料制件的注射成型与单一塑料的注射成型相比较，在制品的微观结构和性能控制上有较大的区别。后者在注射成型中，仅存在大分子取向和结晶对微观结构形态影响的问题；而前者不仅如此，还存在因纤维或/和填料自身取向及其对基体树脂取向和结晶作用所产生的对微观结构形态影响的问题，这使得制件的性能控制更加困难。进行该实验，对加深学生理解成型温度、压力、速度、冷却时间和模具结构等因素对纤维增强塑料注射件的微观结构、尺寸精度、力学性能的影响，很有必要。

4.3.3.2 实验原料与仪器设备

(1) 实验原料　本实验采用北京燕山石油化工公司生产的牌号为 F401 PP 和四川绵竹玻纤厂生产的经硅烷偶联剂处理的无碱连续玻纤作为原材料。

(2) 主要仪器设备

SZ-400 震德注塑机	1 台
齿轮模具	1 付
铜棒、榔头、游标卡尺	各 1 把
小五金工具	1 套
线手套	数双
真空干燥箱	1 台

4.3.3.3 实验步骤

(1) 挤出造粒

① 根据 PP 的工艺特性，参考树脂手册，拟定挤出造粒 PP 的工艺条件。

② 接通挤出机总电源和加热电源，开启水泵。

③ 设定加热温度控制仪表温度至挤出操作温度，当加热至设定温度后，恒温 20～30min。

④ 关闭出料闸门，将低密度聚乙烯（LDPE）原料加入料斗。

⑤ 调节挤出螺杆和加料螺杆的转速至零，启动挤出螺杆、油泵，逐渐调节螺杆转速由 0～70r/min。启动加料螺杆，逐渐调节加料螺杆转速由 0～10r/min。加料螺杆转速以玻纤加料口不冒料为限。

⑥ 拉开出料闸门，加入 LDPE 清洗料筒和口模，直到挤出熔体条料透明、无杂质

为止。

⑦ 称量1kg的PP粒料，加入料斗。当挤出口模处挤出PP熔体后，在玻璃纤维加入口加入3股长玻纤。记录装载玻纤的台秤上的起始重量的读数，当口模处出现不透明熔体之后，将熔料条引入水中冷却，然后喂入切粒机，用容器或塑料袋收集切成4mm长的粒子。切粒机速度约8～16r/min。

⑧ 当1kg的PP粒料挤出完毕时，记录装载玻纤的台秤上的此时质量的读数。

⑨ 继续加入PP粒料，进行挤出，直至粒料总质量达到10kg时，完成挤出造粒工作。

⑩ 将料斗中的余料挤出完毕后，加入LDPE，清洗料筒和口模，直至清洗干净为止。

⑪ 停机操作，首先将加料螺杆转速逐渐调至0，停止转动；待口模已无熔体挤出时，将挤出螺杆转速逐渐调至0，停止转动。依次关闭水泵、油泵、总电源和冷却水开关。

⑫ 将制得的增强PP粒料放入真空干燥箱干燥，以备注射成型制品使用。真空干燥箱条件：温度80℃，真空度0.07MPa，时间2～5h。

(2) 注塑制品

① 了解原料的规格、成型工艺特点及试样的质量要求，参考塑料制品成型工艺手册，初步拟定实验条件。

② 接通总电源，调节注塑机温度控制仪表设定值为实验操作值，接通加热开关，当指示值达到实验温度值时，再恒温20～30min。

③ 将玻纤增强PP粒料加入料斗。用手动方式，施行预塑程序，用慢速度进行对空注射。从喷嘴射出的料条、观察离模膨胀和不均匀收缩现象。如料条光滑明亮、无变色、无银丝和气泡、说明原料质量及预塑程序的条件适宜，可以成型制件。

④ 用手动操作方式，依次进行闭模——注射装置前移——注射（充模）——保压——预塑/冷却——注射装置后退——开模——顶出制品等操作。同时记录每个动作时压力、时间、速度值。

⑤ 根据手动操作，观察制件的外观、尺寸，调节成型过程中的压力、时间、速度工艺参数，直到获得符合外观要求的制件为止。

⑥ 用半自动操作方式和调节恰当的成型工艺条件注射成型出5个以上的制品。

4.3.3.4 实验结果报告及思考题

(1) 实验结果表述

① 记录挤出造粒的正常工艺条件，计算玻璃纤维的平均含量。

② 记录调节成型过程中的压力、时间、速度工艺参数时，注射件的外观、尺寸等变化。

③ 列出注射成型工艺条件和所得制品的外观和几何尺寸表。

(2) 实验报告　实验报告应包括下列内容：

① 材料牌号、生产厂家和日期；

② 挤出和注塑实验设备型号、生产厂家和主要性能参数；

③ 挤出和注塑实验工艺参数记录表；

④ 挤出和注塑实验操作步骤及工艺调节；

⑤ 挤出和注塑实验现象记录及原因分析；

⑥ 齿轮性能和外观随工艺条件变化的分析；

⑦ 对实验的改进意见；

⑧ 解答思考题。

(3) 思考题

① 如何控制和确定增强 PP 中玻纤的平均含量？

② 影响增强 PP 制品力学性能的因素有哪些？

③ 注射成型时注射压力、注射速度和注射温度对玻纤取向有何影响？

④ 哪些工艺参数会影响制品的结晶度？欲得到性能优异的齿轮应如何控制这些参数？

4.4 中空吹塑成型实验

4.4.1 中空容器

4.4.1.1 实验目的与原理

(1) 实验目的

① 了解透明高分子材料单层瓶的吹塑设备工作原理和操作工艺参数对制品性能的影响；

② 掌握控制制品透明性及厚度均匀性的工艺因素。

(2) 实验原理 本实验原理为：将 PE 或 PP 原料从料斗加入单螺杆挤出机内，加热熔融塑化成均匀熔体，熔体在螺杆挤压下通过圆环形口模挤成型坯，型坯在切刀、模具、模架和气嘴的协调作用下，被移至吹塑位置吹塑和冷却，形成与模具型腔形状相同的瓶制品。冷却后模具打开，气嘴上升，制品自然跌落；机器自动进入下一个工作循环。

中空吹塑操作工作程序中的延时开模、开模定时、延时合模、合模定时、下降缓冲延时、定时气嘴下降、延时模架升、上升缓冲延时、延时切刀、延时模架降、延时吹气、吹气定时等定时器的时间均可在程序控制器中独立调节，以形成协调的工作循环。

中空吹塑制品的质量除受原材料特性影响外，成型工艺条件、机头及模具设计等都是十分重要的影响因素。影响制品壁厚均匀性的诸因素如下：

① 型坯温度 吹塑成型过程中，在挤出口模一定的情况下，影响型坯几何尺寸精度和外观质量的关键因素是材料的黏弹性行为。而材料的黏弹性行为主要由温度决定。故温度的高低直接影响型坯的形状稳定性和吹塑制品的外观质量。温度太高，熔体强度低，易发生型坯切口处料丝牵挂、型坯打褶、下垂严重以及模具夹持口不能迫使足够量的熔体进入拼缝线内，造成底薄、拼缝线处强度不足和冷却时间增长等弊病。温度过低，熔体的“模口膨胀”会变得更严重，致使型坯卷曲、壁厚不均和内应力增大，甚至出现熔接不良、模面轮廓花纹不清晰等现象。

② 吹塑的空气压力和容积速率 压缩空气不仅对熔融型坯施压吹胀，同时还起冷却定型作用。为了使型坯能模制出最清晰的外形轮廓、商标花纹，必须使用足够的吹塑压力。其压力的大小随材料质量、型坯温度、制品容积和壁厚而异，一般在 0.4～0.8MPa 范围。而空气的容积速率则应尽可能大一些，以缩短吹塑时间，有利于制品获得较均匀的厚度和较好的表面质量，但充气的线速度过大也是不利的，会在空气进口处产生局部真空，造成这部分型坯内陷，影响制品外观质量，严重情况下，会把型坯从模口处冲断，造成不能吹胀成型。

③ 挤坯机头和吹塑模具结构特征 挤坯机头通常是直角结构，机头、口模的间隙和

形状直接影响着吹塑制品壁厚的均匀性，其物料的通道应做成流线型，设计时可按照制品的几何形状、吹胀比和“模口膨胀”情况来确定，而模口间隙的大小可通过口模中锥形芯轴的轴向移动进行调节。

吹塑模具通常由两瓣组成，如何正确开设夹持口、余料槽、排气孔以及冷却道等对提高制品质量和降低成本有着重要意义。如夹持口的角度和宽度，余料槽的大小不仅要影响模具闭合严密情况且直接影响制品接缝质量的好坏，至于模腔内开设排气孔，目的是使型坯与模腔之间的残存空气在吹胀过程中得到逸出。如若模具排气不良，残存空气将阻碍塑料型坯贴紧冷模壁，不仅延长冷却时间且影响塑料的均匀固化，导致制品外观尤其是凹腔、波沟、转角处产生橘皮状斑点或局部变薄等缺陷，甚至在合模时出现模内受压空气膨胀，发生制品炸裂的异常现象。在模具设计中除分型线构成空气逸出的正常渠道外，其强化排气措施是在模腔表面开几条线槽，槽深以确保制品表面不受干状、不留痕迹为限。

制品在模内的冷却效果是影响生产效率的一个重要因素，它与模腔中冷却水道的布置有密切关系。一般来说，冷却水道要尽可能靠近模腔，尤其是临近夹持口部位和厚壁部分应注意安排，使制品各部分都能得到均匀冷却。

生产上为保证制品质量和提高生产效率，采用带有微信息处理的主机及其程序控制装置已迅速成为发展的趋势。

高分子材料中空容器的小知识 塑料中空吹塑成型可采用挤出吹塑和注射吹塑两种成型方法。在成型技术上两者的区别仅在型坯的制作上，其吹塑过程则基本相似。两种方法也各具特色。注射法有利于型坯尺寸和壁厚的准确控制，所得制品无熔结痕，底部无飞边不需进行较多的修饰；挤出法制品形状和大小不受限制，型坯温度易控制，生产效率高，设备简单投资少，对大型容器的制作，可配以贮料器以克服型坯悬挂时间过长的下垂现象。

拉伸吹塑是近年来发展迅速的中空成型方法。它是在注塑法或挤出法的基础上先制成型坯，再将型坯处理至适当的温度范围（热弹性状态），由拉伸芯棒或拉伸夹具的机械作用进行轴向拉伸，同时（或稍后）利用压缩空气吹胀而实现径向拉伸，经双向拉伸的中空容器，其冲击韧性、透明度、表面光泽、刚性以及气体阻透性都能得到明显地改善。

用作中空吹塑成型的原料，通常应具有熔体强度高、抗冲韧性和耐环境应力开裂性好以及气密性和抗药性好等特点。在热塑性塑料中，除 PE、PP 和硬质 PVC 较常使用外，也用 HIPS、PA、PC 等工程塑料，尤其是 PETP 具有质轻、透明性好、强度高、卫生性好等突出性能。

4.4.1.2 实验原料与仪器设备

(1) 实验原料 LDPE、HDPE、PVC、HIPS、PA、PC、PETP、PP 等树脂。

本次实验采用北京燕山石油化工公司生产的牌号为 5000S 的 HDPE 树脂作为原材料。

(2) 主要仪器设备

CPJ 自动塑料吹瓶机	1 台
吹瓶模具	1 付
水银温度计（0～250℃）	4～5 支
秒表、测厚量具、剪刀、小铜刀、扳手、手套等实验用具	

本实验所用CPJ自动塑料吹瓶机主要技术参数：

螺杆直径　　　50mm

螺杆长径比　　22∶1

螺杆转速　　　0～70r/min

模板尺寸　　　480mm×340mm×38mm

开模行程　　　200mm

制品容量　　　2×0.6L

4.4.1.3　实验步骤

（1）了解原料工艺特性（如树脂牌号、密度、熔体流动速率、流变性等），结合基础理论知识和吹塑制品要求，拟定挤出机各段、机头和模具的加热、冷却以及成型过程各工艺条件：料筒温度、模头温度、吹瓶时间。

（2）熟悉吹瓶机的操作使用规程（详见设备使用说明书）。接通电源总开关，将辅机控制板上的转换开关置于手动位置。开启油泵电机，依次按下按钮："开模"、"模架升"、"锁模"、"模架降"，检查液压系统的功能。接通压缩空气气源，按"气嘴"、"切刀"等按钮，检查气动系统功能。按"模架降"按钮，检查气嘴是否对正模具口颈，如有偏差，调节机构校正。按"气嘴下降"按钮，检查气嘴凸缘是否刚好接触模口。

（3）接通料筒、模头各加温区电源，设定温度，加热至设定温度后，恒温15min。打开控制箱面板上各开关，选定机器工作方式为自动，调整各个定时器的定时时间，各定时器的名称、显示屏显示的代号和对应的F键如下表：

F　键	代　号	名　　称
F1	KT1	延时开模
	KT2	开模定时
F2	KT3	延时模架升
	KT4	上升缓冲延时
F3	KT5	延时合模
	KT6	合模定时
F4	KT7	延时切刀
	KT8	延时模架降
F5	KT9	下降缓冲延时
	KT10	定时气嘴降
F6	KT11	延时吹气
	KT12	吹气定时

加入备好的原料，启动主机，开始自动吹瓶操作。观察制品的厚度均匀程度和各部位的透明程度，调整挤出温度、挤出速度、口模环隙，直到合格为止。

（4）变动下列工艺因素之一、二，重复上述操作过程，观测制品外观质量及性能变化。

① 由低至高改变口的模加热温度。

② 利用锥度芯轴的轴向移动，调节口模间隙以改变管坯壁厚。

③ 由高至低依次改变空气压力

④ 变换冷却方式（通水或不通水）或冷却时间，观察冷却效果。实验结束时，先关闭气源、主机，再切断总电源。

4.4.1.4 实验结果报告与思考题

(1) 实验结果表述

① 吹塑成型设备及工艺参数列表

② 检测制得 PE 瓶进行外观、坠落和耐环境应力开裂性能。

容器的外观质量是在自然光线明亮处目测无砂眼、塑化不良等现象，且要求外壁基本光洁、嘴口基本平整、螺纹清晰和口盖配合适宜。

坠落性能检测：试样（PE 瓶）在 (23±2)℃条件下放置 4h 后，按公称容量注入 (20±50)℃的水，然后平衡吊离地面至 (1.2±0.05)m 高度，瓶底向下，自由坠落于水泥平地，要求连续坠落 3 次而不破裂。

耐环境应力开裂性能检测：将试剂——海鸥洗涤剂（含 TX-10，即仲辛基聚氧乙烯醚 7%）按公称容量的 10%注入容器内，拧紧瓶盖，然后把容器直立放置在(60±5)℃的鼓风恒温烘箱内，一次投入检测的容器不得少于 3 个，经 72h 后检查有无溶胀变形、开裂、蹦盖的现象，要求应力开裂或蹦盖的容器数量不得超过试样总数的 50%。试剂不能重复使用，检查时可用灯光照视。

(2) 实验报告 实验报告应包括下列内容：

① 材料牌号、生产厂家和日期；

② 实验设备型号、生产厂家和主要性能参数；

③ 实验工艺参数记录表；

④ 实验操作步骤及工艺调节；

⑤ 实验现象记录及原因分析；

⑥ 容器性能测试结果及分析；

⑦ 对实验的改进意见；

⑧ 解答思考题。

(3) 思考题

① 说明原料 PE（密度、熔体流动速率、结晶度等）与挤出吹瓶工艺条件的关系。

② 比较挤出吹塑与注射吹塑的工艺特征。

③ 从哪些工艺参数、设备因素可改善挤出型坯下垂现象？

4.4.2 吹塑薄膜

4.4.2.1 实验目的与原料

(1) 实验目的

① 掌握吹塑薄膜成型方法、工艺；

② 了解影响薄膜成型和质量的因素。

(2) 实验原理 吹塑薄膜成型在原理上可分三个阶段：①挤出型坯，将高压聚乙烯 PE 加入挤出机料筒中，经料筒加热熔融塑化，在螺杆的强制挤压下通过口模挤成圆管形的型坯；②吹胀型坯，用夹板夹持型坯使成密闭泡管，然后从模口通入压缩空气吹胀型坯；③冷却定型，在压缩空气和牵引冷却辊的作用下，吹胀型坯受到纵横向的拉伸变薄，并同时冷却定型成薄膜。

塑料薄膜可以用压延法、流延法、挤出吹塑以及 T 型机头挤出拉伸等方法制作。其中挤出吹塑法生产薄膜最经济、设备和工艺也较简单、操作方便、适应性强；所生产的薄膜幅宽、厚度范围大；吹塑过程中膜的纵、横向分子都得到拉伸取向，强度较高。因此，吹塑法已广泛用于生产 PVC、PE、PP 及其复合薄膜等多种塑料薄膜。

根据吹塑时挤出物走向的不同，吹塑薄膜的生产可分为平挤上吹、平挤平吹和平挤下吹三种方式。其过程原理和操作控制相同：即将塑料加入挤出机料筒内，借助料筒外部的加热和料筒内螺杆旋转产生的剪切、混合和挤压作用，使固体物料熔融；在压力的推动下，塑料熔体逐渐被压实前移，通过环隙口模挤成截面恒定的薄壁管状物；随即由芯捧中心引进压缩空气将其吹胀，被吹胀的泡管在冷风环、牵引装置的作用下，逐渐地拉伸定型，最后导致卷绕装置，迭卷成双折的塑料薄膜。

吹塑过程中，泡管的纵、横向都有拉伸，因而两向都会发生分子取向，要制得性能良好的薄膜，两方向上的拉伸取向最好取得平衡，也就是纵向上的牵引比（即牵引泡管的速度与挤出塑料熔体的速度之比）与横向上的吹胀比（即泡管的直径与口模直径之比）应尽可能相等。不过，实际上吹胀比因受冷却风环直径的限制，可调范围有限且吹胀比也不宜过大，否则会造成泡管的不稳定。因此，吹胀比和牵引比很难相等，吹塑薄膜纵、横两向的强度总有差异。为减少薄膜厚薄公差、提高生产效率，合理设计成型口模、工艺和严格控制操作条件则是保证吹塑薄膜产量和质量的关键。

一般说来，对一定的设备而言，挤出机料筒各段、机头、口模的温度拟定和冷却效果是重点考虑的工艺因素。实验时可采用沿料筒、机头、口模逐渐升高物料温度的控制方式。其梯度的大小因高分子材料而异。通常是料筒中物料温度升高，熔体黏度降低，压力减少，挤出流量增大，有利于提高产量，但物料温度过高或螺杆转速太快，不仅要造成热敏性树脂的分解，且会出现挤出泡管冷却不良，形成不稳定的“长颈”状态，致使泡管壁厚不均，甚至泡管起皱粘接而影响使用和后加工，因此控制较低的物料温度是十分重要的。

风环是最常用的冷却装置，安装在熔体管坯刚离开口模的地方，它利用压缩空气通过风环间隙向泡管各点直接吹气，进行热交换，冷却定型薄膜。操作上可利用调节风环中风量的大小，移动风环位置来控制“冷冻线”远近（即泡颈长短）。尤其是对聚烯烃等结晶型塑料，当“冷冻线”离口模很近时，熔体快速冷却定型致使薄膜表面质量不佳；随“冷冻线”远离，薄膜表面粗糙度降低，浊度下降；但若“冷冻线”控制太远，薄膜结晶度增大不仅透明度降低且影响薄膜横向上的撕裂强度。

如挤出、牵引速度太快，单风环不能满足冷却要求时，可采用两个风环同时进行冷却。近年来提倡的双风口负压风环，芯棒内冷等技术是强化冷却的有效措施。

牵引是调节薄膜厚度的重要装置，牵引辊与口模中心的位置必须对准，以消除薄膜的折皱现象。为防止泡管中的空气漏失，牵引辊的一个辊应包以橡胶，使薄膜与牵引辊完全接触压紧。

除以上工艺设备因素外，欲制备性能良好的薄膜，机头、口膜的结构设计也是极其重要的，流道必须通畅、尺寸要精确，不能发生“偏中”现象。

4.4.2.2 实验原料与仪器设备

（1）实验原料 HDPE、LDPE、LLDPE、PVC、PP、PA、PC、PDVC 等树脂。

本次实验采用北京燕山石油化工公司生产的牌号为 1F7B 的 LDPE 树脂和白色、黄色色母粒作为原材料。

(2) 主要仪器设备

ϕ20/25 单螺杆挤出机	1台
（上海转矩流变仪，上海轻机模具厂生产）	
吹膜机头、口模	1套
空气压缩机	1台
冷却风环	1套
吹膜辅机	1套
称量、测厚量具、铜刀	各1套
剪刀	2把
手套	数双

本实验采用的芯棒式机头如图4-4所示，冷却和吹胀共用一个气源，空气流量和压力大小可自行调节。

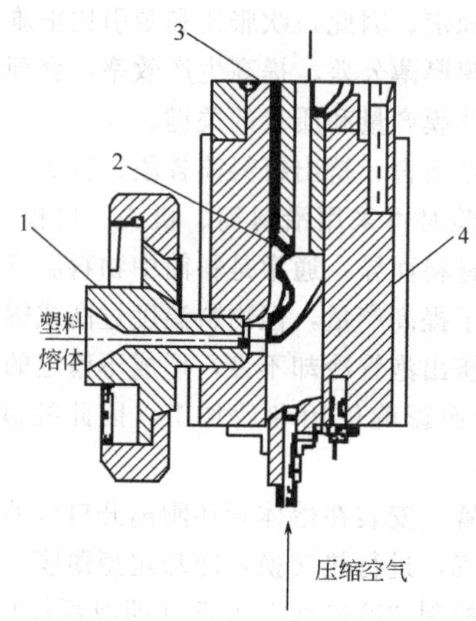

图4-4 芯棒式吹膜机头示意图

1—机头；2—芯棒轴；3—口模；4—模体

主机装有扭矩测定记录、机头压力测定记录、加热控制设施以及螺杆转速等各种指示仪表，可对挤出吹塑过程进行系统的测定和各种数据记录。

4.4.2.3 实验步骤

(1) 了解原料特性（如 T_m、ρ、MFR），初步设定挤出机各段、机头和口模的控温范围，同时拟定螺杆转速、空气和风环位置、牵引速度等工艺条件。

(2) 熟悉挤出机操作规程，接通电源，设定挤出机、机头各部位加热温度，开始加热，同时开启料斗底部夹套冷却水管，检查机器各部分的运转、加热、冷却、通气等是否良好，使实验机处于准备工作状态。待各区段预热到设定温度时，立即将口模环形缝隙调至基本均匀，同时，对机头部分的衔接、螺栓等再次检查并趁热拧紧。

(3) 按色母粒/LDPE=0.6/100的比例，称量、混合，分别配制白色、黄色薄膜吹塑用原料，各约4kg。

(4) 恒温20min后，启动主机，在慢速运转下先少量加入LDPE，注意电流计，压力表，扭矩值以及出料状况。待挤出的泡管壁厚基本均匀时，可用手（戴上手套）将管状物缓慢引向开动的冷却、牵引装置，随即通入压缩空气。观察泡管的外观质量，结合情况即时协调工艺、设备因素（如物料温度、螺杆转速、口模同心度、空气气压、风环位置、牵引卷取速度等），使整个操作控制处于正常状态。

(5) 挤出吹塑过程中，温度控制应保持稳定，否则会造成熔体黏度变化，吹胀比波动，甚至泡管破裂。另外，冷却风环及吹胀的压缩空气也应保持稳定，否则会造成吹塑过程的波动。

(6) 当泡管形状稳定、薄膜折径已达要求时，切忌任意变化操作控制。在无破裂泄漏的情况下，不再通入压缩空气。若有气体泄漏，可通过气管通入少量压缩空气予以补充，同时确保泡管内压力稳定。

(7) 切取一段外观质量良好的薄膜，并记下此时的工艺条件；称量单位时间的重量，同时测其折径和厚度公差。

(8) 改变工艺条件（如提高料温，增大或降低螺杆转速、移动风环位置、加大压缩空气流量、提高牵引卷取速度……），重复上述操作过程，分别观察和记录泡管外观质量变化情况。

(9) 分别用白色和黄色薄膜吹塑用原料，重复进行实验步骤 (4) 至 (7)。

(10) 实验完毕，逐渐减低螺杆转速，必要时可将挤出机内塑料挤完后停机。趁热用铜刀等用具清除机头和衬套中的残留塑料。

(11) 用冲切制样机，制取薄膜的拉伸强度和断裂伸长率试样，撕裂强度试样，光学性能试样。长条和哑铃形试样应分别在薄膜纵、横两个方向上切取。试样的形状和数量参照相应性能标准执行。

4.4.2.4 实验结果、实验报告与思考题

(1) 实验结果表述

① 写出实验用原料的工艺特性，挤出机、环隙口模以及冷却牵引辅机的主要技术参数。

② 列表实验工艺条件，泡管外观质量和实验中所观察的现象，并分析薄膜质量与原料、工艺条件以及实验设备的关系。

③ 由实验数据分别计算出合格产品的产率、吹胀比和牵引比。

(2) 实验报告　实验报告包括下列内容：

① 材料牌号、生产厂家和日期；

② 实验设备型号、生产厂家和主要性能参数；

③ 实验工艺参数记录表；

④ 实验操作步骤及工艺调节；

⑤ 实验现象记录及原因分析；

⑥ 试样制备的种类和数量；

⑦ 对实验的改进意见；

⑧ 解答思考题。

(3) 思考题

① 影响吹塑薄膜厚度均匀性的主要因素有哪些？吹塑法生产薄膜有何优缺点？

② 为减轻冷却负荷和提高生产效率，吹塑过程中尤其应注意控制哪些工艺因素？为什么？

4.5 泡沫塑料成型实验

4.5.1 医用聚氨酯泡沫

4.5.1.1 实验目的与原理

(1) 实验目的

① 了解聚氨酯泡沫发泡的机理及制备的基本方法。

② 了解医用聚氨酯泡沫对原材料的要求和聚氨酯泡沫性能及其应用。

(2) 实验原理 分别按配比将二异氰酸酯，聚醚和水，聚酯和催化剂加入到医用泡沫机的料罐中，经过加热循环，搅拌混合后，将混合头中的物料放入纸盒中，待0.5～3min发泡完毕后，放入烘箱内在100℃下熟化1h，移出烘箱冷却至室温，得到聚氨酯泡沫。

聚氨酯泡沫塑料是一种新型的高分子合成材料，与其他泡沫相比，在性能上具有许多特点，除密度小外，还具有无臭、透气、气泡均匀、耐湿、耐老化、抗有机溶剂腐蚀等特性，因而具有广阔的应用前景。

聚氨酯泡沫成型比任何其他聚氨酯成型都更为复杂。除在聚合物反应中的华沙客物理状态变化之外，泡沫的成型又增加了胶体化学的特点。要了解聚氨酯泡沫的成型，还需涉及气体发生和分子增长的高分子化学、晶核过程和稳定泡沫的胶体化学，以及聚合体系熟化时的流变学等。

软质聚氨酯泡沫的制造分为三种工艺：即预聚体法、半预聚体法和一步法。本实验主要采用一步法制备软质聚氨酯泡沫。

一步法是将聚醚或聚酯多元醇、多异氰酸酯、水以及其他助剂如催化剂、泡沫稳定剂等一次加入。在短时间内几乎同时进行气体发生及交联等反应。当物料混合均匀后，1～10sec. 便开始发泡，0.5～3min内发泡完毕并得到具有较高分子量和一定交链密度的泡沫制品。要制得泡沫孔径均匀和性能优异的泡沫体，必须采用复合催化剂和控制合适的条件，使三种反应得到较好的协调。为了得到均匀的泡孔，移去反应热，避免泡沫芯部因高温而产生“焦烧”还需加外发泡剂。在发泡过程中产生如下化学反应：

① 异氰酸酯和羟基的反应

多异氰酸酯与多元醇（聚醚和聚酯）反应生成氨基甲酸酯。

$$n\text{OCN—R—NCO} + n\text{HO}\sim\sim\text{OH} \longrightarrow \left[\overset{\displaystyle O}{\overset{\|}{\text{C}}}\text{NH—R—NH—}\overset{\displaystyle O}{\overset{\|}{\text{C}}}\text{—O}\sim\sim\text{O}\right]_n$$

② 异氰酸和水反应

带有异氰酸酯基团的化合物或高分子链节与水先形成不稳定的氨基甲酸，然后分解成胺和二氧化碳，胺进一步和异氰酸酯基反应生成含有脲基的高聚物。

$$\sim\sim\text{NCO} + H_2O \longrightarrow \sim\sim\text{NHCOOH} \longrightarrow \sim\sim\text{NH}_2 + CO_2\uparrow$$

$$\sim\sim\text{NCO} + \sim\sim\text{NH}_2 \longrightarrow \sim\sim\text{NH—CO—NH}\sim\sim$$

③ 脲基甲酸酯反应

氨基甲酸酯基团中氮原子上的氢与异氰酸酯反应，形成脲基甲酸酯。

$$\sim\sim NCO + \sim\sim NHCOO\sim\sim \longrightarrow \begin{matrix} & & O & \\ & & \| & \\ & N & -C- & O\sim\sim \\ & | & & \\ & C{=}O & & \\ & | & & \\ \sim\sim & NH & & \end{matrix}$$

④ 缩二脲反应

脲基中氮原子上的氢与异氰酸酯反应形成缩二脲。

$$\sim\sim NCO + \sim\sim NH-CO-NH\sim\sim \longrightarrow \begin{matrix} & & O & \\ & & \| & \\ \sim\sim & N & -C- & NH\sim\sim \\ & | & & \\ & C{=}O & & \\ & | & & \\ \sim\sim & NH & & \end{matrix}$$

4.5.1.2　实验原料与仪器

(1) 实验原料　软质聚氨酯泡沫可在较宽的范围内改变原材料种类和配方，得到物性各异的泡沫体。表 4-12 列出了制造三种不同密度的聚氨酯泡沫典型配方。

表 4-12　软质聚氨酯泡沫参考配方/（质量份）

种类配方 / 原材料	高密度	中密度	低密度
聚醚三元醇(分子量 3000)	100	100	100
有机硅泡沫稳定剂 SF-1034	125	L-520 或同前 10	L-520、2.0
三乙撑二胺	0.15	0.05	
辛酸亚锡	0.25	0.45	
油酸亚锡			17.5
N-2 基吗啡啉			0.5～1.0
F 11			17.7
水	22.5	3.3	3.6
TDI(80/20)	322	42.5	42.5
TDI 指数	105	105	

在医疗器械上使用的许多高分子材料，从原材料选择到加工成型制品，都要从医学角度观点来考虑安全性，必须对人体组织不产生有害作用。因此高分子材料在医学上的应用必须按照国家标准 GB/T 1688.1—1997 标准进行有关的生物学评价试验。

在配方中异氰酸酯实际用量可由下式计算：

基标　　　100（聚酯）聚醚

A =TDI(聚氨酯或聚醚数)

=[聚醚(或聚酯)羟值+酸值]×(87×100)/(56×100)

=(羟值+酸值)×0.155　　　(4-4)

B =TDI(用于水当量)

=[聚醚(或聚酯)中含水量+加入游离水]×(174/18)

=总水量×9.6

$$理论总\quad TDI量=A+B$$

$$实际TDI用量=理论TDI量\times TDI指数$$

（2）主要仪器

电动搅拌机或医用泡沫机	1台
台秤	1台
烧杯（500mL）	4个
玻棒	4根
自制硬纸盒（15cm×15cm×15cm）	5个

4.5.1.3 实验步骤及操作方法

（1）按质量称取TDI盛在一个烧杯中，将其余的组分按质量称取盛于另一个烧杯中；用玻璃棒混合均匀。

（2）将称好的TDI倒入混合组分中，高速搅拌后倒入纸盒中，观察发泡过程。

（3）10min后将纸盒连同泡沫置于100℃烘箱中熟化1h左右，移出烘箱冷至室温，或让其在室温条件下放置24h熟化。

（4）按照高、中、低密度的三种配方各制备一次，若有失败，找出原因重作。

（5）实验中发现泡沫质量较差，按表4-13方法改进。

注意：异氰酸酯系有毒试剂，对皮肤有刺激。在操作过程中应注意实验室的通风。如果异氰酸酯与皮肤接触需立即用肥皂和水清洗。

表4-13 影响泡沫质量的主要因素及解决方法

弊病	可能原因	解决方法
开裂	①发泡后期凝胶速度大于气体发生速度 ②物料温度过高 ③异氰酸酯用量不足	①减少有机锡类催化剂用量，或提高胺类催化剂用量，调节至发泡速率平衡 ②调整物料温度 ③调整TDI用量
泡沫崩塌	①气体发生速度过快 ②胶凝速度过慢 ③硅油稳定剂不足或失败 ④物料配比不准，搅拌速度不当	①减少胺类催化剂用量 ②增加有机锡类催化剂 ③增加硅油用量 ④设法调节至一定范围
泡沫收缩	①胶凝速度大于发泡速度 ②搅拌速度太慢 ③异氰酸酯用量过多	①调节并使发泡速度平衡 ②增加搅拌速度 ③减少用量
结构模糊 气泡严重	①搅拌速度过快 ②物料计量不准	①适当减慢速度 ②检查各组分计量准确度

4.5.1.4 实验结果、报告与思考题

（1）实验结果的表述　将高、中、低三种密度泡沫取样测试密度、抗张强度、撕裂强度、压缩强度和回弹性。将测试所得各项性能列表对比，每件试样取5个试样测试，取其平均值。

① 聚氨酯泡沫的配方及制备工艺

将氨酯泡沫实验配方及制备工艺列入表4-14中。

表 4-14　氨酯泡沫实验配方及制备工艺

原料 \ 配比/(质量/份)	低　温	中　温	高　温
聚醚 异氰酸酯 有机硅稳定剂 水 制备工艺及现象观察			

② 聚氨酯泡沫物理机械性能

按附加说明，测试聚氨酯泡沫物理力学性能，并将结果填入表 4-15 中。

表 4-15　测试聚氨酯泡沫物理力学性能结果

名称 \ 项目	密度/(g/m^3)	抗张强度/MPa	撕裂强度/MPa	压缩强度/MPa	吸水率/(体积%)
低泡 中泡 高泡					

(2) 实验报告　实验报告包括下列内容：

① 原料牌号、生产厂家和日期；

② 主要仪器设备型号、生产厂家；

③ 实验工艺配方和工艺参数记录表；

④ 实验操作步骤及工艺调节；

⑤ 实验结果表述；

⑥ 比较三种密度泡沫制品的性能和成型工艺；

⑦ 解答思考题。

(3) 思考题

① 聚氨酯泡沫发泡有几种方法?

② 对比三种配方制备的聚氨酯泡沫的性能，分析影响密度的因素有哪些?

③ 影响泡沫物性有哪些工艺条件?

附：聚氨酯泡沫塑料性能测试

(1) 密度

① 定义：单位体积内试样的质量。

② 试样尺寸：软泡 300mm×300mm×50mm。

③ 实验操作：在分析天平上精确称取试样的质量，精确到 0.01g，用千分卡尺测量样品的尺寸，精确度为 1%，每个样品测三点，至少测定五个样品取其平均值。

④ 计算

$$密度=\frac{W_s}{V}\quad (g/cm^3) \tag{4-5}$$

式中　W_s——试样质量，g；

V——试样体积，cm^3。

（2）拉伸强度

① 定义 扯断单位面积试样所需的力。

② 试样制备 硬泡样品的制备：硬质泡沫塑料质地较脆，制备试样时不宜用冲击截取试样。可用钢锯先截取样品，然后在砂纸上磨制成规定的尺寸。测试时除用夹具测试外，也可将试片粘接在夹具上进行测试，或用专用夹具按规定方法进行测试，至少五个样品，试样的形状和尺寸如图 4-5 所示：

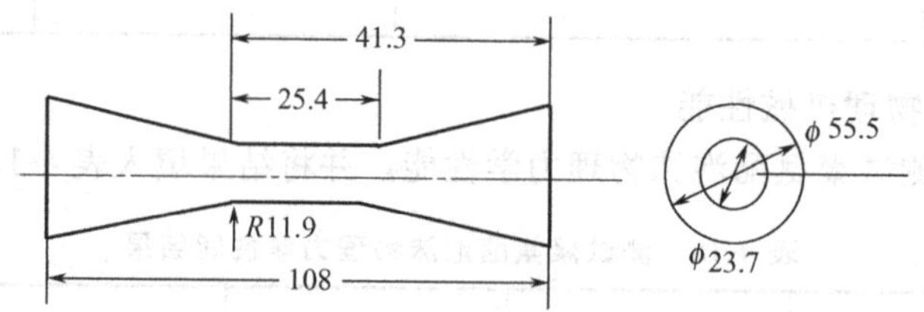

图 4-5 硬质泡沫拉伸强度试样形状和尺寸

软质泡沫样品的制备：切取哑铃形试样厚度约为 10mm。试样尺寸见图 4-6，试样至少 5 个。

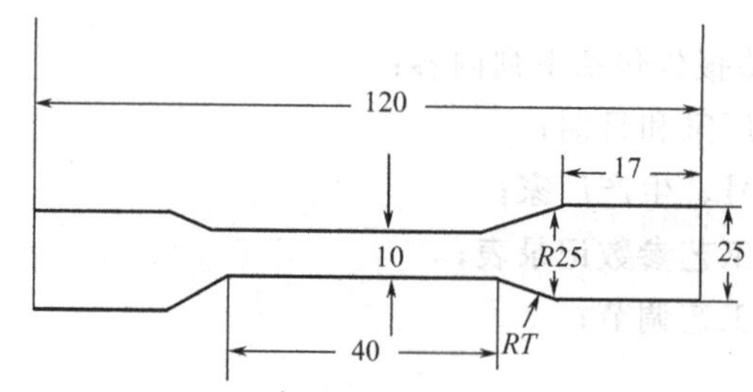

图 4-6 软质泡沫拉伸强度试样形状和尺寸

③ 测试仪器：拉力试验机，夹具分离速度 500mm/min。

④ 实验操作 测量试片横切面的长度和宽度取几个点，记录最小数值，准确至 0.05mm。

将试校置于夹具上，慢慢调节使样品中部正对中心轴，开动仪器，记录负荷读数，测完和记录试片断裂时的负荷和伸长数值，并分别记下测试前，断裂时，断裂 3min 后标线间的距离。

同一试样至少测定 5 个不同部位的样品，取平均值。

⑤ 计算

$$拉伸强度=\frac{试样断裂时的荷重}{试样的面积(最小值)}$$

$$伸长率(\%)=\frac{L_2-L_1}{L_0}\times 100 \qquad (4-6)$$

式中 L_0——测试前标线间距离，mm；

L_1——试校断裂时标线间距离，mm；

$$永久变形(\%)=\frac{L_2-L_0}{L_0}\times 100$$

L_2——试样断裂三分钟后标线间距离，mm。

(3) 撕裂强度　测定方法同拉伸强度。

① 试样形状和尺寸如图 4-7 所示。

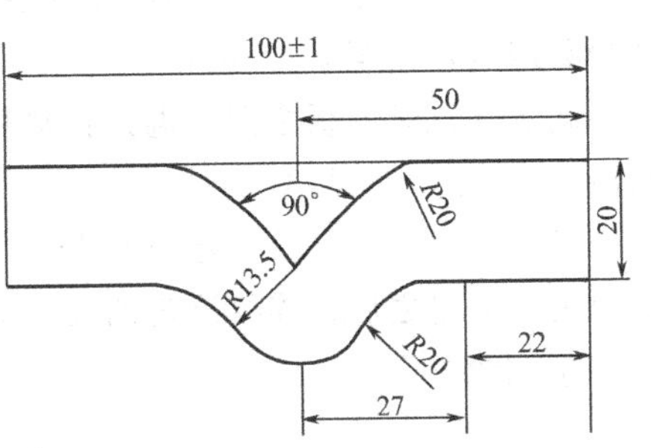

图 4-7　撕裂强度试样形状和尺寸

② 计算

$$撕裂强度=\frac{P}{D}\quad (N/cm) \qquad (4\text{-}7)$$

式中　P——试样破坏时最大负荷，N；

D——试样厚度，cm。

(4) 压缩强度

① 定义：在试校上施加压缩载荷至材料发生破坏或产生屈服现象时，单位面积所能承受的载荷。

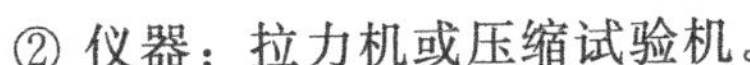

② 仪器：拉力机或压缩试验机。

③ 试样尺寸：(试样不得少于 5 个)

软泡：100mm×100mm×50mm

硬泡：50mm×50mm×50mm

④ 试验速度

软泡：100mm/s

硬泡：5mm/s

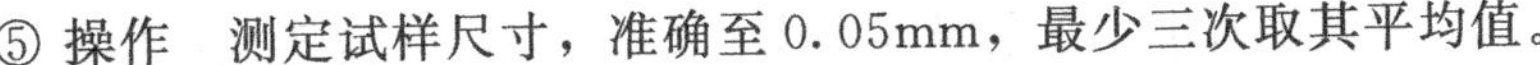

⑤ 操作　测定试样尺寸，准确至 0.05mm，最少三次取其平均值。

将试样放在压缩板间，按规定速度施加压缩载荷，试样破坏后，记录载荷数，对于韧性材料读数取表针第一次停顿时的载荷。

⑥ 计算

$$压缩强度=\frac{P}{F} \qquad (4\text{-}8)$$

式中　P——破坏载荷，N；

F——试样面积，cm^2。

(5) 回弹性

① 定义：钢球从一定高度，自由落在试样上，钢球被弹回的距离和层高的百分比。

② 试样：长方体同压缩强度。

钢球直径约为：16cm

落球高度：40～45cm

③ 实验操作　将一内径在 40mm 以上的有机玻璃管置于试样上，注意试样必须水平，管内插入刻度表，自指定高度，将钢球通过有机玻璃管自由落下，观察回弹距离并计算。

(6) 导热系数

① 定义：单位面积 (m^2)、单位厚度、温度变化几度 (℃) 时在单位时间 (h) 内通过的热量。

② 试样尺寸

长 20mm、厚 30mm (或长 300mm，厚 50mm)；

试样均匀平整，无裂纹缺陷。

③ 试验仪器：平板导热仪。

④ 操作　试样置于干燥器中平衡 24h。将试样置于冷板和热板之间测量试样厚度，至少测四点，读至 0.05mm。

调节并记录两板之间的温差：热板温度为 30～33℃，冷板温度为 20～23℃，两板之间温度差为（10±1)℃。

仪器平衡后，计量一定时间内通过试样有效传热面积的热量。在相同时间间隔内所传导的热量恒定之后，连续测定两次。测完之后，再测其厚度，取试验前后的厚度平均值。

⑤ 计算

$$热导率=\frac{Q\times d}{S\times\Delta Z\times\Delta t} \tag{4-9}$$

式中　Q——恒定时试样的热导量，J；

d——试样厚度，mm；

S——试样有效传热面积，m^2；

ΔZ——测量时间间隔，h；

Δt——冷、热板平均温度，℃。

（7）吸水率　泡沫塑料的吸水性对隔热和电气性能有较大影响。块状泡沫的吸水率常用单位体积内的吸水量表示。片状泡沫塑料以单位面积内的吸水量表示。

① 试片尺寸：长方形式样（150×150×75）mm^3 试验前在 50±3℃温度下处理 24h。

② 操作　测量试样的长、宽、厚并称其质量以及表面气泡的平均直径。

将试片置于 23±2℃的蒸馏水中，完全浸入水内 96h，或将试片置于金属器皿中，先称其重量，浸泡完毕后再称质量。

③ 计算　将试片表面气泡部分的体积算出，减去气泡体积得出真正的体积，然后按下式算出吸水率。

$$吸水率(体积)\%=\frac{(W_3+V\times 1g/cm^3)}{V}\times 1g/cm^3\times 100 \tag{4-10}$$

或

$$吸水率(面积\%)=\frac{(W_3+V\times 1g/cm^3)-(W_1+W_2)}{A}$$

式中　W_1——试样的质量，g；

W_2——金属器皿的质量，g；

W_3——浸泡后空器皿＋试样质量，g；

V——试片的校正体积，cm^3；

A——试片面积，cm^2。

4.5.2 聚乙烯泡沫

4.5.2.1 实验目的与原理

（1）实验目的

① 了解采用化学发泡剂和化学交联剂，一步法生产聚乙烯泡沫板的工艺原理；

② 掌握控制塑料泡沫密度、泡孔结构和强度的方法。

（2）实验原理　聚乙烯泡沫是以 PE 树脂为基础、内部具有无数微孔的塑料制品。聚乙烯泡沫塑料具有质轻、绝热、隔音、缓冲等特性，在土木建筑、绝热工程、车辆材料、包装防护、体育及生活器材方面有广泛应用。本实验采用化学发泡剂和化学交联剂，一步法生产低密度聚乙烯（LDPE）泡沫板。其实验过程分为三个阶段。

① 密炼　在低于交联剂和发泡剂分解温度以下，高于LDPE熔点的温度下，将交联剂过氧化二异丙苯（DCP）、化学发泡剂偶氮甲酰胺（ADCA）和其他加工助剂与低密度聚乙烯放入密炼机中，混合、塑炼成团状熔体料。

② 双辊拉片　用双辊塑炼机，在与密炼温度相近的温度下，将塑炼后的团状熔体料迅速打包拉成未发泡的片材。

③ 压制成泡沫片材　将未发泡的片材置于恒温发泡交联温度之下的压模型腔中，经加热、加压、化学交联、化学发泡、冷却定型，最后成为LDPE泡沫片。

为什么要采用化学交联方法呢？LDPE是带有支链结构的乙烯聚合物，聚集态结构由结晶区和非结晶区组成，LDPE树脂熔点在105～125℃之间，发泡过程中，物料温度未达到晶体结构熔融前，材料较硬、流动性差，发泡气体不能膨胀；物料温度使晶体结构熔融时，熔体黏度急剧下降（结晶度高的树脂下降尤为剧烈），随着温度升高熔体黏弹性将进一步降低。熔体这种性质使发泡过程中的气体容易逃逸，发泡条件只能限制在狭窄的温度范围内。其次，LDPE从熔融态转变成结晶态时，要放出结晶热，加之熔融LDPE的比热容又较小，因此从熔融状态至固化状态经历的冷却时间较长，不利于保持气泡稳定。再有LDPE气体透过率高，发泡剂分解的气体易于渗透外逸使泡沫崩塌，上述的发泡性能使工艺控制十分困难，为了改善LDPE发泡工艺性能的这些缺点，除控制树脂的熔体流动速率，还需采用分子链间交联的方法。研究工作表明，随着LDPE交联度（以下溶于热的苯类溶剂的凝胶百分率表示）增加，熔体黏度、弹性比没有交联的LDPE有所增加，从而可以在比较宽广的温度范围内获得适宜发泡的条件，提高泡沫的稳定性，制得均匀、微细、高发泡倍率的泡沫制品。

LDPE交联有化学交联及辐射交联两类。化学交联通常用有机过氧化物作交联剂。以过氧化二异丙苯（DCP）作交联剂为例，在不同温度下的半衰期列于表4-16。LDPE的交联过程如下：

表4-16　DCP在不同温度下的半衰期

温度/℃	101	115	130	145	171	175
半衰期/min	6000	744	108	18	1	0.75

① 加热条件下，DCP分解为异丙苯氧自由基，异丙苯氧自由基又可能分解为甲基自由基和苯乙酮。

$$C_6H_5—C—(CH_3)_2—O—O—(CH_3)_2—C—C_5H_5 \longrightarrow 2C_6H_5—C—(CH_3)_2—O\cdot$$

$$C_6H_5—C—(CH_3)_2—O\cdot \longrightarrow C_6H_5—\underset{\underset{O}{\|}}{C}—CH_3 + CH_3\cdot$$

② 异丙苯氧自由基和甲基自由基夺取LDPE大分子链（多数是支链位置叔碳原子）的氢，生成大分子自由基。

$$—CH_2—CH_2—CH_2—\underset{\underset{R}{|}}{CH}— + C_5H_5—C(CH_3)_2—O\cdot \longrightarrow$$

$$C_5H_5—C—(CH_3)_2—OH + —CH_2—CH_2—CH_2—\overset{|}{\underset{\underset{R}{|}}{C}}\cdot$$

$$CH_3\cdot + —CH_2—CH_2—CH_2—\underset{\underset{R}{|}}{CH}— \longrightarrow CH_4 + —CH_2—CH_2—CH_2—\overset{|}{\underset{\underset{R}{|}}{C}}\cdot$$

R 为 H—；C_2H_5—或 C_4H_9—。

③ 大分子自由基互相结合形成共价键，得到交联聚乙烯。

LDPE 经化学交联后熔体黏度随温度的变化如图 4-8。从图 4-8 可见，在 $T_m \sim T_1$ 温度范围、LDPE 可进行混炼和成型；在 $T_1 \sim T_2$ 温度区间，交联处理的 LDPE 在较宽温度范围内其熔体黏度变化缓慢从而可进行化学发泡。故化学交联是生产 LDPE 泡沫材料的有效方法。

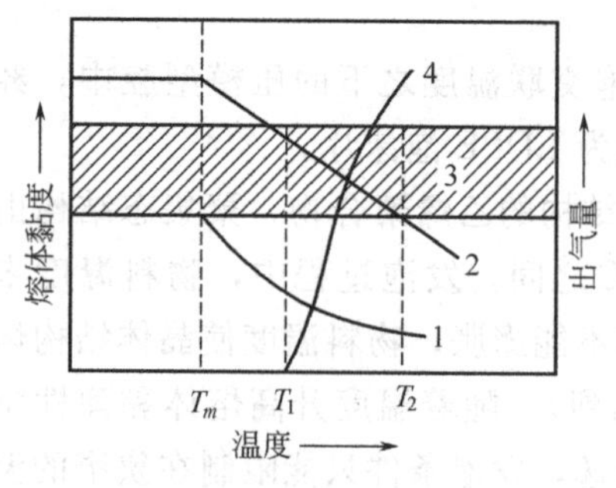

图 4-8 LDPE 经化学交联后熔体黏度随温度的变化

化学发泡剂分为有机的和无机的两类，属于有机发泡剂的偶氮甲酰胺（ADCA）是 LDPE 最常用的发泡剂。ADCA 受热时发生分解，ADCA 的分解是一个复杂的反应过程，气体物质除 N_2（占 65%）、CO（占 32%）外尚有少量的 CO_2（约占 2%）和 NH_3 等。此外，固体物质有脲、联二脲、脲唑、三聚氰酸等，这些固体物易在成型模具处结垢，连续发泡过程时应设法除去。

ADCA 分解的发气量 220mL/g（标准状态），分解放热 168kJ/mol，在塑料中的分解温度为 165～200℃。若在此分解温度下，交联的 LDPE 熔体黏度地明显降低，黏弹性变差，给发泡工艺过程造成新的困难。因此要在发泡工艺的原料配方中加入某些助剂降低发泡剂分解温度，加快发泡发解速度，这类助剂称为发泡促进剂。ADCA 的发泡促进剂有铅、锌、镉、钙的化合物，有机酸盐以及脲等。本实验所有的发泡促进剂氧化锌（ZnO），硬脂酸锌（ZnSt、兼作润滑剂）用量与发泡剂 ADCA 分解温度的关系见图 4-9、图 4-10，由图选择促进剂用量以控制发泡温度。

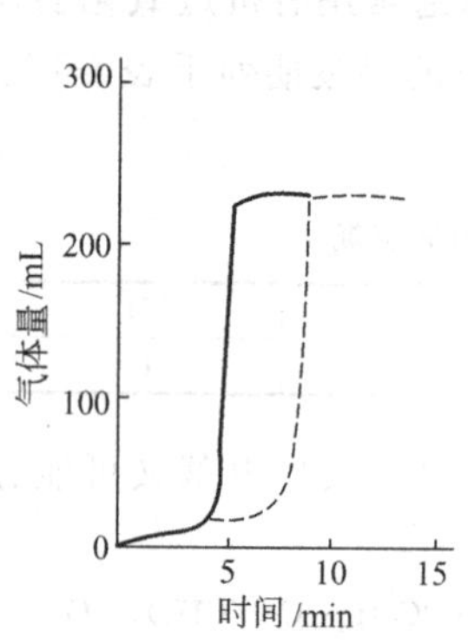

图 4-9 ZnSt 对 ADCA 发气特性的影响

——ZnSt ------ADCA

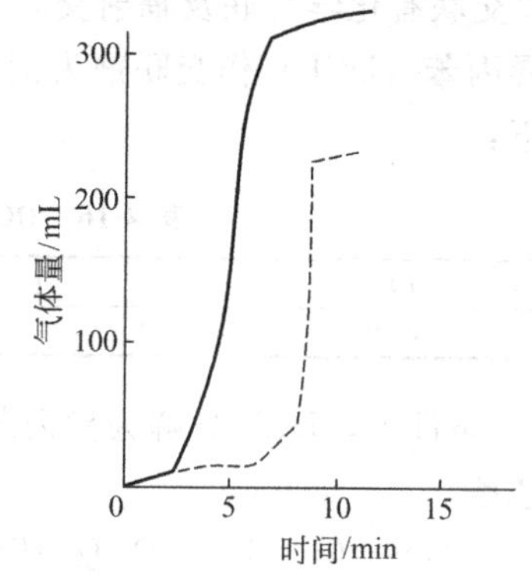

图 4-10 ZnO 对 ADCA 发气特性的影响

——ZnO ------ADCA

化学发泡时把发泡剂均匀混入 LDPE 中，加热使发泡剂分解释放大量气体和热能，气体与熔融 LDPE 混合，在成型设备的工作压力下溶解于熔体内，热能在发泡剂粒子的位置形成局部热点，这些局部的热点温度较周围 LDPE 熔体温度更高，致使黏度较周围熔体的低，表面张力适量减小，成为溶解气体可以膨胀发泡的位置，即泡核。而周围熔体内的气体，不断地向泡核渗透、扩散，直至气体的压力与泡核壁面的应力处于平衡状态为止。当发泡剂分解完后，成型设备解除工作压力的瞬间，熔体温度、气体的压力、体积变化与泡核壁面取得新的应力平衡，发泡材料急剧胀大，成为细密、均匀、稳定泡孔结构的发泡制品。

4.5.2.2 原材料与仪器设备

(1) 原材料 北京燕山石油化工公司生产牌号为1F7B的LDPE。

DCP，工业一级品

ADCA，工业一级品

ZnO，化工一级品

ZnSt，化工一级品

本实验原料配方（质量份）列入表4-17。

表4-17 实验原料配方

配方编号 \ 组成	LDPE	DCP	ADCA	ZnO	ZnSt
1	100	0.6	3	0.8	1.2
2	100	0.9	4	0.8	1.2

(2) 主要仪器设备

乳钵、直径15cm　　1套

天平、感量0.1g　　1台

天平、感量1g　　1台

XSM-1/20-80密炼机　　1台

（密炼室工作容量0.6～0.7L、压料块对物料压强0.1～0.25MPa）

SK-160B双辊炼塑机（辊筒速比1∶1.35）　　1台

SL-45压力成型机　　1台

（最高工作温度200℃、总压力440kN、工作液最大压强32MPa）

发泡模具、型腔尺寸（长×宽×深）160mm×160mm×3mm　　1套

整形模具、板面尺寸（长×宽）350mm×300mm　　1套

泡沫材料测厚仪或游标尺（精度0.02mm）　　1件

4.5.2.3 实验步骤

(1) 阅读密炼机、双辊炼塑机、压力成型机的使用说明书，了解机器的工作原理、安全要求及使用程序。

(2) 检查机器是否正常，利用加热、控温装置，把密炼机、双辊炼塑机、压力成型机工艺部件及发泡模具分别恒温到130℃、100～120℃、160～180℃及160～180℃。

(3) 按表4-17原材料配方，计算出LDPE质量为600g时加入助剂的质量。先按配方1，用天平（感量1g）称取原材料，将LDPE放入容器中，按发泡促进剂、交联剂、发泡剂顺序分别用天平（感量0.1g）称量，置于乳钵内研磨均匀。

(4) 启动密炼机的主机和液压电机，调节转子为20～30r/min，从加料室将配方1原料按LDPE（约300g）、助剂、LDPE（余下300g）顺序加料，加料完毕、关闭加料门，放下上顶栓，使物料承受0.14MPa的压强，停止主机。

(5) 在120～130℃的温度下，预热物料3min。预热时间内接通测量仪器电源，并使转矩测量仪，矩记录仪，物料温度记录仪处于工作状态。

(6) 预热结束，启动主机，物料开始密炼。由转矩记录仪、物料温度记录仪描绘出物料转矩-时间、物料温度-时间曲线。

(7) 从物料的转矩-温度-时间曲线判断物料熔融，当物料已均匀后或经密炼10～15min后，开启下顶栓放出团块状的物料。

(8) 启动双辊炼塑机，调节辊距为3～4mm，在100～120℃的温度下将密炼好的团块状物料塑炼1～2次，取下成为未发泡的片坯。

(9) 趁片坯未冷却变硬时，剪切为略小于160mm×160mm的正方块。用记号笔在片坯上标上配方编号。

(10) 按配方2称量，按步骤(3)～(9)重复操作。

(11) 按发泡模具型腔容积（同学在实验前）计算所需片坯的质量，用天平（感量1g）称量片坯。

(12) 将已恒温160～180℃的发泡模具清理干净，置于压力成型机下工作台中心部位，放入已称量的用配方1原料塑炼的片坯。

(13) 合模加压至压力成型机液压表压强为9～32MPa，开始计算模压发泡成型时间。

(14) 在模具温度160～180℃下，模压发泡成型10～12min，得到配方1PE泡沫片。

(15) 用配方2原料塑炼的片坯，重复操作(11)～(14)，得到配方2PE泡沫片。

(16) 用三角尺（自备）在泡沫板材表面画出100mm×100mm的正方形，剪切成块，用泡沫材料测厚仪或游标卡尺测量各边的厚度；用天平（感量0.1g）称量泡沫块的质量。

(17) 在泡沫板材表面及切断面用肉眼或放大镜观察气泡结构及外观质量缺陷（如熔接痕、翘曲、僵块、凹陷等）状况。

4.5.2.4 实验结果、实验报告与思考题

(1) 实验结果表述

① 按压力成型机技术参数，计算模压成型的模压压强（MPa）。

② 按4.5.2.3（16）操作步骤检测数据，计算泡沫材料的发泡倍数及平均值。

③ 从工艺配方和成型工艺试分析说明实验步骤（17）中观察到的现象。

④ 解释实验过程中测得的物料转矩-温度-时间曲线。

(2) 实验报告　实验报告应包括下列内容：

① 原材料牌号、生产厂家和日期；

② 实验设备型号、生产厂家和主要性能参数；

③ 实验工艺参数记录表；

④ 实验操作步骤及工艺调节；

⑤ 实验现象记录及原因分析；

⑥ PE泡沫片性能、泡孔结构和外观分析；

⑦ 对实验的改进意见；

⑧ 解答思考题。

(3) 思考题

① 从原料密度、泡沫塑料密度、发泡剂的发气量推导计算发泡剂理论用量（%）的公式。用此公式校验本实验配方中发泡剂用量，说明理论用量与实验量差别的原因。

② 同一塑料的模压成型与模压发泡成型有何特点？比较模压发泡与挤出发泡的工艺特征？

③ 影响 PE 泡沫塑料泡孔结构和性能的因素有哪些？

4.6 热成型实验

4.6.1 实验目的与原理

(1) 实验目的

① 了解热成型原理和成型设备；

② 掌握原材料片材性能与热成型工艺参数的关系；控制热成型制品的性能和外观质量的方法。

(2) 实验原理　在高分子材料制品生产中，为制得壁薄、表面积大、制品形样变化颇多的半壳形制品，常用热成型。工业化的热成型方法有多种，如差压成型、覆盖成型、柱塞助压成型以及回吸成型等。本实验采用真空差压成型法（参见图 4-11），其工艺原理为：将热塑性塑料片材加热至一定的温度（$T_g \sim T_f$），固定在成型模具上，通过对模具抽真空使片材的上下两面形成压差，促使已软化的塑料片材产生热弹性变形而紧贴于模具型腔内表面，随后在压力的作用下冷却，将变形冻结下来，取得与模具型面相仿的形样，脱模后切除余边即得制品。

在热成型过程中，不同的高分子材料受热时其力学性能及它们之间的变化各不相同。通常在成型过程中总是希望高分子材料片材在成型温度下具有最大断裂伸长率和较低的拉伸强度，但是这种理想条件往往不易实现。如图 4-12 所示，尽管 HIPS 和 ABS 的伸长率比 PVC 高，但 PVC 在较宽的温度范围内伸长率变化较小，当成型压力一定时，即使成型温度有些波动也能顺利成型，而 HIPS 和 ABS 在小幅度的温度波动时，伸长率就急剧下降，致使成型过程难以控制；然而 PVC 的拉伸强度对温度的敏感性较大，对于制作深尺寸的薄壁制品就受到一定的限制。

除材料特性外，影响成型和制品质量的因素有：成型温度、加热技术、成型压力、成

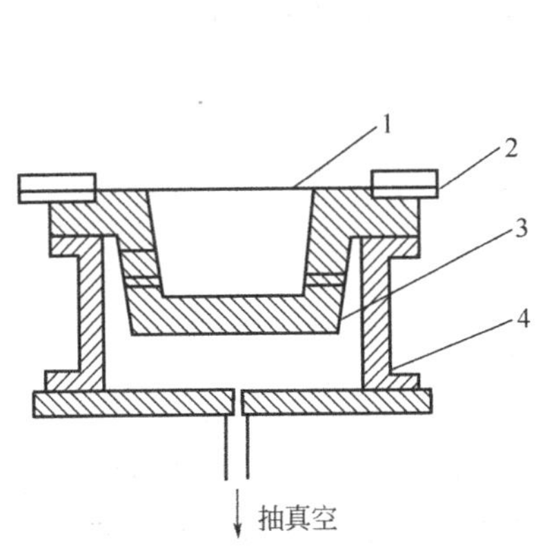

图 4-11　真空差压成型法示意图

1—片材；2—夹持框架；3　模内框；4—模外框

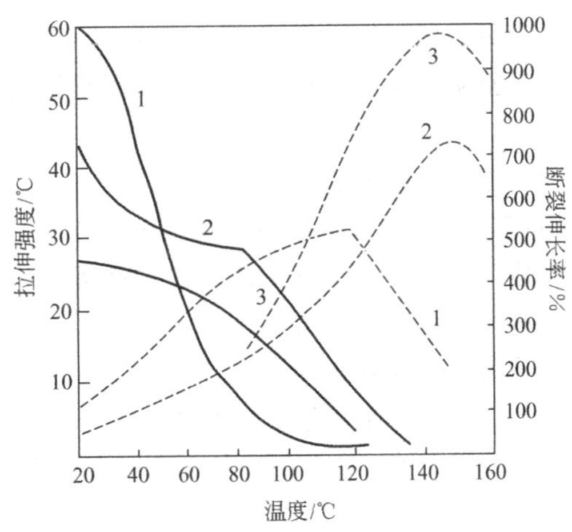

图 4-12　几种片材的拉伸强度和断裂伸长率与温度的关系

—— 拉伸强度；--- 断裂伸长率

1—PVC；2—ABS；3—HIPS

型速度以及冷却效果。对于不同的塑料片材类型、厚度、制品形样，应有不同的最佳热成型工艺。

材料最佳性能对应的温度不一定是最佳加工温度。例如 PVC 片材，具有最大伸长率的温度是 90℃左右，这时的拉伸强度还很高，在真空吸塑压力较小的情况下无法使其充分的伸展，为了减小张力，强化伸长效果，成型温度的选择以稍高于最大伸长率时的温度为宜。在较高的温度下成型，不仅可以减少制品的内应力和可逆形变，同时还可补偿成型过程中片材周转时的散热，使制品的花纹、图案清晰，形状和尺寸稳定。但过高的成型温度也会带来片材变色、制品粗糙度不佳、皱折或出现模具伤痕等质量问题。

关于加热方法和时间的选择要由塑料的种类、片材厚度及成型制品的深度而定，总的要求是既要尽可能快地使片材加热至成型温度，又要设法减少片材内外温差。在各种加热方式中，远红外线辐射加热有其独到之处；它不仅具有光的聚焦反射性质，并且有一定的穿透能力，能使材料内部和外表得到同时加热，从而避免由于热胀程度不同而产生的形变和质变。但此种加热技术的实际温度很难准确测定，对不同厚度的片材、加热温度的调整在技术上还存在一些困难，通常是靠控制加热时间来实现，而加热时间的确定目前也主要靠经验积累。

成型速度和成型压力的选择也是十分重要的。一般说来，拉伸片材变形的快慢取决于片材的厚度和加热温度，较厚的片材，在适当提高加热温度的同时宜用较快的拉伸速度，当然也要防止过快的拉伸而造成制品凹凸部位过薄的现象；当成型温度不太高时，用较慢的拉伸速度成型有利于材料伸长率的提高，对成型制品较深者尤其重要。至于成型压力，对真空吸塑来说要受最大真空度的限制，若使 PVC 片材在伸长率达最大时的温度下成型就要提高成型压力，这对单纯的真空吸塑显然不能满足要求，就只能提高温度来降低拉伸强度；但对深度较大的制品，为了避免厚薄偏差太大仍应采用较低的温度成型，此时的真空压力也明显不足，往往要借助压缩空气或机械力来满足要求。

4.6.2 原材料与仪器设备

(1) 原材料　硬质 PVC、改性 PS、ABS 等热塑性片材，要求片材厚度误差在±5%以内，表面光洁平整，无缺陷。

本实验采用 4.1.1 热塑性塑料模压成型实验中制备的透明和不透明的 PVC 硬片作为原材料。

(2) 主要仪器设备

CD-500 型或其他类型真空成型机	1 台
夹持片材框架（大小可在一定范围调节）	2 个
单阴模（木制或金属制）	1～3 个
测厚仪（精度 0.01mm）	1 个
直尺、剪刀、手套等实验用具	

本实验采用的 CD-500 型真空吸塑成型机，系由电器系统、远红外辐射加热烘道、真空系统等几部分组成。工作时可根据需要选用单工位或双工位交换吸塑成型。模具是饭盒式单阴模，靠空气对吸塑制品进行自然冷却。

4.6.3 实验步骤

(1) 按真空吸塑机操作使用规程（详见机器使用说明书）接通电源，备好机器烘道内远红外加热器，用调压器调节好发射板的加热电压。开启真空泵，检查吸塑系统真空度能否达到工艺要求。

(2) 将 4.1.1 热塑性塑料模压成型实验中制备的透明和不透明的 PVC 硬片制得的 PVC 片材展开，分辨且标志出纵横方向，用螺旋测微器测量片材的厚度（准确至 0.01mm)，在光亮处检查片材无孔眼等缺陷。然后按夹持框架尺寸（模具投影面积＋余量）把片材裁剪成一定形样的料坯。

(3) 把透明的料坯固定在夹持框架上，展平压紧。夹持时在与料坯相接触的框架表面可衬以橡胶或泡沫塑料垫片，以防塑料片滑移而影响吸气系统的密闭性。

(4) 将装好料坯的框架送至烘道内远红外发射板之上，掌握好塑料与发射板之间，尽可能使其各部位得到均匀受热，严防局部过热或加热不足（必要时可在发射板中央位置加用金属丝网进行局部遮罩以改善受热状态)。当框架上的料坯预热一定时间后，便可观察到开始出现凹凸起伏膨胀状态，紧接着料坯又逐渐展平张紧，随后变软下垂，此时即为最适宜的成型温度，应立即将夹持框架连同预热好的料坯一道移至吸塑模具上，使热弹态的料坯与模具型腔接触形成一密闭系统，然后迅速开启真空管道阀件对模具进行抽空，迫使塑料延伸贴紧模具型腔而取得与型腔相仿的形样。

(5) 当真空表指针沿相反方向降至一定程度并开始回升时，关闭管道阀件，停止对模具抽真空，让其自然冷却（或对模具通水冷却）几秒钟，使制品温度降至 T_g 以下后再解除真空。打开夹持框架取出成型制品，经修边后即得所需制品。

(6) 变动下列材料、工艺和模具因素，重复上述操作过程，观测制品的外观质量及性能变化。

① 采用不透明片材作料坯。

② 由低至高改变对片材的加热温度。

③ 加深或变浅成型模具的深度。

④ 依次降低系统真空度。

4.6.4 实验结果报告与思考题

(1) 实验结果表述

① 实验用片材的厚度及吸塑工艺条件列表

② 吸塑制品性能检测

ⓐ 壁厚偏差测试　将吸塑制品沿中心轴剖开，用螺旋测微器量各点的壁厚，画出壁厚分布坐标图。

ⓑ 耐热性检测　将吸塑制品收入烘箱内，以 1℃/min 的速度升温到 40℃，停留 60s，测量变形情况，而后逐级间隔 5℃升温，停留受热 60s，观测各级温度变形情况。

(2) 实验报告　实验报告应包括下列内容：

① 实验设备型号、生产厂家和主要性能参数；

② 实验工艺参数记录表；

③ 实验操作步骤及工艺调节；

④ 实验现象记录及原因分析；

⑤ 热成型制品性能和外观随配方和工艺条件变化的分析；

⑥ 对实验的改进意见；

⑦ 解答思考题。

(3) 思考题

① 与注射成型比较，热成型工艺及其制品有何特点？

② 影响热成型制品质量的主要工艺因素有哪些？成型温度的选择依据是什么？

③ 原材料性质是如何影响热成型制品性能的？

4.7 塑性溶胶制备及搪塑成型实验

4.7.1 实验目的与原理

(1) 实验目的

① 了解 PVC 塑性溶胶的各组分的作用及影响其熔体流变行为的因素；

② 熟悉 PVC 塑性溶胶的配制方法和控制因素；

③ 掌握测定聚合物分散体流变行为的方法原理。

(2) 实验原理 PVC 塑性溶胶是 PVC 均匀分散、悬浮在增塑剂中所形成的分散体系，又称 PVC 糊。为了满足使用要求，PVC 糊中通常还添加稀释剂、表面活性剂、稳定剂、着色剂、填充剂和润滑剂等。PVC 糊主要用作为 PVC 的浇铸成型、涂层成型及泡沫塑料成型的原料，以生产人造革、壁纸、玩具、泡沫制品、铺地材料、乳胶手套、软管、隔膜等。

制备 PVC 糊的原理为：在配制聚合物分散体的混合装置中，利用适当的机械搅拌作用，使 PVC 颗粒及其他组成的固体颗粒料均匀的分散在增塑剂中，同时还利用表面活性剂和润滑剂降低固体颗粒与液体界面的张力，防止固体颗粒聚集、沉积，形成稳定的分散体系。由于增塑剂和稀释剂等与 PVC 有一定的相容性，故在 PVC 糊的配制过程中，机械搅拌的强烈程度、物料温度、搅拌时间以及配方均会影响 PVC 颗粒溶胀的状况和颗粒之间夹杂空气的量。如果 PVC 颗粒过度溶胀，不仅 PVC 糊的黏度将显著提高，黏度稳定性变差，而且还影响随后排除 PVC 糊中气泡工序和成型加工。因此控制机械搅拌、物料温度、搅拌时间等配制工艺参数以及优化配方对 PVC 糊质量很重要。

在制备 PVC 糊的过程中，很难避免完全不搅入空气，除少数 PVC 糊容许一些空气存在外，大多数情况都是在使用糊之前，需对 PVC 糊进行脱气处理。糊内的大多数气体可以在混合后放置的 24h 内会自动逸出，余下的少部分气体经过脱气处理去除。脱气处理常利用抽真空的方法，使 PVC 糊中的空气自动逸出。

搪塑成型原理为：将适量的 PVC 糊倒入已预热到一定温度的成型阴模中，当阴模内壁表层的 PVC 糊受热时，增塑剂黏度下降，阴模内壁表面黏附上一层 PVC 糊，这时将多余的 PVC 糊倒出，继续加热阴模，直到阴模内的 PVC 糊变成连续的均匀的增塑弹性体，再冷却阴模，取出 PVC 增塑弹性体，修整装饰，最后得到 PVC 软质制品。

搪塑成型中，PVC 糊由不均匀的分散体系变成连续的均匀的增塑弹性体的过程可分为“胶凝”和“熔化”两个连续阶段。胶凝开始时，PVC 颗粒均匀分散在液相中，在热的作用下，液体（增塑剂等）黏度进一步下降，继续向 PVC 树脂渗透，使溶胀的 PVC 颗粒间距离缩小，糊的黏度逐渐上升，直至全部增塑剂被 PVC 颗粒完全吸收，颗粒界面接合为止，这时 PVC 糊失去流动性，出现胶凝现象，此时的温度叫胶凝温度。胶凝出现之后，继续加热，增塑剂分子会加速渗入 PVC 大分子链间，降低大分子链间的分子作用力，加强大分子链的活动性，使界面缩小甚至消失，形成连续均匀的体系，完成熔化阶段。连续均匀的体系经冷却便成为具有一定力学强度的增塑弹性体。

搪塑制品的性能与搪塑成型控制和糊配方有很大关系。搪塑成型控制取决于 PVC 糊的流变性，经研究发现，PVC 糊的流变性除与增塑剂的化学结构、溶剂化能力、用量及其他助剂的作用有关外，主要受 PVC 树脂分子量和颗粒特征的影响。

分子质量高的 PVC 树脂在糊中能适当地阻止溶剂化进程，使 PVC 糊的黏度比较稳定，而胶凝和熔化过程需要更高的温度和更长的时间。用高分子量 PVC 树脂所制得的制品物理、力学性能更加优良。

PVC 颗粒特征指树脂的粒径大小及分布；次级粒子的结构及在增塑剂中的崩裂强度。PVC 糊用树脂是以氯乙烯为单体，用种子乳液聚合法生产。聚合生成的聚合物粒子（即初级粒子，粒径为 0.2～2μm）经过干燥过程变为树脂粒子（即次级粒子，粒径约为 75μm）。初级粒子大小及分布，次级粒子的结构和强度均影响 PVC 糊的黏度。

PVC 树脂颗粒通常情况下为次级粒子形态，调糊后，因增塑剂浸润、渗透，不断崩裂成为较小的颗粒和初级粒子，这样单位容积中的粒子数目增多、表面积增大，需要更多的增塑剂覆盖新增生的粒子表面，使增塑剂的相对量减少，造成糊的表观黏度增大。次级粒子松散的树脂，成糊后在短时间内就完成崩裂过程，表现为黏度显著增加，此后由于缓慢的溶胀，黏度增加也慢，放置时间过程中的稳定性也较好。反之，次级粒子紧密的树脂，成糊后在短时间内不能完成崩裂过程，在放置时间过程中的稳定性就较差。

初级粒子粒径大，单位质量的树脂具有较小的表面积，增塑剂覆盖的量较少，相应增大了提供流动的增塑剂的量，使得糊的黏度减小。初级粒子粒径分布大，小颗粒填充大颗粒之间，置换出更多的提供流动的增塑剂，因此，初级粒子粒径大且粒径分布大的树脂所制糊的黏度较小。反之，糊的黏度较大，流动困难。

为了降低成本，通常用悬浮法 PVC 树脂部分甚至全部代替乳液聚合的树脂配制 PVC 糊。选用的悬浮法 PVC 树脂粒径为 5～250μm。若粒子的粒径过大，容易在所配制的 PVC 糊中沉降，热处理后也不易得到均匀、表面粗糙度高的制品。

PVC 糊的黏度可以用毛细管式黏度计、同轴圆筒式黏度计及力矩型塑性仪测量。ISO4575、ISO2555 分别规定了用西弗斯（Severs）流变仪及布鲁克菲尔德（Brookfield）黏度计测定 PVC 糊的黏度。

西弗斯流变仪是一种毛细管黏度计，实验装置如图 4-13 所示。该流变仪测定范围较宽，但更多是在剪切速率大于 90s^{-1}场合下使用。实验时在流变仪的筒体内放进试样，调节夹套内的传热介质使 PVC 糊保持在规定的温度，控制气体压力在 100～2500kPa 之间，测量试样流经校正过的口模的流量，计算出在各个不同压力下相应流量的剪切速率和表观黏度，按实验点作出表现黏度对应剪切速率的函数图。

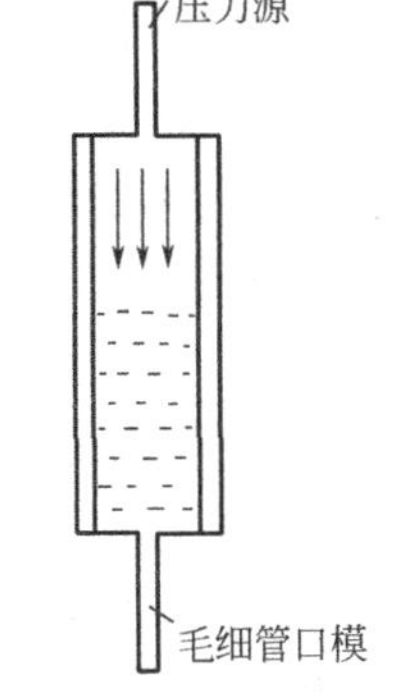

图 4-13 西弗斯流变仪示意图

布鲁克菲尔德黏度计是一种同轴圆筒式黏度计（图 4-14），用于低剪切速率（100～2000s^{-1}）下测量 PVC 糊的流变行为。测量时，一根圆柱形的柱在测量温度下的试样中以恒定速度旋转，试样对轴产生的阻力依赖于试样的黏度，此阻力导致轴上力矩弹簧变形，变形程度用指针移动的刻度值表示。所测试样的黏度用这个刻度值和仪器的系数之乘积计算，仪器的系数可

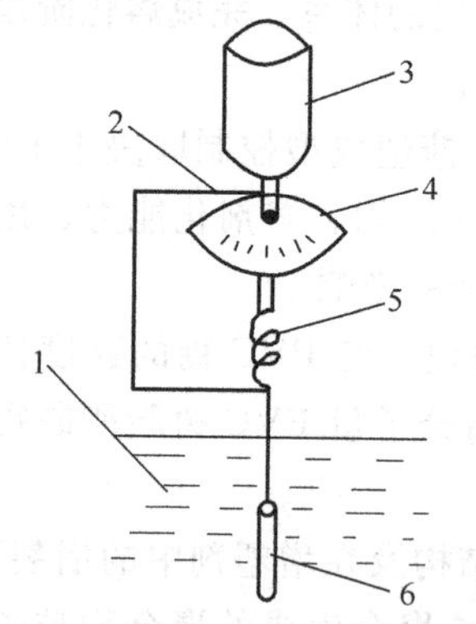

图 4-14 布鲁克菲尔德黏度计示意图
1—被测物料；2—指针；3—电机；
4—刻度盘；5—力矩弹簧；6—转子

由仪器的轴的特性及旋转速度查得。

由于试样通常是非牛顿型流体，所测黏度与测定时经受的速度梯度有关，用布鲁克菲尔德黏度计时轴上各点的程度梯度是不同的。因此对于非牛顿型流体，严格地说所得结果不是真实的已知速率梯度下的黏度，故一般又称为“布鲁克菲尔德黏度”。

本实验采用布鲁克菲尔德黏度计测定 PVC 糊的布鲁克菲尔德黏度。

4.7.2 原材料与仪器设备

(1) 原材料

悬浮法 PVC 树脂，SG2 或 SG3、SG4 型

乳液法 PVC 树脂，RH-（1 或 2、3）-I 型或其他的乳液聚合物

邻苯二甲酸二辛酯（DOP），工业品，密度（20℃）0.986g/cm^3

邻苯二甲酸二丁酯（DBP），工业品，密度（20℃）1.049g/cm^3

癸二酸二辛酯（DOS）、工业品，密度（20℃）0.929g/cm^3

硬脂酸钡（BaSt），工业品

硬脂酸镉（CdSt），工业品

硬脂酸锌（ZnSt），工业品

本实验采用 PVC 糊的配方见表 4-18。

表 4-18 本实验采用 PVC 糊的配方

PVC	DOP	DBP	DOS	BaSt	CdSt	ZnSt
SG 型 100	30～60	65～130	5～10	2.4	0.8	0.4
RH 型 100	24～48	52～48	4～8	2.4	0.8	0.4

(2) 主要仪器设备

101-1 型电热鼓风干燥箱	2～4 付
CS501 型超级恒温水浴	1～2 台
天平、感量 0.1g	1 台
883 型三辊研磨机	1 台
真空脱气装置	1 套

NDJ-1 型黏度计（测量范围：黏度 0.001～1000Pa·s，剪切速率 0.0628～12.25s^{-1}，剪切应力 1.256～125.6Pa）

4.7.3 实验步骤

(1) 准备工作

① 将清理洁净的搪塑成型模具置于 173～187℃恒温的电热鼓风干燥箱内加热。

② 使超级恒温浴处于（23±0.1）℃的工作状态。

③ 按表 4-18 的 PVC 糊配方，根据投料量和增塑剂的密度计算出本次实验使用的树

脂、稳定剂的质量及增塑剂的体积。

④ 量取各增塑剂，集中在一烧杯内搅拌均匀，计算混合增塑剂的密度。

⑤ 分别称取稳定剂，集中放入另一烧杯内，加入与稳定剂总质量相同的混合增塑剂，初混合后再用三辊研磨机反复研磨二至三次，使其成为均匀的稳定剂浆（使用时应分别计算浆内的稳定剂，增塑剂质量）。

(2) 制糊（SG 型 PVC 树脂）

① 拌料　烧杯中放入稳定剂浆，加入为总用量 10％的树脂及 16％的混合增塑剂，在室温下搅拌均匀。

② 冲糊　将 50％的混合增塑剂加热到 145～155℃，冲入拌料步骤得到的物料中，不停地搅拌，随着料温的下降，混合料逐渐变成均匀的、半透明的糊状物，当料温降至55～65℃时加入余下的树脂，继续搅拌，再与所余的混合增塑剂混匀，得到 PVC 糊。

(3) 制糊（HR 型 PVC 树脂）　在盛有稳定剂浆的烧杯内加入全部的树脂和 60％的增塑剂，在温度不大于 32℃的条件下，不停地搅拌 20～30min，使各组分分散均匀，然后逐渐加入余下的增塑剂，继续搅拌 10～15min，使其成为均匀的 PVC 糊。

(4) 脱气　把 PVC 糊装进脱气装置的分液漏斗中（应先关闭旋塞），启动真空装置，开启分液旋塞，使糊逐滴下落，在压强为 800Pa 下，利用真空作用脱除糊内气体。脱气完毕缓慢开启放空阀、使真空系统的液体倒流。停止真空泵，从分液漏斗下的容器内得到已脱气的 PVC 糊。

(5) 黏度测定

① PVC 糊装在直径大于 70mm 的烧杯中，在 (23±0.1)℃的恒温水浴内恒温 2h，以备测量黏度。

② 将黏度计放于坚固的平台上，使仪器处于水平位置。调零校正，使电动机处于空载旋转情况下，将调零螺丝轻轻旋入，此时指针即慢慢回到零，如果指针回过零点，不能再将调零螺丝旋入，此时应反向旋出，否则易将调零弹簧片折断。反复在空载下调零三次。

③ 估计 PVC 糊的黏度范围，按表 4-19，选择适宜的转子及转速组合。若这时仪器的转子没有转动，禁止调速。当 PVC 糊的黏度难以估计时，为防止损坏精密测量元件，转子应从 No. 4 到 No. 1 依次选择；转速应由低速向高速变换进行测试。

④ 用左手握转子接头，右手将橡皮带取下，再把转子旋入转子接头上（转子连接螺纹为左旋螺纹，反时针旋入上紧）。注意：连接时转子及接头不能受到震动及侧向力；不能把转子轴往上推或下拉；不能在空气中空转。

⑤ 将备测黏度的 PVC 糊倒入玻璃杯，直到液面高度低于杯口 2cm，将转子挂钩穿进左旋滚花螺母的孔圈内，调节升降柄使转子缓慢浸入糊中，直至转子的液位线与糊液面齐平，且转子底端距烧杯底面不小于 12mm。

⑥ 转动读数窗右侧的开关读数旋钮于水平位置，启动电动机；用左侧的变速旋钮调节到所选择的转数，经过 20～200sec 待刻度指针稳定后，把开关读数旋钮转回垂直位置即可读出指针指示的刻度值 N。选择的转子和转数组合，以在 20～90 刻度间较为适宜。

⑦ 将开关读数旋钮转至水平位置，调节变速旋钮使转数为 0，再将开关读数旋钮转回垂直位置，指针回复到零位。手托仪器把转子移出液面，升降柄定位，又一次校正仪器水平。左手握转子接头，右手握转柄顺时针旋转取下转子，保持转子的铅垂状态，不得跌

落、碰撞、弯折，仔细擦去物料、清洗干净后放回转子架。用橡皮带将转子头定位。

（6）搪塑成型

① 将已恒温的搪塑成型模具取出，让模具中凸出尖角部位倾斜，然后使用 SG 型 PVC 树脂配制的 PVC 糊沿模具的部分侧壁面匀速地注入模具型腔内，稍加振动，使模具型腔内的空气，通过相对的另一部分的侧壁面空间排出，待 PVC 糊完全灌满模具型腔后，贮留约 15～30sec，让 PVC 糊均匀浸润模腔壁面，再将 PVC 糊倒回容器内。这时与模壁接触的一层 PVC 糊已发生部分胶凝。随即将搪塑模具送入恒温的干燥箱加热 10～30min，使黏于壁面的 PVC 糊熔化，取出模具用风冷或水冷至 80℃以下，即可以从模具内取出 PVC 搪塑制品。

② 用 HR 型 PVC 树脂配制的 PVC 糊重复进行（6）搪塑成型①步骤，完成实验。

4.7.4 实验结果、报告与思考题

（1）实验结果表述

① 取样测定邵氏硬度（见 3.1.5 硬度实验）

② PVC 糊的动力黏度（表观黏度）

$$\eta_a = F \cdot N \tag{4-11}$$

式中 η_a——动力黏度，Pa·s；

F——黏度计的转筒因子，mPa·s；

N——测试时指针指示的刻度值。

③ 从实验所用树脂性质及增塑剂用量，说明对搪塑成型操作及成型品性能的影响。

表 4-19 NDJ-1 型黏度计黏度量程与转子选择的关系（mPa·s）

F 因子	量程及刻度值		F 因子	量程及刻度值	
	量程范围	每一刻度值		量程范围	每一刻度值
1	250～2500	25	4	1000～10000	100
2	500～5000	50	8	2000～20000	200

（2）实验报告　实验报告应包括下列内容：

① 原材料牌号、生产厂家和日期；

② 实验设备型号、生产厂家和主要性能参数；

③ 实验工艺参数记录表；

④ 实验操作步骤及工艺调节；

⑤ 实验现象记录及原因分析；

⑥ 玩具性能和外观分析；

⑦ 对实验的改进意见；

⑧ 解答思考题。

（3）思考题

① 钡、镉、锌的硬脂酸盐在 PVC 塑料中是怎样起稳定作用的？

② 实验所用的几种增塑剂各有何特点？

③ 搪塑成型对 PVC 糊的原料有哪些要求？实验用两种 PVC 树脂所制得的糊性能和搪塑制品的性能有何区别？

4.8 聚醚砜中空纤维的制备及性能测试

4.8.1 实验目的与原理

(1) 实验目的

① 了解不同孔径的聚醚砜中空纤维膜的主要制备方法以及影响中空纤维膜质量的主要因素；

② 了解测试中空纤维膜的方法，高分子材料的合成和有关纤维制备方面的基础知识。

(2) 实验原理 聚醚砜（PES）不对称膜的制备是利用聚合物溶液相分离，使 PES 溶液与非溶剂（沉淀剂）接触，通过溶剂与非溶剂的相互扩散来成膜。通过研究不对称膜成膜机理，指导纺丝原液和纺丝芯液的配制，以保证中空纤维膜的质量。

聚醚砜（PES）不对称膜的制备是通过溶剂与非溶剂的相互扩散来成膜。未加任何非溶剂（沉淀剂）聚醚砜溶液是透明的，加入一定量非溶剂后，透明溶液会变浑浊，变浑浊时各组分的含量，决定对应条件下发生相分离的临界点。

二元聚醚砜溶液在恒温搅拌下，缓慢滴加非溶剂，直到最后一滴使得原来透明的溶液骤然变浑浊为止。溶液最终组成以重量分数表示。

(聚醚砜浓度应在 11.5%±0.2%内)

纺丝原液的质量直接影响至中空纤维膜的质量。不同孔径大小的中空纤维膜最主要的控制因素就是纺丝液的配方，纺丝液的配方是纺制不同种类中空纤维膜的主要决定因素，配制的纺丝原液需要经过处理才能使用。

中空纤维膜的纺丝过程是较为复杂的，中空纤维膜的尺寸和性能除主要受纺丝液组成影响外，纺线工艺及参数多种因素的影响也很大。

① 纺丝液挤出速度 纺丝液挤出流量增大，膜的内、外径均增大，但是外、内径的比例 OD/ID 数值变化不大，膜的厚度显著增加。结果造成膜的纯水透过率 PWP 减小，对溶质截留率增大，中空纤维膜的孔径变小。

② 纺丝芯液流速 芯液流速（WFR）对中空纤维膜的尺寸和性能都有较大影响。WFR 增大，膜的内、外径均增大，而膜壁变薄，外、内径经例减小。膜的 PWP 增大，而 f 减小，说明膜的孔径增大。

除纺丝原液组成外，芯液是影响中空纤维膜尺寸和性能的最主要因素之一。

③ 空气段距离 干湿法纺丝工艺中，空气段距离（LAG）影响到初生纤维的成膜过程，影响了芯液和初生纤维之间溶剂和非溶剂的扩散时间（进入外凝固浴之前）。

当 PES 溶液通过喷丝头毛细管后，在喷丝头出口处，黏性流体剪切流动中回复过来，并在卷绕力作用力和其自身重力作用下伸展。LAG 小，PES 溶液很快进入外凝固浴成膜(纤维径上的芯液中水的外流和外凝固浴中水的内流，以及溶剂的扩散，三者很快共同参加进来，最终因液—液相分离形成多孔支撑层，使 PWP 较大，f 减小)。LAG 大，初生纤维在卷绕和重力作用下，高聚物堆积更紧密，并且重新排列成较稳定的状态，甚至可能取向和结晶，造成膜平均孔径较小，分布更均匀，最终导致 PWP 逐渐减小，而对溶质的截留率 f 逐渐增大。

④ 凝固浴温度 凝固浴温度升高，膜平均孔径变大，纯水透过率增大。

中空纤维膜从喷丝头出来的后继各阶段，应保持温度一致，特别是不能骤冷，纤维膜孔从舒张状态遇冷突然收缩定形，致使膜平均孔径变小。

除纺丝原液组成、芯液外，凝固浴温度也是影响中空纤维膜和性能的最重要因素之一。

⑤ 纤维卷绕速度（VFS） VFS增大，纤维被拉伸变形、纤维的内、外径和膜壁均减小。但外内径比例 *OD*/*ID* 的值变化较小。同时，PWP较小，而 f 增大。说明较大的VFS作用，使聚合物堆积更加紧密，同时可能发生取向作用，致使膜孔径减小，孔径分布也会取向均匀。

除芯液外，卷绕速度是影响中空纤维膜尺寸的重要因素。

应当注意，纺丝原液组成、纺丝芯液和纺丝操作工艺参数必须相结合，才能得到所需要的中空纤维膜。仅从一方面考虑，虽然在一定程度上可以调整膜的尺寸和性能，但只可在一定范围内实现。

4.8.2 实验原料与仪器设备

（1）实验原料 聚醚砜、*N*-甲基吡咯烷酮、1，2-丙二醇

（2）主要仪器设备

① 三颈瓶，500mL，量筒，天平

② 搅拌装置

③ 加热包及调压器

④ 单头膜分离纺丝机

⑤ 烘箱

⑥ 真空泵

4.8.3 实验步骤及操作方法

（1）配制纺丝液及其处理

① 将PES、NMP、PG按质量比准确称取，并放置于三颈瓶中，并在（90±5)℃下恒温搅拌8～12h，搅拌速度约75r/min。

② 将混合均匀的纺丝液，用大约400目的滤布，在不超过30kPa的压力下进行过滤。

③ 将过滤后的纺丝液置于瓶中，在搅拌下脱气。搅拌速度为75r/min，真空度为－0.075至0.065MPa。脱气时间为1h，至纺丝液中无气泡为止。此时纺丝液的温度不能超过40℃。

（2）配制芯液及其处理

① 在纺丝原液一定的情况下，芯液是控制中空纤维膜的主要因素，不仅影响中空纤维膜孔径的大小，而且对纤维尺寸有直接的影响，因此，芯液在中空纤维膜的制备中是最重要的。

② 将NMP、蒸馏水按体积比准确量取，并放置于瓶中，在室温下搅拌0.5h，搅拌速度约75r/min。

（3）中空纤维的制备 中空纤维的制备工艺流程如图4-15所示。

纺丝工艺参数：

纺丝液温度：(25±3)℃

罐温度：(25±3)℃

室温度：(25±3)℃

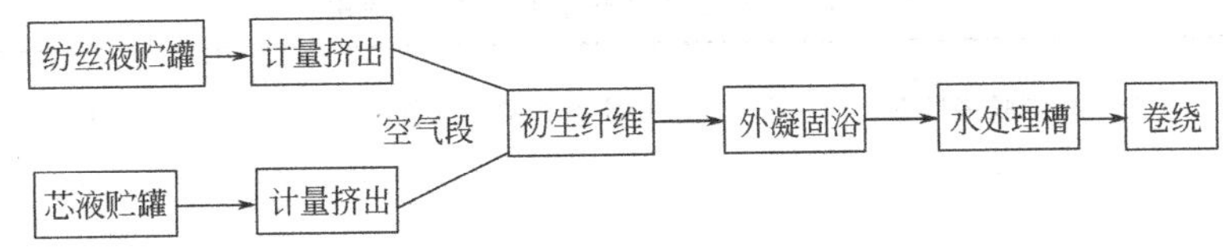

图 4-15 中空纤维的制备工艺流程

纺丝液挤出速度：(5.5±0.5) mL/min（齿轮计量泵读数）

芯液流速：(2.5±0.5) mL/min（芯液滴数为 52±4）

外凝固浴温度：(45±5)℃

水处理槽温度：(45±5)℃

卷绕速度：(40.0±4.0) m/min

相对湿度：80%

纺丝操作：在开纺丝机前，应先调节好室内温度和相对湿度，当室温达到 (25±3)℃ 时，打开纺丝机的电源，再对纺丝液罐以及外凝固浴进行升温，并调节纺丝芯液的滴数 (52±4 滴)，对纺丝液罐进行加压，再打开其阀门，待以上操作稳定后，进行纺丝，待初生纤维（丝）出来进入外凝固浴、水处理槽后再卷绕。

4.8.4 实验结果表述

(1) 纺丝液的配制　将纺丝液配方和配制工艺条件列入表 4-20 中。

表 4-20 纺丝液配方和配制工艺条件

原　料	质　量	配制工艺条件
PES	g	
NMP	g	
PG	g	

(2) 纺丝操作工艺及现象观察　将纺丝操作工艺及现象观察填入表 4-21 中。

表 4-21 纺丝操作工艺及现象观察

项　　目	操作工艺条件	现象观察
纺丝液温度/℃		
液罐温度/℃		
室温度/℃		
纺丝液挤出速度/(mL/min)		
芯液流速/(mL/min)		
水处理槽温度/℃		
外凝固浴温度/℃		
卷绕速度/(m/min)		

(3) 中空纤维膜的性能测试　按附加说明，测试中空纤维膜的性能，并填入表 4-22 中。

表 4-22　中空纤维膜的性能测试结果

项目 / 次数	中空纤维膜透过率	中空纤维的耐压性	中空纤维的通透性
1			
2			
3			
4			
5			
平均			

4.8.5　实验报告与思考题

（1）实验报告　实验报告应包括下列内容：

① 原材料名称、品级、生产厂家和日期；

② 主要仪器设备型号、生产厂家和主要性能参数；

③ 实验工艺流程和实验操作步骤；

④ 实验结果表述；

⑤ 实验现象记录及原因分析；

⑥ 对实验的改进意见；

⑦ 解答思考题。

（2）思考题

① 聚醚砜中空纤维膜的制备原理是什么？

② 在纺丝过程中，影响纤维质量的主要因素是哪些？

③ 除聚醚砜树脂以外，你能说出还有哪些树脂可以制备中空纤维膜？

附：主要测试方法

（1）中空纤维耐温性　高分子材料在温度升高时，链节的运动加快，当温度升高到玻璃化温度后，链段开始运动，因此温度对高分子材料及高分子膜的性能有很大影响。

实验操作：纤维在不同温度的水浴中处理，对处理后的纤维进行单纤维测试装置如图 4-16 所示。

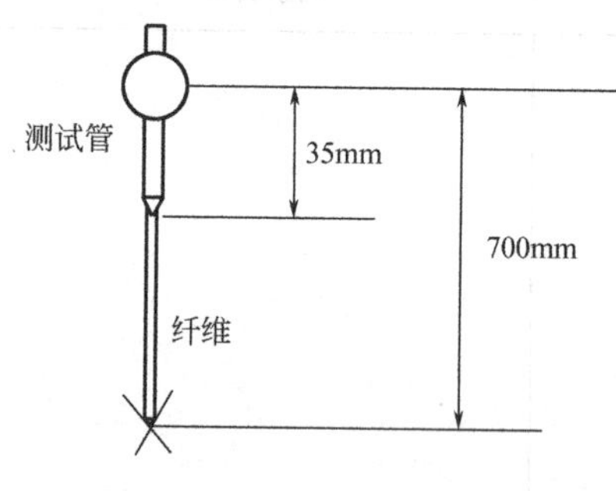

图 4-16　单纤维测试装置示意图

测定时，采用中断过滤法，确定测试管（测试管下端通过 4# 针头连接中空纤维丝）上端球形体内溶液通过的时间，即可计算纯水透过率。

球形体的容积 1.0mL：入口和出口压力通过水柱的压力确定，即入口压力 4666Pa/1813Pa＝3426Pa（350/13.6 ＝ 25.7mmHg），出口压力 93331Pa/1813Pa＝68665Pa（700/13.6＝51.5mmHg），跨膜压 TMP＝51465Pa（38.6mmHg）。

单要聚醚砜中空纤维膜的膜面积计算公式：

$$S=\pi dl \tag{4-12}$$

式中　S 为面积，mm^2；d 为直径，mm；l 为长度，mm。

(2) 中空纤维耐压性　实验操作：将单根纤维膜连接在如图 4-17 所示设备上，加压至能承受 53332Pa（400mmHg）[压力表最大读数为 39999Pa（300mmHg），加压到普通测压计最大限度值]，无漏气即可。

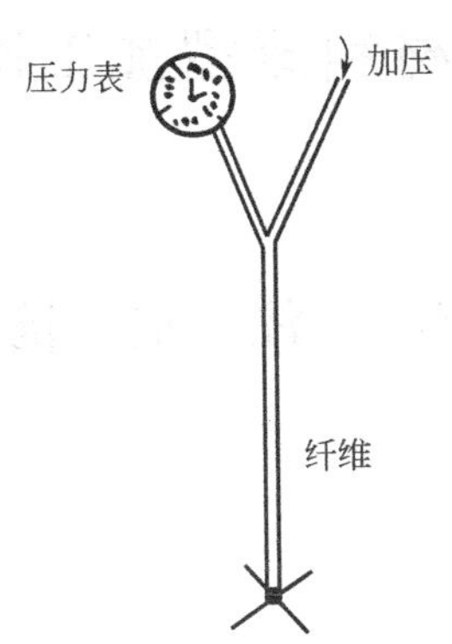

图 4-17　中空纤维耐压性测试仪示意图

(3) 中空纤维通透性　实验操作：将 30cm 长的单根纤维膜用 5mL 水通过注射器（4# 针头）注入，由出口端流出的水在（0.5±0.2）mL，即滤过量在（4.5±0.2）mL。

5 高分子材料成型加工设备剖析实验

5.1 注 塑 机

5.1.1 注射充模流动模型实验

5.1.1.1 实验目的与原理

(1) 实验目的

1 了解注射成型中充模流动的模型及影响充模流动的模型的因素；

2 掌握通过控制充模流动的形式，控制熔体缺陷和制品微观结构的均匀性。

(2) 实验原理 注射成型的核心过程是充模。塑料熔体充填模腔时的流动模型（流动状态）决定着制件的凝聚态结构和表观结构（如结晶、分子取向，熔合均匀性等），最终影响制件的使用性能。

塑料熔体从浇口进入型腔的正常充模方式应该是后续熔体推进熔体前缘，逐渐扩展，横跨型腔平面直至抵达型腔内壁，充满整个型腔。充模流动的非正常形式是喷射流和滞流充模形式。喷射流和滞流表现为充模开始时熔体以较大的动能，通过浇口喷射入型腔，分别形成熔体珠滴和细丝状直接喷射到浇口对面的型腔壁面上，后续的充模过程又如扩展流动那样。充模时发生不正常流动形式的流动会使熔体产生分离和熔合，形成较多的熔体熔接缝，给制件性能带来不利影响。

不同塑料品种的流变性不相同，因而产生喷射流动的条件也不同。影响熔体充模流动形式的因素有：熔体温度、模具温度、注射压力、注射速度以及模具型腔的空间大小、浇口尺寸和位置。本实验采用色料充模注塑法和透明模具观察法，观察不同工艺条件下熔体充模流动的形式变化。色料充模注塑法是在透明原料树脂中混入不同颜料，注射成型试样，观察制品上的流痕花纹，根据流痕花纹判断是正常的铺展式充模流动，还是非正常的充模流动。透明模具观察法是采用透明模具，直接观察充模流动特点的方法。

本实验采用不足量的色料充模注射法，逐步加大注射量、改变模具型腔厚度、改变注射压力和注射速度、更换浇口尺寸观察试样的色斑，从而分析熔体的流动形式。

5.1.1.2 实验原料和设备

(1) 实验原料 本次实验采用北京燕山石油化工公司生产的牌号为1I2A－1的LDPE和蓝色色母粒作为实验原料。

(2) 实验设备 SZ—100程控全自动注塑机一台，充模流型实验专用模具一套。

5.1.1.3 实验步骤

(1) 注塑机的操作方法和步骤，与实验4.3.1相同；

(2) 在其他条件稳定的情况下，用不足量注塑观察矩形型腔内的扩展流动，并逐步增大注射量；

(3) 相同条件下，改变模具型腔厚度，观察喷射充模流动模型与扩展流动模型现象；

(4) 在其他条件不变情况下，观察注射压力和注射速度对充模流型的影响；

(5) 在其他条件不变情况下，观察浇口尺寸对充模流型的影响。

5.1.1.4 实验数据及现象记录表

(1) 扩展流动充模形式

序 号	注射量(螺杆行程/cm)	制 品 形 样	其他工艺条件
1			物料温度：
2			注射压力：
3			注射速度：
4			型腔厚度：
5			浇口尺寸：

(2) 不正常的流动充模形式

① 型腔厚度影响

序 号	型 腔 厚 度	注射量(螺杆行程/cm)	制品形样	其他工艺条件
1				物料温度：
2				注射压力：
3				注射速度：
4				浇口尺寸：
5				

② 注射速度影响

序 号	注射速度(显示读数)	制品形样	其他工艺条件
1			物料温度：
2			注射压力：
3			型腔厚度：
4			浇口尺寸：

③ 注射压力影响

序 号	注射压力(显示读数)	制品形样	其他工艺条件
1			物料温度：
2			注射速度：
3			型腔厚度：
4			浇口尺寸：

④ 浇口尺寸影响

序 号	浇口尺寸/mm	制品形样	其他工艺条件
1			物料温度：
2			注射压力：
3			注射速度：
4			型腔厚度：

5.1.1.5 实验报告与思考题

(1) 实验报告 实验报告应包括下列内容：

① 实验目的与内容；

② 实验条件、数据及观察现象（以图表形式整理）；

③ 实验结果的分析与讨论（包括对异常现象的讨论）；

④ 解答思考题。

(2) 思考题

① 观察研究充模流型的重要意义是什么？

② 产生喷射流动（熔体破碎）的根本原因是什么？

③ 造成喷射流动的原因有那些？如何避免喷射流动？

5.1.2 注塑机注射特性参数测定

5.1.2.1 实验目的与原理

(1) 实验目的

① 了解注塑机主要注塑性能参数（注射量、注射速率、注射功率）的测试方法；

② 进一步理解注塑性能参数的意义以及理论与实际之间的关系。

(2) 实验原理 注塑机的主要注塑性能参数包括注射量、注射速度和注射速率以及注射功率。

注塑机的注射量是指注塑机对空注射时，螺杆作一次最大注射行程时所能达到的最大注出量。注射量在一定程度上反映了注塑机加工制品能力的大小，标志着注塑机所能生产的塑料制品的最大质量，因此可以作为表示注塑机规格的主要参数。由于塑料在料筒内的温度压力下的密度与常温有差异，并且注射时，熔体在螺棱与料筒内壁之间会发生反流，注塑机的实际注射质量与理论注射量之间存在差异，用注射系数表示这种差异的影响程度。

注射量与几何尺寸的关系如图 5-1 所示，可用下式计算：

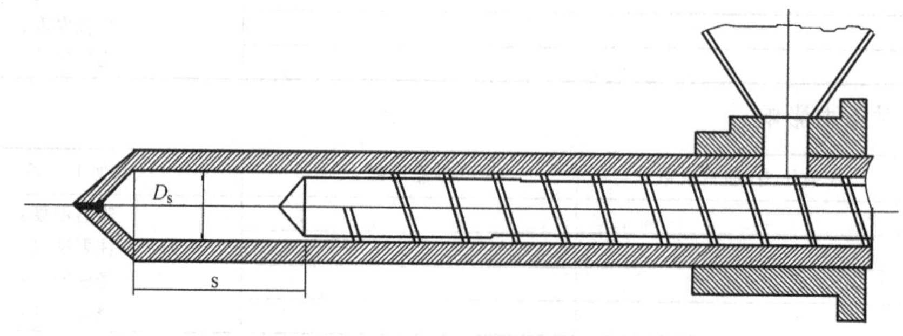

图 5-1 注射量与几何尺寸关系

$$W=\alpha V_c\rho=\alpha \frac{\pi}{4}D_s^2 s\rho \tag{5-1}$$

式中 W——注塑机注射质量，g；

ρ——常温下塑料密度，g/cm^3；

V_c——注塑机理论注射容量，cm^3；

D_s——螺杆直径，cm；

s——螺杆注射全行程，cm；

α——注射系数。

通过实验测得 W，从而可计算出注射系数 α。用不同的螺杆结构和塑料品种，便可求得在不同条件下的 α 值。

注射速率表示单位时间内熔料从喷嘴射出的理论容量。若乘以物料密度即换算为单位时间内射出的理论质量。欲在短时间内使熔体充满模腔，进行快速充模，就要求有高的注射速率。采用较高的注射速率注射，能够减少充模过程中模腔内物料的温差，改善压力传递效果，从而得到密度均匀，应力小的精密制品。

注射速率的理论计算公式为：

$$q_i = \frac{\pi}{4} D_s^2 \frac{s}{\tau_i} \rho \tag{5-2}$$

式中 q_i——注射速率，g/s；

D_s——螺杆直径，cm；

s——螺杆注射行程，cm；

τ_i——注射时间，s；

ρ——加工塑料常温下密度，g/cm^3。

实验测试时，选定螺杆注射行程，注射物料时开始计时，注射完结计时结束（τ'），取样称重（W'），即可求得实际注射速率（q'_i），计算如下：

$$q'_i = \frac{W'}{\tau'_i} \quad \text{(g/s)} \tag{5-3}$$

分析比较理论值与实际值的差别，以百分数表示，可作为今后设计注塑机时参考数据。注意：注射速度是指螺杆在注射时移动速度的计算值（cm/s），与注射速率的意义不同。

注塑机在实际使用中，能否将一定量的熔体注满模腔，主要取决于注射压力和速度，即决定于充模时注塑机作功能力的大小，即注射功率，它表征注塑机注塑能力的大小。注射功率的大小直接影响到注射充模过程和制品质量。注射功率大，有利于改善制品外观质量，提高制品精度。注射功率的理论计算公式如下：

$$N_i = 9.81 q_i p \times 10^{-5} \tag{5-4}$$

式中 N_i——注射功率，kW；

q_i——注射速率，g/s；

p——注射压力，MPa；

$$p = \left(\frac{D_0}{D_s}\right)^2 P_0 = \frac{P_{max}}{P_{0max}} P_0 \tag{5-5}$$

其中 P_0——工作油压力，kgf/cm^2；

D_0——注射油缸内径，cm；

D_s——螺杆直径，cm；

P_{max}——注塑机最大注射压力，kgf/cm^2；

P_{0max}——工作油最大工作压力，kgf/cm^2。

对于油泵直接驱动的油路，注射功率即为注射时的工作负载，也就是电动机的最大负载。因此只要直接测得注射时电机功率，即为实测注射功率 N'_i。取得测试数据后，观察所得制品的质量。若制品达到质量要求，测试数据为有效。同时可以比较理论值（N_i）与实测值（N'_i）之差别。

另外，还可以计算出单位注射量所需的注射功率，即

$$n_i = N'_i / W \tag{5-6}$$

式中 n_i——单位注射量的注射功率，kW/g；

N'——实测注射功率，kW；

W——制品重量，g。

单位质量所需注射功率具有普遍意义，可将实测值与有关资料推荐的数据进行比较。

5.1.2.2 实验原料设备与步骤

（1）实验原料 聚苯乙烯（PS，ρ=1.06g/cm^3），LDPE（ρ=0.96g/cm^3）

（2）实验设备

① 实验机台 SZ-100程控全自动注塑机

② 实验模具一副

③ 计时秒表和称重天平

④ 功率自动记录仪

（3）实验步骤

① 注塑机的操作方法和步骤，与实验4.3.1相同；

② 调节螺杆行程为最大注射行程（满量程），以低压低速对空注射，称量所得塑料量即测得实际注射量；

③ 当对制品模具进行注射，计量注射时间，称量制品质量，从而测定出实际注射速率；

④ 仔细观察注射时功率记录仪显示的电机功率，即为实测注射功率。

实验数据、报告与思考题

（1）实验数据记录表

① 注射量 螺杆满行程：

次数	注出质量/g
1	
2	
3	

② 注射速率与注射功率 螺杆行程：

次 数	注射质量/g	注射时间/s	注射速率/(g/s)	注射功率/kW
1				
2				
3				

（2）实验报告 实验报告应包括下列内容：

① 实验目的与内容；

② 实验条件、数据及观察现象（以图表形式整理）；

③ 实验结果的分析与讨论（包括对异常现象的讨论）；

④ 解答思考题。

（3）思考题

① 注塑机的注塑性能参数有何重要意义？

② 注塑机的实际性能参数值与理论值为何存在差异？

③ 测定注塑机注塑性能参数的意义是什么？

5.1.3 注塑机塑化特性参数测定

5.1.3.1 实验目的与原理

（1）实验目的

① 了解并掌握塑化装置主要塑化性能参数的测定方法；

② 讨论分析影响塑化能力的因素，加深理解塑化能力的意义及其计算方法；

③ 验证理论值与实际值的差距。

（2）实验原理 注塑机的塑化能力决定了注塑机的生产能力和生产效率。根据注射螺杆塑化机理，由于螺杆间歇性工作和塑化时螺杆轴向移动，以及注射时螺槽内物料的运动等作用，形成了塑料在螺槽内的熔融过程为非稳定过程，表现出熔料轴向温差大，螺杆的塑化能力和功率消耗不稳定。

用来表示注射装置塑化性能方面的参数有螺杆直径（Ds），螺杆长径比（L/D_s），螺杆转速（n）和塑化能力等。其中最具有代表性的是塑化能力，它表示螺杆与机筒在1h内大约可塑化树脂的能力（单位时间内供给的熔料量）。螺杆的理论塑化能力可由下式计算：

$$G=7.74D_s^2 h_s n\rho\eta\times10^{-2} \tag{5-7}$$

式中 G——螺杆的理论塑化能力，kg/h；

D_s——螺杆直径，cm；

h_s——均化段螺槽深度，cm；

n——螺杆转速，r/min；

ρ——塑化温度下熔体密度，g/cm^3（ρ=0.96 g/cm^3，ρ=0.79 g/cm^3）；

η——修正系数，一般取0.85～0.90

此理论计算公式是一个近似公式，它略去了压力对塑化能力的影响。

对于注塑机塑化能力的测定方法，我国的部颁标准ZBG 95005—87对其做了规定，不同国家对塑化能力测定的标准规定不尽相同。

在设计螺杆时，希望螺杆直径D_s能尽可能小，螺杆能承受的转速尽可能高，从而达到塑化能力高，塑化质量好。因此螺杆设计直接关系到对加工塑料的塑化质量和能力。为了评判一根螺杆设计水平，可以通过实验检测其塑化能力，以及螺杆转速、背压和功率消耗等对塑化能力的影响敏感程度。

根据规定，螺杆塑化能力是指当背压（P_b）为零，螺杆转速最大（n_{max}）时，单位时间内所能提供的熔料量，即

$$G'=3.6\frac{W_{max}}{\tau} \tag{5-8}$$

式中 G'——实测塑化能力，kg/h；

W_{max}——螺杆全行程时的塑化量，g（实测）；

τ ——塑化时间，s（实测）。

注意此处的 W_{max} 和 τ 是在 $P_b=0$，$n=n_{max}$ 的条件下实验测得的数据。通过此实验以校验塑化能力理论计算的近似程度，确定理论公式中修正系数 η 的取值范围，为注射螺杆的设计提供实验依据。

螺杆塑化时，背压对塑化能力的影响是显著的，这对螺杆的设计和使用，对螺杆塑化控制技术都相当重要。为了了解背压对螺杆塑化能力的影响程度，须由实验来测定背压与塑化能力之间的关系。在螺杆塑化过程中，当增大注射油缸的回泄阻力（背压增大）时，即增大螺杆均化段前部熔料的压力，使反向流量增加，塑化能力相应降低。实验数据测得后，可根据有关公式计算出理论值，然后再与实验值进行比较分析。

背压增大，螺杆驱动功率也将增加，可用实验找出背压与驱动功率的关系。从螺杆塑化能力计算公式可以看到，螺杆转速（n）与塑化能力成正比，而螺杆的驱动功率（N_s）又正比于塑化能力，所以螺杆的驱动功率（N_s）与螺杆转速（n）成正比，可以通过实验来验证这一关系，同时考察理论计算的精确性。

5.1.3.2 实验原料与设备

（1）实验原料 低密度聚乙烯粒料

（2）实验设备 SZ-100 程控全自动注塑机，称重天平，计时秒表，背压压力表，功率自动记录仪

5.1.3.3 实验步骤

（1）注塑机的操作方法和步骤，与实验 5.1.1 相同；

（2）当 $P_b=0$，$n=n_{max}$ 时，测定螺杆全行程时的塑化量（W_{max}）和塑化时间（τ），求出塑化能力；

（3）当 P_b = 恒定值时，测定不同螺杆转速（n）时的塑化量（W）、塑化时间（τ）和螺杆驱动功率；

（4）n = 恒定值时，测定不同背压（P_b）下的塑化量（W）、塑化时间（τ）和螺杆驱动功率；

（5）塑化量采用称重法，塑化时间以秒表计时；

（6）背压由注塑机的背压阀调节，由压力表读数；

（7）螺杆转速可通过调节塑化时的速度，反映出相对应的螺杆转速变化；

（8）仔细观察塑化时的功率记录仪显示的电机功率。

5.1.3.4 实验数据记录表

（1）塑化能力

螺杆全行程＝　　mm，n_{max}＝　　，$P_b=0$

次数	塑化量/g	塑化时间/s	塑化能力/(kg/h)	功率/kW
1				
2				
3				

（2）塑化能力、螺杆驱动功率与转速关系

P_b=　　MPa，螺杆行程=　　mm

n/(r/min)					
W/g					
τ/s					
G/(kg/h)					
N_s/(kW)					

(3) 塑化能力、螺杆驱动功率与背压关系

n=　　螺杆行程=

P_b/MPa					
W/g					
τ/s					
G/(kg/h)					
N_s/kW					

5.1.3.5　实验报告与思考题

(1) 实验报告　实验报告应包括下列内容：

① 实验目的；

② 实验步骤和方法；

③ 根据实验测试内容与要求整理数据，绘制图表：

ⓐ 塑化能力与螺杆转速关系

ⓑ 塑化功率与螺杆转速关系；

ⓒ 塑化能力与背压关系

ⓓ 塑化功率与背压关系

④ 结果分析与讨论；

⑤ 解答思考题。

(2) 思考题

① 在塑化过程中，如果背压变到无穷大时将会出现什么现象?

② 如果将实验机螺杆直径减小而要达到同样的塑化能力，对实验机性能参数有什么影响?

③ 分析背压和螺杆转速对注塑机塑化性能的影响?

④ 背压的改变对物料的塑化过程有何影响?

5.1.4　注塑机锁模力测定

5.1.4.1　实验目的与原理

(1) 实验目的

① 掌握锁模力的调整和测定方法；

② 加深理解肘杆式合模机构的工作过程和工作特性；

③ 验证合模力与合模油缸推力的理论计算方法。

(2) 实验原理　锁模力是注塑机的一项主要技术参数。注射成型的制件越大，其模腔产生的胀模压力也越大，注塑机要使模具可靠锁紧而不溢料所需的锁模力也越大。因此，锁模力在一定程度上反映了注塑机加工制品能力的大小，即注塑机能够成型出多大尺寸的制品。锁模力是保证制品质量的重要条件，同时它又直接影响到注塑机的尺寸和质量。注塑机的合模装置有直压式和肘节式两种，其锁模力的提供方式也不一样，本实验采用肘节式合模装置进行锁模力的测定。

① 成型时锁模力的理论计算

塑料制件成型时塑料熔体充满模腔的一瞬间，压力（称模腔压力）最大，从而形成胀模力。模腔压力受注射压力、保压压力、熔体温度、模具温度、注射速度、制品壁厚与形状、熔体流动距离及保压时间等诸多因素的影响。显然，保证注射成型正常进行，在成型模具可靠锁紧的情况下，不发生溢料的工作条件是：

$$P_{cm} \geqslant P_m F = kPF \tag{5-9}$$

式中　P_{cm}——注塑机锁模力，kN

P_m——模腔压力，MPa

F——制品在分型面上的投影面积，mm^2

P——注射压力，MPa

k——压力损耗系数

由上式可知，降低注射压力，即可减小锁模力。改善注塑机的塑化效能，可以适当减小注射压力，从而可减小注塑机的锁模力，这对减小注塑机的尺寸和质量有利。上式也表明锁模力限制了注塑机所能提供的制品的最大成型面积。

② 肘节式合模装置的锁模力计算　肘节式合模装置在合模时，对模具施加应力进而锁紧。压力油进入合模油缸时，活塞杆带动肘节机构伸直，并推动动模板合模。当运动至模具分型面刚接触时，肘节机构尚未排成直线，动模板将受到变形阻力的作用。合模油缸的工作油继续升压，克服系统的变形阻力，此时肘节排列成直线。合模系统发生弹性变形（ΔL_p）而对模具实现预锁紧，此预紧力 P_{cm} 就是锁模力。即肘节式合模装置最终是通过合模系统的弹性变形产生的弹性力来充当合模力的。肘节伸直并对模具予预锁紧后，即使工作油的压力卸去，只要合模机构保持原变形，锁模力就不会改变。模具合紧后，如所有受力构件都遵守虎克定律，则受拉力作用的拉杆的变形应为：

$$\Delta L_p = \frac{P_{cm} L_p}{nES} \tag{5-10}$$

或

$$P_{cm} = nES \frac{\Delta L_p}{L_p} = nES\varepsilon$$

式中　P_{cm}——锁模力，kN；

L_p——拉杆长度，cm；

ΔL_p——拉杆变形值，cm；

n——拉杆根数（2 或 4）；

E——拉杆材料弹性模量，MPa；

S——拉杆横截面积，mm^2；

$\varepsilon = \Delta L_P / L_p$——拉杆应变值。

上式中，E、n、S 均为已知量，所以 $P_{cm} \propto \varepsilon$。只要测得拉杆的应变值 ε，即可求得合模机构的锁模力 P_{cm}。本实验采用电阻应变片电测法测定拉杆应变 ε。图 5-2 为应变片电测试锁模力示意图。

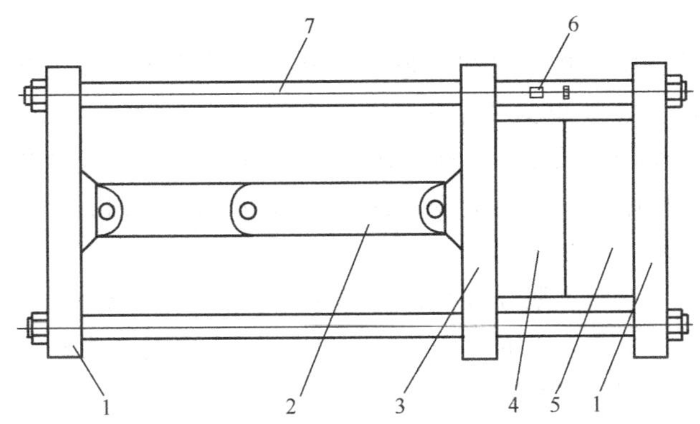

图 5-2 应变片电测锁模力示意图

1—模板；2—肘节机构；3—动模板；4—模具；5—前模板；6—应变片；7—拉杆

③ 电阻应变片测量方法及其原理　注塑机锁模力的测试是采用电测法中的电阻应变片测量法。电测法是塑料机械实验的主要测量方法，原理为：首先由传感元件（又称传感器）将非电量（如高温塑料熔体的压力或温度；螺杆旋转时的转速或扭矩；螺杆注射时拉杆、肘节的位移等）转换成电量，经过一定的测量电路的处理，最后由显示或记录仪表显示或记录。

通常，在电测法中，称传感元件为一次仪表，称测量电路和显示记录仪为二次仪表。

采用电阻应变片测量法可测定出构件表面的应变大小，根据应力与应变之间的关系，确定构件的受力情况。

按作用原理，电阻应变测量技术可看成由电阻应变片或应变式传感器、电阻应变仪或其他测量电路和记录器或电子计算机及打印机三部分组成，它的工作原理大致如下：将电阻应变片固定在被测的构件上，当构件变形时，电阻应变片的电阻值发生相应的变化。通过电阻应变仪中的电桥将此电阻值变化转化为电压或电流的增量，并经放大器放大，最后换算成应变数值或输出与应变成正比的模拟电信号（电压或电流），输入记录器进行记录，也可输入计算机按预定的要求进行处理，得到所需要的应力和应变数值，也可得到被测构件的受力数值。

电阻应变片（简称应变片）有多种形状，常用绕线式和金箔式。绕线式应变片一般采用直径为 0.02～0.05mm 的镍铬或镍铜（也称康铜）合金丝绕成栅式。用胶黏剂贴在两层绝缘的薄纸或塑料片（基底）中。在丝栅的两端焊接直径为 0.15～0.18mm 镀锡的铜线（引出线），用来连接测量导线。箔式应变片一般用厚度为 0.003～0.01mm 康铜或镍铜等箔材，经过化学腐蚀等工序制成电阻箔栅，然后焊接引出线，涂以覆盖胶层。目前由于腐蚀技术的发展，能精确地保证箔栅的尺寸，因此同一批号箔式应变片的性能比较稳定可靠。

为了测量构件上的受力大小，先要选择构件受力时具有意义的受力点。而要测量构件上该点延某一方向的应变，在构件未受力前，将应变片用特制的胶水贴在被测点处，使应变片的长度 l 沿着指定的方向。构件受力变形后，粘贴在构件上的应变片随被测点处的材料一起变形，应变片的原来电阻 R 改变为 $R+\Delta R$（若为拉应变，电阻丝长度伸长横截面积减小，电阻增加）。由实验可知：单位电阻的改变量 $R/\Delta R$ 与应变 ε 成正比，即

$$\frac{\Delta R}{R}=K\varepsilon \tag{5-11}$$

K 成为应变片的灵敏系数，它和电阻丝的材料及丝的绕制形式有关。K 值在应变片出厂时由厂方标明，一般 K 值为 2 左右。

普通电阻应变片丝栅的长度，即标距在 1～10mm 之间。应变变化不大的地方用大标距应变片，反之用小标距的。目前应变片的最小标距可达 0.2mm。应变片的原始电阻在 50～200Ω 之间，一般应变片电阻为 120Ω。

在电阻应变仪中一般用惠斯登电桥将应变片的电阻变化转换为电压或电流的变化。如图 5.4 示，直流电桥的桥臂系由 R_1、R_2、R_3 和 R_4 四个电阻组成。A、C 两端为电源端，其直流电压为 E。B、D 两端为输出端。

一般情况下电桥输出端配有电阻应变仪高输入阻抗的放大器，其负载电阻可认为无限大，输出端处于开路状态。这种电桥称为电压桥。根据电路计算，可得其输出电压 U 与电源电压 E 及各桥臂电阻的关系式：

$$U=\frac{R_1R_3-R_2R_4}{(R_1+R_2)(R_3+R_4)}E \tag{5-12}$$

如果 $R_1R_3=R_2R_4$，则 $U=0$。电桥处于平衡状态。因此 $R_1R_3=R_2R_4$ 称为电桥的平衡条件，在测量前使 $R_1=R_2=R_3=R_4$ 或 $R_1=R_2$ 和 $R_3=R_4$，满足平衡条件，此时如电桥臂电阻产生一微小的增量（分别为 ΔR_1、ΔR_2、ΔR_3、ΔR_4）。则由（5-12）式可得电桥输出电压为：

$$U\approx\frac{E}{4}\left[\frac{\Delta R_1}{R_1}-\frac{\Delta R_2}{R_2}+\frac{\Delta R_3}{R_3}-\frac{\Delta R_4}{R_4}\right] \tag{5-13}$$

若用四个应变片作桥臂（其初始电阻值满足平衡条件），当应变片的应变分别为 ε_1、ε_2、ε_3、ε_4 时，用（5-11）式代入（5-13）式得：

$$U\approx\frac{EK}{4}\left[\varepsilon_1-\varepsilon_2+\varepsilon_3-\varepsilon_4\right] \tag{5-14}$$

由（5-14）式可见，电桥可将应变片的应变转化为电压增量。其输出电压与各桥臂上应变仪的应变代数和成正比。如果电桥有一个桥臂为应变片（如 R_1 桥臂），其他桥臂为固定电阻（电阻不变），当应变片受有应变 ε_1 时，则根据（5-14）式可得：

$$U\approx\frac{E}{4}K\varepsilon_1 \tag{5-15}$$

测定 U 值后，便可求出 ε_1 值。

另外，在测量环境温度变化时，由于敏感栅的电阻温度效应及其与构件的线形膨胀不同，均会使其电阻值发生变化，为测得构件的真实应变，必须消除这一影响。为此取一片与工作应变片同样性能的应变片，粘贴在与构件材料相同不受力试件（补偿件）上，使它具有与构件相同温度，此应变片称为温度补偿片，测量时如工作应变片接在 AB 上，补偿片接在 BC 上，其他两桥臂接固定电阻，利用电桥特性从（5-14）式中可看出，由于温度变化而产生电阻的变化被消除了。

利用电桥特性，还可以根据构件的各种不同受力状态，采用合理的接桥方式，可以增加电桥的灵敏度，消除一些不需要测量的应变值。

某些电阻应变仪要求电桥有较大的功率输出，使电桥和负载阻抗匹配，如 $R_g=\frac{R_1R_2}{R_1+R_2}+\frac{R_3R_4}{R_3+R_4}$。此时电桥输出功率最大，成为功率桥，其输出电压的公式与（5-13）、（5-14）式有相类似的形式。

用交流电源作为电源的电桥称为交流电桥，交流电桥平衡除了满足一定的电抗幅值关系外，还需电容平衡。因此电阻应变仪为了测量前使电桥处于平衡状态，设有电阻平衡与电容平衡装置，其原理如图 5-3 示。

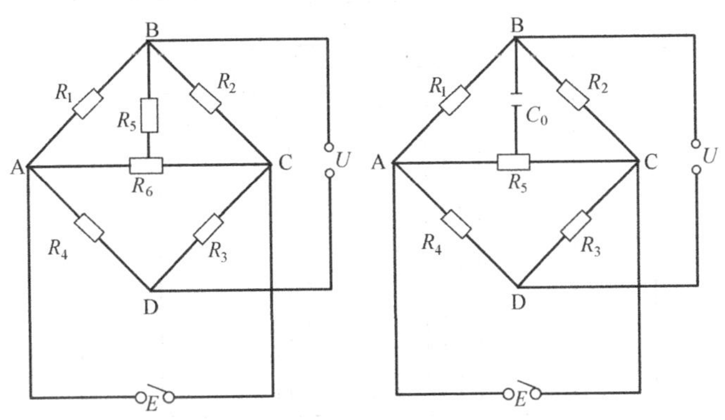

图 5-3　电阻、电容调节装置

在应变测量时，应变片的电阻变化十分微小，因此电桥输出电量很小，需用放大器进行放大，现在一般电阻应变仪采用电流电桥，载波放大形式。图 5-4 示为上述电阻应变仪的原理方框图。

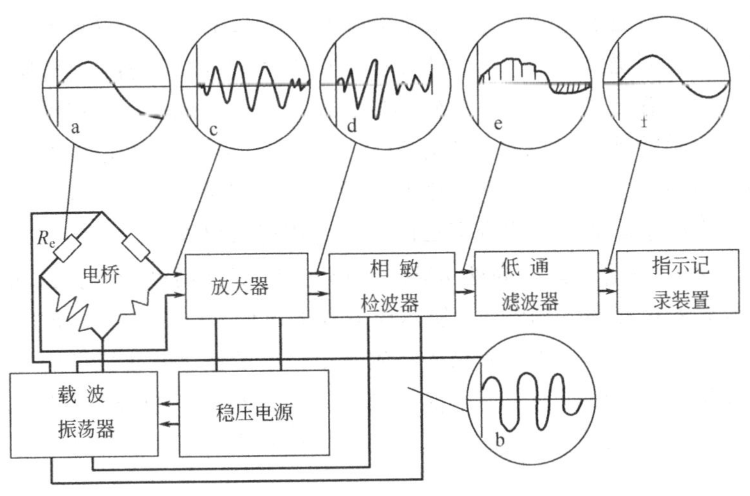

图 5-4　电阻应变仪原理

由载波振荡器供给电桥一定频率和振幅的交流电，通过交流电桥对应变信号进行调制后，输出-调幅波，送至高增益线形放大器放大，再经相敏检波器分辨出信号的正负，相敏检波器的参考电压由振荡器供给，低通滤波器可将检波后波形载波滤掉，最后将经过放大应变信号送至记录器进行记录。

应变测量常用记录器有以下几种：

ⓐ 描笔式记录器：用于 100Hz 以下动态应变测量。它的工作原理是将电阻应变仪输出电流。如图 5-5 所示，通过置于在磁场作用下的动线圈。线圈带动笔杆摆动，笔杆一端笔尖在连续的记录纸上画出相应的波形。另外还有零位自动平衡方式的记录器及同时能绘制 X 和 Y 两方向信号的 X-Y 函数记录器。描笔式记录器只能在应变频率较低情况下使用。

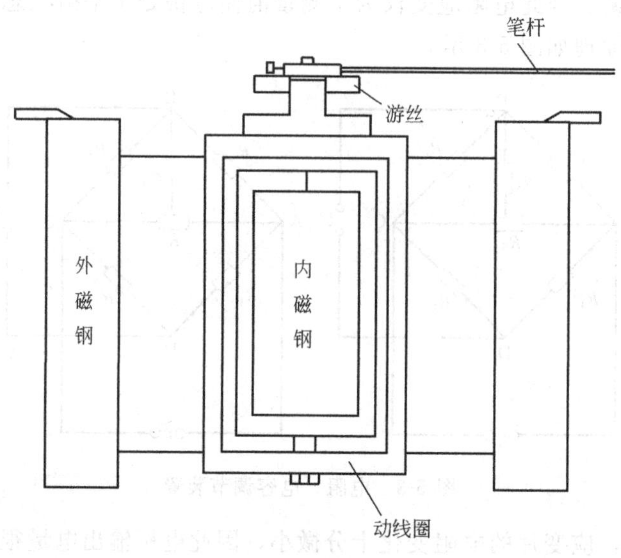

图 5-5　描笔式记录器工作原理

ⓑ 光线示波器：用来记录 5000Hz 频率以下的动态应变。它的主要元件是磁电式振子，当应变仪的电信号通过振子中悬挂在张丝上的动线圈时，由于磁场的作用，动线圈便受有一个力偶矩，将其绕张丝转，同时由于张丝受扭和动线圈的感应电势阻止动线圈的转动，在一定的转角位置上达到平衡，此转角的大小与电信号成比例。在振子的张丝上带有一小镜，它随动线圈转动，光源照射在小镜子上，经小镜反射到连续移动的感光记录纸上，由于小镜的转动与电信号成比例，因此记录纸上便记录下应变曲线。图 5-6 为光线示波器工作原理。光线示波器电阻应变测量的一种常用记录仪器。

ⓒ 磁带记录器：可记录频率高达 2MHz 的动态应变（调赫记录方式可达 400kHz）。它的工作原理与录音机相同，如图 5-7 所示应变仪的电信号经放大后，通过记录磁头记录在移动的磁带上，再现时，可用重放磁头将磁带上录制的信号转化成电信号，经放大后输入其他记录器显示。亦有将应变仪的电信号经调制器进行赫率调制以脉冲形式送至磁头，将信号录制在磁带上，再现时可通过与上述相反过程转化成原来电信号，送入记录器进行显示。

5.1.4.2　实验设备及仪表

(1) SZ-100 程控全自动注塑机

(2) 实验模具

(3) 一次仪表　箔式应变片，型号 BA 120—1.52AA (11)，成都科学仪器厂生产。

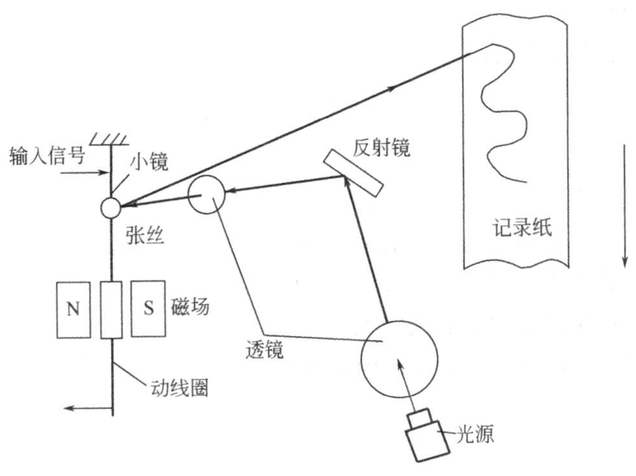

图 5-6　光线示波器工作原理

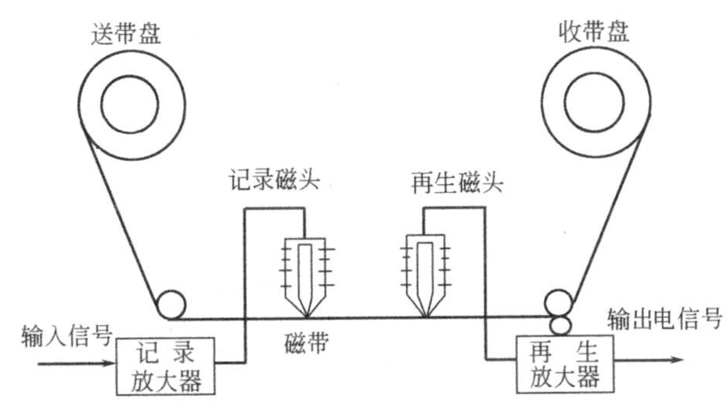

图 5-7　磁带记录器工作原理

（4）二次仪表　YD-15 型动态电阻应变仪，配置 DY-15 型电源供给器，华东电子仪器厂生产。型号 FY60 型紫外光记录仪　紫外光感光纸。

5.1.4.3　实验步骤

（1）在指导教师指导下贴应变片。检查已贴好的应变片，各接线是否正确，接线端子是否牢固连接；

（2）连接并调整好二次仪表（动态应变仪），（调零）；

（3）开机，调整模具闭合至临界状态（模具刚好闭合，此时锁模力为零）。注塑机的操作方法和步骤，与实验 5.1.1 相同；

（4）试数据。测试以 ΔS＝0.6mm 起读，此后以 0.2mm 为间隔进行测量。[将注塑机电器箱下方的电锁打开（on），再点动按调模前按扭后，模板 1 即前移，减小合模距离。用高精度游标卡尺测量动、定模板之间的距离来实现调节 ΔS，每次减少 0.2mm]；

（5）测量好动、定模板之间的距离后，即开动二次仪表。首先将旋钮转向标定位置，紫外光记录仪记录下标定波峰值 H_1；将旋钮转向测定位置后，随即按注塑机锁模按钮，紫外光记录仪记录下测定波峰值 h；开模之后，再将旋钮转向标定位置，紫外光记录仪记录下标定波峰值 H_2。关闭二次仪表，调整动、定模板之间距离后，重复上述操作，即可得第二个测试点数据。

由下式计算拉杆的微应变：

$$\mu\varepsilon=\left[\varepsilon_0\Big/\frac{H_1+H_2}{2}\right]h \tag{5-16}$$

式中 $\mu\varepsilon$——测得的拉杆微应变，10^{-8}；

ε_0——动态应变仪标定条件下的应变值；

h——测试条件下的波峰值，mm；

H_1——测试前标定条件下的波峰值，mm；

H_2——测试后标定条件下的波峰值，mm。

5.1.4.4 实验数据记录

$E=2.1\times10^5$ MPa，拉杆直径 $d=$ mm，标定值 $\varepsilon_0=$

实验次数	1	2	3	4	5
动、定模板之间距离/mm					
调模量 s/mm					
H_1/mm					
H/mm					
H_2/mm					
$\mu\varepsilon=\left[\varepsilon_0\Big/\frac{H_1+H_2}{2}\right]h$					
P_{cm}					

5.1.4.5 实验报告与思考题

(1) 实验报告 实验报告应包括下列内容：

① 实验目的；

② 实验原理及装置示意图；

③ 整理原始数据并绘制下列图表：

ⓐ 锁模力与轴向调模量 ΔS 关系

ⓑ 锁模力与微应变 $\mu\varepsilon$ 关系

ⓒ 微应变 $\mu\varepsilon$ 与轴向调模量 ΔS 关系

$$P_{cm}\geqslant P_m gF=kPF\ (\text{kN})\ (\text{MPa})\ (\text{mm}^2) \tag{5-17}$$

$$\Delta L_P=\frac{P_{cm}L_p}{nES}$$

$$P_{cm}=nES\frac{\Delta L_P}{L_P}$$

$$=nES\varepsilon$$

$$\varepsilon=\frac{\Delta L_P}{L_P}$$

$$P_{cm} \propto \varepsilon 5-510^{-6}$$

$$\frac{\Delta R}{R}=K\varepsilon$$

$$50-200\Omega$$

$$\Delta R_1,\ \Delta R_2,\ \Delta R_3,\ \Delta R_4$$

$$U=\frac{R_1R_3-R_2R_4}{(R_1+R_2)\ (R_3+R_4)}gE$$

$$U=\frac{E}{4}\left(\frac{\Delta R_1}{R_1}-\frac{\Delta R_2}{R_2}+\frac{\Delta R_3}{R_3}-\frac{\Delta R_4}{R_4}\right)$$

④ 实验结果的分析与讨论；

⑤ 解答思考题。

(2) 思考题

① 注塑机的锁模力有何重要意义？

② 肘节式注塑机如何提供锁模力？

③ 怎样测定锁模力？用什么原理测试？

5.1.5 注塑模具型腔压力测定

5.1.5.1 实验目的与原理

(1) 实验目的

① 塑料熔体压力测试的原理及方法；

② 了解影响熔体压力的因素及型腔压力对制品质量的影响；

③ 了解型腔压力的分布状况。

(2) 实验原理　型腔压力是指塑料熔体作用于模具型腔上的压力，以 MPa 或 kgf/cm² 表示。一个注射成型周期内型腔压力呈周期性变化，如图 5-8 所示。模具型腔各点压力不同，通常以各点的平均压力作为型腔压力，用以估算锁模力。

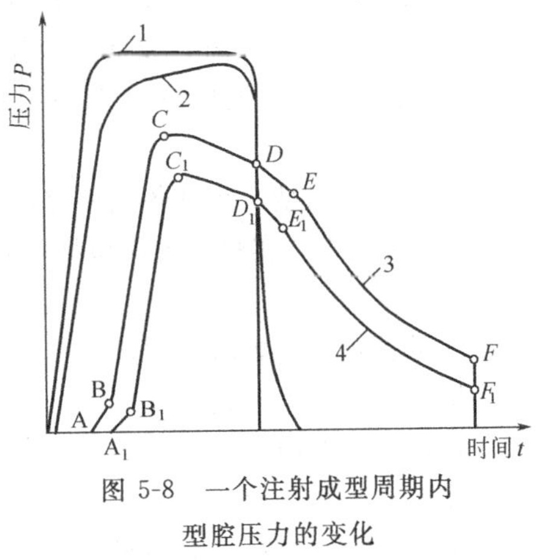

图 5-8　一个注射成型周期内型腔压力的变化

型腔压力的大小及其分布与很多因素有关，如注射压力、保压压力、熔料温度、模具温度、注射速度、制品壁厚与形状、熔料流动距离等。至今，型腔压力与以上这些影响因素的定量关系尚难以确定。因此测试型腔压力对于正确设计模具型腔壁厚，合理选定注塑机的锁模力和注塑机的设计（尺寸和质量）以及制品质量都有实际意义。

模具型腔压力的测试常采用电测法。国产的高温熔体压力传感器是根据电阻应变原理设计的（如图 5-9）。高温熔体压力传感器可直接插入模具型腔内，受到熔体压力作用时膜片变形，传力杆也发生形变。传力杆的变形使贴于其上的应变片的电阻值发生变化，平衡电桥因而失去平衡，产生电讯号，该讯号由二次仪表接受，经放大后显示读数。

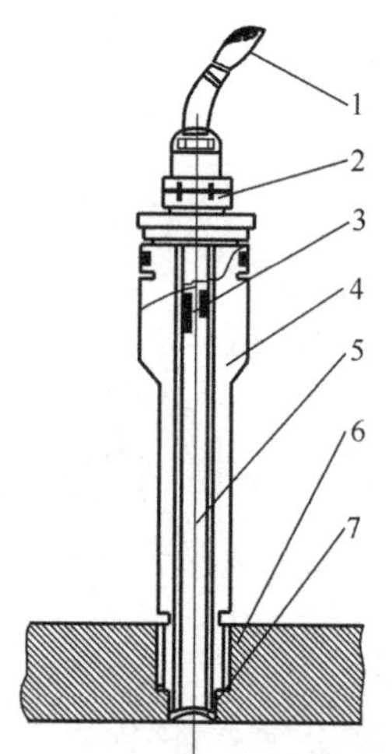

图 5-9 高温熔体压力传感器

1—导线；2—压紧冒；3—应变片；4—外壳；5—传动杆；6—料筒或模腔；7—膜片

在模腔不同部位设置测压点，通过多点测试可以得到型腔压力分布图，各点压力平均可得到型腔压力平均值。

5.1.5.2 实验原材料与设备

（1）实验原材料　低密度聚乙烯（LDPE）粒料，MFR＝3～7g/10min 。

（2）实验设备

① SZ-100 程控全自动注塑机

② 型腔压力测试专用模具

③ 高温熔体压力传感器（型号 GYY-7Ⅱ，中原电测仪器厂生产）

④ 压力数字显示仪（二次仪表，型号 BYS-2 数字压力表，中原电测仪器厂生产）

5.1.5.3 实验步骤报告与思考题

（1）实验步骤

① 实验前，应将高温熔体压力传感器用活塞压力计进行标定，标定结果如图 5-10 所示；

② 将高温熔体压力传感器插入模具测压孔内，并旋紧。测头应与型腔壁齐平。检查压力传感器引线和接头是否牢固连接于二次仪表；

③ 调整好二次仪表（调零）；

④ 开机，注塑机的操作方法和步骤，同实验 4.3.1；

⑤ 改变注射压力，测试各点型腔压力。每点测试不少于 5 次。(若遇极高、极低值应作为偶然波动值，予以淘汰)。每个测压点改变注射压力测试不少于 5 次；

⑥ 改变熔料温度，测试各点型腔压力。

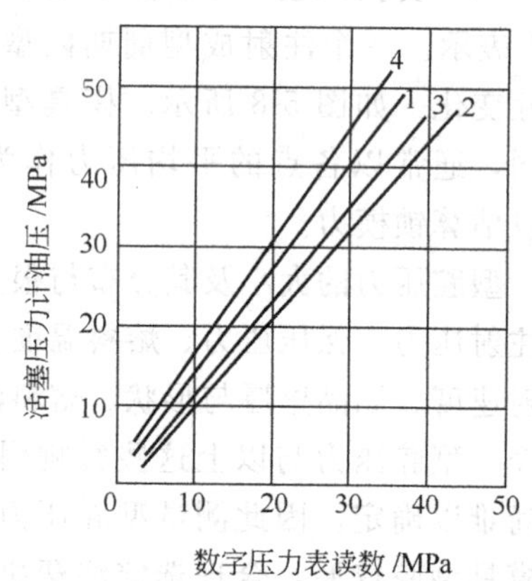

图 5-10 活塞油压与压力表读数的关系

（2）实验报告　实验报告应包括下列内容：

① 实验目的；

② 实验原理及装置示意图；

③ 原始数据表格及数据处理；

④ 绘制如下曲线图：

ⓐ 型腔压力与注射压力关系

ⓑ 型腔压力与熔料温度关系

ⓒ 型腔压力分布图

⑤ 实验结果的分析与讨论（包括误差产生原因及修正措施）；

⑥ 实验数据记录表（一）；

⑦ 实验数据记录表（二）；

⑧ 解答思考题。

(3) 思考题

① 测定型腔压力有何实际意义?

② 影响型腔压力的因素有哪些?

③ 型腔压力对制品质量有何影响?

附　实验数据记录表(一)

料温　　℃

测压点编号	注射压力 $P_{注}$(显示读数)	型腔压力最高值/MPa				
		1	2	3	4	5
No1						
No2						
No3						
No4						

附　实验数据记录表(二)

注射压力　　　　　　(显示读数)

测压点编号	注射料温/℃	型腔压力最高值/MPa				
		1	2	3	4	5
No1						

续表

测压点编号	注射料温/℃	型腔压力最高值/MPa				
		1	2	3	4	5
No2						
No3						

5.1.6 注塑模具温度分布测定

5.1.6.1 实验目的与原理

(1) 实验目的

① 了解测试模温的原理和方法，以及模具温度对注射成型工艺和制品性能的重要性；

② 了解模具温度分布状况；

② 了解模腔表面温度随时间变化的状况。

(2) 实验原理　模具温度通常指型腔表面的温度，它直接影响到塑料制品在模内的冷却速度和制品的质量。模具温度同型腔压力一样，呈周期性变化，如图 5-11 所示。模具温度适当，可以缩短成型周期，提高制品质量，减少废品率。当模温均匀，提高模温时，对注射成型工艺和制品性能有如下一些影响：有利于熔体充模流动，充模压力略微降低；所需保压时间延长，冷却时间延长，成型周期也延长；制品脱模困难，结晶性聚合物结晶度增高（制品密度提高），后收缩减少，制品收缩率增大；制品表面光亮程度提高，制品内大分子定向程度减少，内应力降低；冲击强度下降等。模具温度不均匀，会导致制品收缩不均匀，从而造成制品产生内应力，翘曲变形及应力开裂。模温过低导致熔体流动性降低，充模不满或产生熔接痕强度低（不能熔合好）。若制品内存在较大内应力则易产生翘曲变形或应力开裂，形成冷流痕、银丝等弊病。因此为了准确地实施注射成型工艺，得到高质量的制品，必须正确地控制模具温度。现在先进的模具均带有模温恒温器。

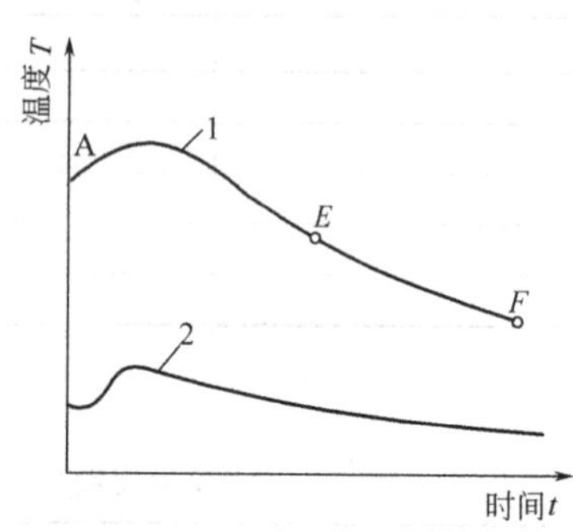

图 5-11　模具内温度变化

1—物料温度；2—模具温度

目前常用的测量温度的传感元件是热电偶。热电偶由两种不同金属导电体首尾相连，形成闭合回路。由电子学原理可知，在接触点处，由于电子扩散，平衡后形成电位差，即接触电势。接触电势的大小与导体的电子密度及温度有关。温度越高，电子密度比越大，接触电势也越高。塑料加工过程中，熔体温度通常在 200～400℃，模具温度一般在 300℃

以下，所以常用镍铬-康铜制成的热电偶，其量程范围为 0～300℃。

将热电偶插入模具内不同点，各点的温度不相同，因此热电偶热接点（测试点）的接触电势不同。将此热电势由补偿导线导出，再加以放大记录，即可测得各点的温度高低和变化状况。

5.1.6.2 实验原材料、设备与步骤

（1）实验原材料　低密度聚乙烯粒料（MFR＝1～7g/10min）

（2）实验设备

① SZ-100 程控全自动注塑机

② 模具温度测试专用模具

③ 铠装热电偶（型号 WRGTK 四川仪表十七厂生产），X-Y 记录仪（型号 YEW-3036）

（3）实验步骤

① 实验前，应将热电偶进行标定，并记录在 X-Y 记录仪上（划出标定曲线）；

② 将热电偶插入模具的测温孔内旋紧，检查补偿导线是否导通；

③ 调整好放大器与记录仪，划出室温曲线；

④ 开机。注塑机的操作方法和步骤，与实验 5.1.1 相同；

⑤ 改变熔体温度，测试各点温度。每点测试不少于 5 次。熔体温度改变不少于三次；

⑥ 由 X-Y 记录仪记录的曲线，与标定曲线比较，经比例换算后，可求得各点及各个时间的模具温度。

5.1.6.3 实验报告与思考题

（1）实验报告　实验报告应包括下列内容：

① 实验目的；

② 实验原理及装置示意图；

③ 原始数据表格及数据；

④ 绘制如下曲线图：

ⓐ 模温——熔料温度关系

ⓑ 模温——时间关系

ⓒ 模温分布图

⑤ 实验结果分析与讨论（包括产生误差的原因及修正措施）；

⑥ 实验数据记录表：

a. 第 2、3 测试点模温

注射料温/℃	测试点编号	模温测量值/℃					
		1	2	3	4	5	平均值
	No2						
	No3						
	No2						
	No3						
	No2						
	No3						

b. 第 1 测试点模温与时间关系

注射压力　　　　　　　室温

注射料温/℃	测试次数	模温测量值/℃														最大值
		时间/s														
										0	2	4	6	8	0	
	1															
	2															
	3															
	4															
	5															
	平均值															
	1															
	2															
	3															
	4															
	5															
	平均值															
	1															
	2															
	3															
	4															
	5															
	平均值															

⑦ 解答思考题。

(2) 思考题

① 模具温度对于注射工艺及制品性能有何影响?

② 测定模具温度的原理是什么?

③ 测定模温的技术关键是什么?

5.2 挤　出　机

5.2.1 挤出机转速-产量-功率测定

5.2.1.1 实验目的与原理

(1) 实验目的

① 了解挤出机整机结构;

② 掌握挤出机转速、产量、功率的测量方法，加深理解挤出过程的基本理论;

③ 熟练挤出机的基本操作。

(2) 实验原理　在挤出机的基本理论中，影响挤出机生产能力的因素很多，从物料性质、加工工艺条件、螺杆、机筒以及机头的几何形状、结构尺寸，设备的制造工艺水平都影响着挤出机的生产能力和制品质量，在这些影响因素中，当其他因素不变时挤出机螺杆转速与生产能力成正比关系。

挤出机的螺杆是由电动机经皮带轮和摆线针轮减速器减速或其他减速机构来驱动的，因此如果忽略传动损耗，螺杆消耗的功率可以近似地看成与电动机产生的功率相等，通过测量电动机在不同转速下消耗功率，就可以得到螺杆转速与消耗功率之间的关系。

在挤出理论中，我们已知挤出机所消耗的功率随着螺杆的转速的增加而增加，但并非完全呈线性关系，本次实验使用的挤出机是由一台直流电机驱动的，直流电机驱动功率与转速之间关系随着转速的提高存在着“恒扭矩”和“恒功率”两种特性范围，由于本次实验挤出机转速范围不宽，因此驱动功率与转速应满足“恒扭矩”特性。

5.2.1.2 实验原料、设备与步骤

(1) 实验原料 低密度聚乙烯粒料（MFR＝0.8～7g/10min）

(2) 实验设备

ϕ30mm 单螺杆挤出机	1 台
挤出圆管 ϕ16 口模	1 付
水银温度计	数支
台式天平秤、秒表、刮刀	各 1 个
线手套	数双

(3) 实验步骤

① 将挤出机各段加热开关打开，各段温度设定如下：

一段：120℃，二段：180℃，三段：200℃，机头：200℃，打开料斗冷却开关。当各段温度达到设定值后，恒温半小时，准备开机。

② 将 LDPE 粒料加入料斗，先将主机转速旋钮调至“0”位，按启动按钮，缓慢转动调速旋钮，将螺杆转速升到需要位置，稳定半分钟。转速取值：0，5，10，20，40，60r/min，挤出时间均为半分钟（30s）。

③ 用刮刀切去先头料，同时开始计时，半分钟后，取料、称量、同时记录取样时的电流表和电压表读数。二者之积作为挤出机消耗的功率。

④ 每一转速下均取样、称量、记录三次，取平均值作为该转速下对应的产量及功率。

5.2.1.3 实验结果报告与思考题

(1) 实验结果表示

① 挤出机消耗的功率 N_a 计算

$$N_a = (\sum A_i V_i)/3 \tag{5-18}$$

式中 A_i——某转速下 i 次测定的电流值；

V_i——某转速下 i 次测定的电压值。

② 挤出机产量 Q_a 计算

$$Q_a = (\sum W_i/t)/3 \tag{5-19}$$

式中 W_i——某转速下 i 次测定的挤出物质量，g；

t——某转速下，挤出质量 W_i 物料所经过的时间间隔，s。

将以上计算的 N_a 和 Q_a 值列如下表之中。

实验记录表 挤出时间间隔 t：30s

转速/(r/min)	0	5	10	20	40	60
功率						
产量						

③ 画出 Q-n 图，N-n 图

(2) 实验报告　实验报告应包括下列内容：

① 实验目的；

② 实验原理及装置示意图；

③ 挤出机转速、产量、功率的测量原始数据及计算表格；

④ 绘制 Q-n 图，N-n 图；

⑤ 实验结果分析与讨论（包括产生误差的原因及修正措施）；

⑥ 解答思考题。

(3) 思考题

① 分析所作曲线与理论是否相符，为什么？

② 你认为这个实验还有哪些环节需要改进？

5.2.2 挤出机口模特性曲线测定

5.2.2.1 实验目的与原理

(1) 实验目的

① 掌握测定口模特性曲线的方法；

② 分析压差和产量的关系，进一步加深对挤出理论的理解；

③ 通过曲线分析机头性能，与螺杆特性曲线对照，找出机器工作点

(2) 实验原理

对于牛顿流体而言，机头口模的流率公式为：$Q=K\dfrac{\Delta P}{\eta}$　(5-20)

对于非牛顿型流体，扁孔机头口模的流率公式为：$Q=\left(\dfrac{\Delta P}{K''}\right)^{\frac{1}{n}}\dfrac{\omega H\left(\dfrac{2n+1}{n}\right)}{6(2L)^{\frac{1}{n}}}$　(5-21)

式中　n——非牛顿指数；

ω——流道宽；

H——流道深；

L——口模长。

$$K''=K\left(\frac{2n+1}{3n}\right)^{n}$$

通常称 Q 与 ΔP 的关系曲线为口模特性曲线。由以上公式可以看出：牛顿流体的口模特性曲线呈直线；而非牛顿型流体的口模特性曲线呈非线性曲线。实际上的挤出机特性曲线是螺杆特性曲线和机头特性曲线的叠加，它们的交点就是挤出机在使用该口模条件下的工作点。

实验使用的口模是一个实验专用口模，通过调节装置，可以改变口模内部通道的几何特性尺寸，从而达到改变机头阻力的目的。

同一口模加工不同原料时其特性曲线是不同的，同一原料通过不同阻力的口模时所得特性曲线也不相同，本实验采用狭缝形口模，其内部结构如图 5-12 所示。狭缝口模中设置有节流块，改变节流块的位置即相当于改换了阻力不同的口模，这样即可在一种原料下测得不同的口模曲线。

挤出机螺杆在工作时，螺杆所建立的压力与口模密切相关。若不考虑滤网等处的压力损失，则螺杆均化段末端的压力必将等于口模压降。反之，若螺杆建立的压力大于口模压降，将会越挤越快，产量提高，并引起口模压降加大，自动与螺杆所建立起新的压力平衡，若口模压力降大于螺杆所建压力，则挤不出物料，螺杆前端相当于堵死，此时压力逐渐上升使物料被强行挤出，口模压降等于螺杆所建的压力，因此，螺杆压力与机头压力降有着近似相等的数量关系（忽略滤网板损失）。

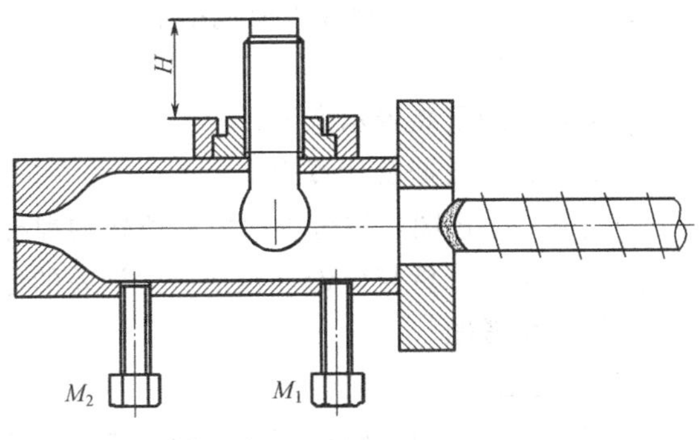

图 5-12　机头内部结构示意图

5.2.2.2　实验原料、设备与步骤

(1) 实验原料　低密度聚乙烯粒料（MFR＝0.7～7g/10min）

(2) 实验设备　SJ-30 单螺杆挤出机，狭缝口模，压力检测及显示仪表，压力传感器。

(3) 实验步骤

① 打开总电源，同时打开料斗冷却水开关；

② 打开挤出机各段加热开关，各段温度设定在：

一段：120℃，二段：180℃，三段：200℃，机头：200℃

③ 当各段温度达到设定值后，恒温 0.5h，准备开机。

④ 调整压力仪表零点，检查压力传感器连接是否良好，用扳手调节阻尼块至 H 高度值为 13.8mm。

⑤ 开机，螺杆转速调至 15r/min，待挤出稳定后，每隔 0.5min 取一次样，取三次，方法同实验一，同时记录压力表显示的压力。

⑥ 改变转速为：30，45，60，90r/min，重复 3 的操作。

⑦ 截取挤出片条，称量、记录。

⑧ 用扳手改变阻尼块高度 H 至 9.8mm 重复 3～5。

⑨ 实验结束关机、关水、关电。

5.2.2.3　实验数据、报告与思考题

(1) 实验数据处理

① 参照下表记录实验数据

实验数据记录表

口模位置 H	转速/(r/min)	压力 ΔP/MPa	流量 Q/(g/30s)			平均
			1	2	3	

② 画出 Q-ΔP 图，结合上次实验所作的螺杆特性曲线 Q-P 图，找出工作点。

（2）实验报告　实验报告应包括下列内容：

① 实验目的；

② 实验原理及装置示意图；

③ 实验原始数据及计算表；

④ 绘制 Q-ΔP 图，结合上次实验所作的螺杆特性曲线 Q-P 图，找出工作点；

⑤ 实验结果分析与讨论（包括产生误差的原因及修正措施）；

⑥ 解答思考题。

（3）思考题

① 实验曲线与理论曲线的误差的产生原因是什么？

② 你认为这个实验在哪些环节上需要改进？

5.2.3 挤出机螺杆特性曲线测定

5.2.3.1 实验目的与原理

（1）实验目的

① 通过实验，学会绘制螺杆特性曲线，评估挤出机螺杆的工艺性能；

② 掌握测定螺杆特性曲线的方法。

（2）实验原理　根据单螺杆挤出机熔体输送理论，熔体在螺槽中的流动可看成由以下四种流动所组成：

① 正流 Q_d，（物料沿着螺槽方向向机头的流动）；

② 横流 Q_T，（即与螺纹槽方向相垂直的流动）；

③ 倒流 Q_p，（即压力流，方向与正流方向相反）；

④ 漏流 Q_L，（由于压力梯度在螺杆与机筒间隙处所形成的倒流，方向延螺杆轴线方向）。

挤出机的总生产能力为：

$$Q=Q_d-Q_p-Q_L \tag{5-22}$$

简化牛顿流体的单螺杆特性曲线方程，可得到下式：

$$Q=\alpha_n+(\beta+\gamma)\frac{\Delta P}{\eta} \tag{5-23}$$

式中 α、β、γ 仅与螺杆的结构尺寸有关，当螺杆确定以后，α、β、γ 是常数。因此 Q 仅与 ΔP 成反比，作 Q-ΔP 曲线，其斜率为（$\beta+\gamma$）/η，从斜率的大小就可得到挤出机的生产能力对机头压降的敏感程度。当斜率大时，表明螺杆特性软，流量对压力敏感；当斜率小时，表明螺杆特性硬，流量对压力不敏感。

本实验是通过调整阻尼块高度改变机头阻力，测出某一转速下，机头阻力与产量的关系，作出（Q-ΔP）曲线，从而确定螺杆特性。

5.2.3.2 实验原料、设备与步骤

（1）实验原料　低密度聚乙烯粒料（MFR＝0.8～7g/10min）

（2）实验设备　ϕ30 单螺杆挤出机，平缝口模，压力传感器，数字压力表。

（3）实验步骤

① 打开总电源，接通冷却水通道。

② 预热挤出机各段温度，温度设定为：一段：120℃，二段：180℃，三段：200℃，加热半小时以上。

③ 调整压力仪表零点，检查压力传感器连接是否良好，用活动扳手调节阻尼块至 H 高度值为 15.8mm。

④ 开机，螺杆转速调至 30r/min，待挤出稳定后，每半分钟取样一次，共取三次，平均值作为产量，然后将转速调至 45r/min，60r/min，重复上述操作，记录每个转速对应的产量及压力表度数。

⑤ 用扳手将阻尼块高度调至 13.8mm，11.8mm，9.8mm，重复 3 的操作。

⑥ 实验结束，关机、关水、关电。

5.2.3.3 实验数据、报告与思考题

(1) 实验数据处理

① 数据记录

按下表记录实验数据。

实验记录表

口模位置 H/mm	转速 n/(r/min)	产量/(g/30s)				压力/MPa
		Q_1	Q_2	Q_3	$\bar{Q}$(平均)	
15.8	30					
	45					
	60					

② 绘出螺杆特性曲线 Q-P 图，结合口模特性线，找出工作点

(2) 实验报告　实验报告应包括下列内容：

① 实验目的和实验步骤；

② 实验记录表；

③ 绘制螺杆特性曲线 Q-P 图，结合口模特性线，找出工作点；

④ 实验结果分析与讨论（包括产生误差的原因及修正措施）；

⑤ 解答思考题。

(3) 思考题

① 本挤出机螺杆特性是什么？

② 本实验有无误差、产生原因、怎样克服？

③ 螺杆特性曲线与口模特性曲线的实验方法有什么关系？

6 高分子材料成型模具组装实验

高分子材料注射成型模具是用来注射成型高分子材料制件的装置。高分子材料经过注塑机均匀塑化后通过喷嘴注射入成型模具。高分子材料熔体从注塑机料筒出来，经主流道、分流道和浇口进入模具模腔，充模成型，经冷却后成型为所需制件。注射成型模具要配合注塑机完成闭模、塑料熔体的输送、冷却定型、开模、制件顶出等一系列工艺过程。注塑模具的结构也因此而影响到成型制件的质量和生产效率。通过对注塑模具的装配和拆卸实验，可以使学生对注塑模具结构有更加清楚的认识，对模具的动作过程有所了解，对模具中各典型零件的使用要求加深理解。

6.1 实验目的、实验设备与工具

6.1.1 实验目的

(1) 了解高分子材料注塑模具的主要结构、动作过程和作用；

(2) 观察模具成型零件、导向零件、分型面和顶出机构；

(3) 掌握塑料注塑模具的装配及拆卸方法；

(4) 掌握模具零件的尺寸的测量方法；

(5) 根据模具零件的作用了解和掌握模具零件的材料选择方法；

(6) 根据模具零件的作用绘制零件图和模具装配图，并完成零件尺寸和技术要求的标注。

6.1.2 实验设备及工具

(1) 注塑模具

(2) 钳工平台

(3) 游标卡尺、钢直尺

(4) 内六角扳手

(5) 螺丝刀

(6) 榔头

(7) 铜棒、销钉冲子

(8) 台虎钳

(9) 托盘

(10) 干净棉纱

6.2 实验步骤、实验报告与思考题

6.2.1 实验步骤

图 6-1 是一典型的简单的注塑模具。在进行注塑模的拆卸与装配时，通过与图 6-1 的

对比，要注意观察了解以下问题：

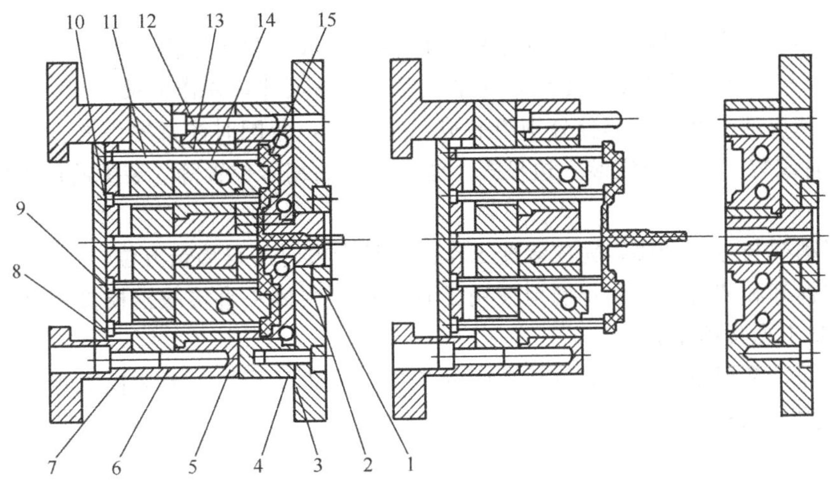

图 6-1 简单注塑模具

1—定位环；2—主流道衬套；3—定模底板；4—定模板；5—动模板；6—动模垫板；7—模脚；8—顶出板；9—顶出底板；10—拉料杆；11—顶杆；12—导柱；13—凸模；14—凹模；15—冷却水道

(1) 对注塑模的总体结构进行分析

① 分型面选择、方向和位置的确定

② 表面质量要求，考虑浇口痕迹，顶件痕迹及熔接痕的影响

③ 有无侧向抽芯（侧向分型），如有，抽芯距离多大?

(2) 浇注系统分析　分流道布置形式，截面形状及尺寸，浇口位置选择，浇口类型及尺寸。

(3) 成型零件结构分析　型腔、型芯结构设计，镶拼部位及装配要求。

(4) 侧向抽芯（侧向分型）机构分析　采取何种类型的侧向抽芯（侧向分型）机构，对该机构各组成零件的设计要求，倾斜角参数的确定。

(5) 冷却系统设计分析　冷却水道布置、冷却水密封问题，冷却水孔孔径。

(6) 顶出机构分析　采取何种类型的顶出机构，顶出机构中各零件的设计，如顶杆分布、顶杆直径、顶杆结构、顶杆长度及行程、顶出机构导柱的安装位置及直径、反推杆设计等。

(7) 顺序分型机构分析　机构的动作原理，所组成的各种零件需满足的条件。

(8) 导向机构分析　采取何种导向、定位机构。对导柱导向机构而言，导柱布置、导柱长度、导柱结构及直径。

(9) 固定板、垫板　型腔分布的间距、型腔及型芯的固定形式、模板厚度的确定、螺钉和销钉的分布，模板平面尺寸的确定。

(10) 模具安装部位结构

在对以上内容进行分析时，根据需要对模具进行拆卸装配。具体拆卸装配方法和步骤如下：

① 将动、定模分开置于钳工桌上，观察模腔形状与结构，分析分型面，推测制品结构和形状；

② 拆卸定模零件、注意相关零件之间的配合及位置关系，测量主要零件的尺寸，并作记录；

③ 拆卸动模零件之前，注意观察脱模机构的组成，顶出距离，各相关零件之间的配合及位置关系。然后拆卸动模零件，测量主要零件的尺寸，并作记录；

④ 将动模部分和定模部分分别组装成一个整体，装配时注意零件的方向和位置，不得搞错方向或装反，一边组装一边检查，注意零件的编号位置等。装配前用干净棉纱擦净零件；

⑤ 将动模与定模合模，完成装配工作。注意合模时不得搞错方位；

⑥ 在拆卸和装配时，要正确地使用工具，不能用榔头直接敲击模具零件，只能用铜棒敲击或垫上木板敲击；

⑦ 拆卸、装配模具时，应听从教师的指导。对违反操作，损坏模具零件者，需做出赔偿。注意安全操作，以免造成事故。

6.2.2 实验报告

实验报告应包括下列内容：

(1) 实验目的与内容；

(2) 根据测量的数据，完成模具主要零件的零件草图和注塑模装配图（比例为 1∶1 或 1∶2），装配图上标出必要的尺寸和主要部位的配合性质；

(3) 对你所拆装的模具，提出自己的看法，论述其设计的合理之处及需改进之处。有无更好的设计方案（整体或局部）。

(4) 解答思考题。

6.2.3 思考题

(1) 你所拆卸和装配的模具的结构特点是什么？

(2) 拆卸和装配模具时，特别要注意什么问题？

(3) 注射模具主要零件有哪些，它们的功用如何？

(4) 你经过注塑模的拆卸与装配后，有什么心得体会？

附表 1

常见标准化质量名称与废弃名称的对照表

标准化名称	废弃的名称	说明
质量	重量	在科学技术中，重量表达的是力的概念，其单位为 N，而质量的单位为 kg，二者不可混淆。只在人民生活和贸易中，质量习惯称为重量，但国家标准不赞成这种习惯
体积质量，密度	比重	历史上"比重"有多种含义；当其单位为 kg/m^3，应称为体积质量：当其单位为 1，即表示在相同条件下，某一物质的体积质量与另一参考物质的体积质量之比时，应称为相对体积质量
相对体积质量，相对密度		
质量体积，比体积	比容	—
线质量，线密度	纤度	—
热力学温度	绝对温度，开氏温度	—
质量热容，比热容	比热	定义为热容除以质量，单位为 J/(kg·K)
质量定压热容，比定压热容	定压比热容，恒压热容	定义为定压热容除以质量，单位为 J/(kg·K)。称为定压比热容违背"比字加在量的名称前用以指该量被质量除所得的商"这一规定
传热系数	给热系数，换热系数	
等熵指数	绝热指数	
表面传热系数	对流放热系数，放热系数	
电流	电流强度	单位为 A
相对原子质量	原子量	二量的单位为 1
相对分子质量	分子量	
分子质量		单位为 kg，常用 u
物质的量	摩尔数，克原子数，克分子数，克离子数，克当量数	单位为 mol，"摩尔数"是在量的单位名称"摩尔"后加上"数"字组成的量名称，这类做法是错误的。使用"物质的量"及其导出量时必须指明基本单元
摩尔分数或摩尔比	克分子比，摩尔百分数，克分子百分数	—
摩尔质量	克分子量，克原子量，克离子量	—
质量摩尔浓度	重量克分子浓度，重量摩尔浓度	—
质量分数	重量百分数，质量百分比浓度，浓度	单位为 1，是某物质的质量与混合物的质量之比
体积分数	体积百分比浓度，体积百分含量，浓度	单位为 1，是某物质的体积与混合物的体积之比
质量浓度	浓度	单位为 kg/m^3，是某物质的质量除以混合物的体积
浓度，物质的量浓度	摩尔浓度，克分子浓度，体积克分子浓度，当量浓度	单位为 mol/m^3，常用 mol/L。是某物质的物质的量除以混合物的体积
摩尔热容	克分子热容	—
摩尔气体常数	克分子气体常数	—
发光强度	光强度	—
(光)亮度	发光率	—
折射率	折射系数	—

附表 2

常用已废弃单位和正确单位的对照表

正确单位		已废弃单位	
单位名称	符号	单位名称	符号
微米	μm	微(米)	μ
飞[姆托]米	fm	费密	Fermi
牛[吨]	N	达因	dyn
		千克力	kgf
		吨力	tf
帕[斯卡]	Pa	标准大气压	atm
		工程大气压	at
		托	Torr
		毫米汞柱	mmHg
		毫米水柱	mmH_2O
帕[斯卡]秒	Pa·s	泊	P
二次方米每秒	m^2/s	斯[托克斯]	St
		厘斯	cSt
立方厘米	M^3	西西	cc
焦[耳]	J	尔格	erg
		卡	cal
		大卡	Kcal
千瓦[小]时	kW·h	度(电能)	
瓦[特]	W	马力	
摩[尔]每升	mol/L	体积克分子浓度	M
摩[尔]每升	mol/L	当量浓度	N

附表 3

常用法定计量单位及其换算

物理量名称	法定计量单位		非法定计量单位		单位换算
	单位名称	单位符号	单位名称	单位符号	
长度	米	m	费密		1 费米＝1fm＝10^{-15}m
	海里	n mile	埃	Å	1 Å＝0.1nm＝10^{-10}m
			码	yd	1yd＝0.9144m
			[市]里		1 里＝100m
			丈		1 丈＝(10/3)m
			尺		1 尺＝(1/3)m
			寸		1 寸＝(1/30)m
			[市]分		1 分＝(1/300)m
			英尺	ft	1ft＝0.3048m
			英寸	in	1in＝0.0254m
			英里	mile	1mile＝1609.344m
			密耳	mil	1mil＝25.4×10^{-6}m
面积	平方米	m^2	公亩	a	1a＝100m^2
	公顷	hm^2	平方英尺	ft^2	1ft^2＝0.092903m^2
	平方米	m^2	平方英寸	in^2	1in^2＝6.4516×$10^{-4}$$m^2$
	公顷	hm^2	平方英里	$mile^2$	1$mile^2$＝2.58999×$10^6$$m^2$
			平方码	yd^2	1yd^2＝0.836127m^2
			英亩	acre	1acre＝4046.856m^2
			亩		1 亩＝10000/15m^2＝666.6m^2
体积	立方米	m^3	立方英尺	ft^3	1ft^3＝0.0283168m^3
	升	L,(l)	立方英寸	in^3	1in^3＝1.63871×$10^{-5}$$m^3$
			立方码	yd^3	1yd^3＝0.7645549m^3
			英加仑	UKgal	1Ukgal＝4.54609dm^3
			美加仑	USgal	1USgal＝3.78541dm^3
			英品脱	UKpt	1Ukpt＝0.568261dm^3
			美液品脱	USliqpt	1Usliqpt＝0.4731765dm^3
			美干品脱	USdrypt	1Usdrypt＝0.5506105dm^3
			美桶 (用于石油)		1 美桶＝158.9873dm^3
			英液盎司	UKfloz	1Ukfloz＝28.41306cm^3
			美液盎司		1Usfloz＝29.57353cm^3
速度	米每秒	m/s	英尺每秒	ft/s	1ft/s＝0.3048m/s
			英里每[小]时	mile/h	1mile/h＝0.44704m/s
加速度	米每二次方秒	m/s^2	英尺每二次方秒	ft/s^2	1ft/s^2＝0.3048m/s^2
			伽	Gal	1Gal＝0.01m/s^2
质量	千克(公斤)	Kg	磅	lb	1lb＝0.45359237kg
	吨	T	英担	cwt	1cwt＝50.8023kg
	原子质量单位	u	英吨	ton	1 ton＝1016.05kg
			短吨	sh ton	1sh ton＝907.185kg
			盎司	oz	1oz＝28.3495g
			格令	gr	1gr＝0.06479891g
			夸特	qr · qtr	1qr＝12.7006kg
			[米制]克拉		1[米制]克拉＝2×10^{-4}kg
体积质量 [质量]密度	千克每立方米	kg/m^3	磅每立方英尺	lb/ft^3	1lb/ft^3＝16.0185kg/m^3
	吨每立方米	t/m^3	磅每立方英寸	lb/in^3	1lb/in^3＝27679.9kg/m^3
	千克每升	kg/L	盎司每立方英寸	oz/in^3	1oz/ in^3＝1729.99kg/m^3

续表

物理量名称	法定计量单位		非法定计量单位		单位换算
	单位名称	单位符号	单位名称	单位符号	
质量体积 比体积	立方米每千克	m^3/kg	立方英尺每磅 立方英寸每磅	ft^3/lb in^3/lb	$1ft^3/lb=0.0624280m^3/kg$ $1in^3/lb=3.61273\times10^{-5}m^3/kg$
线质量 线密度	千克每米 特[克斯]	kg/m tex	旦[尼尔] 磅每英尺 磅每英寸 磅每码	den lb/ft lb/in lb/yd	$1den=0.111112\times10^{-6}kg/m$ 1lb/ft=1.48816kg/m 1lb/in=17.8580kg/m 1lb/yd=0.496055kg/m
转动惯量	千克二次方米	$kg\cdot m^2$	磅二次方英尺 磅二次方英寸 盎司二次方英寸	$lb\cdot ft^2$ $lb\cdot in^2$ $oz\cdot in^2$	$1lb\cdot ft^2=0.0421401kg\cdot m^2$ $1lb\cdot in^2=2.92640\times10^{-4}kg\cdot m^2$ $1oz\cdot in^2=1.82900\times10^{-5}kg\cdot m^2$
动量	千克米每秒	kg·m/s	磅英尺每秒 达因秒	lb·ft/s dyn·s	1lb·ft/s=0.138255kg·m/s $1dyn\cdot s=10^{-5}kg\cdot m/s$
力	牛[顿]	N	达因 千克力 磅力 吨力 盎司力 磅达	dyn kgf lbf tf ozf pdl	$1dyn=10^{-5}N$ 1kgf=9.80665N 1lbf=4.44822N $1tf=9.80665\times10^3N$ 1ozf=0.278014N 1 pdl=0.138255N
动量矩 角动量	千克二次方米每秒	$kg\cdot m^2/s$	磅二次方英尺每秒	$lb\cdot ft^2/s$	$lb\cdot ft^2/s=0.0421401kg\cdot m^2/s$
力矩 力偶矩 转矩	牛[顿]米	N·m	千克力米 磅力英尺 磅力英寸 达因厘米 盎司力英寸	kgf·m lbf·ft lbf·in dyn·cm ozf·in	1kgf·m=9.80665N·m 1lbf·ft=1.35582N·m 1lbf·in=0.112985N·m $1dyn\cdot cm=10^{-7}N\cdot m$ $1ozf\cdot in=7.06155\times10^{-3}N\cdot m$
压力 压强 正应力 切应力	帕[斯卡]	Pa	达因每平方厘米 英寸汞柱 英寸水柱 巴 千克力每平方厘米 毫米水柱 毫米汞柱 托 工程大气压 标准大气压 磅力每平方英尺 磅力每平方英寸	dyn/cm^2 inHg inH_2O bar kgf/cm^2 mmH_2O mmHg Torr at atm lbf/ft^2 lbf/in^2	$1dyn/cm^2=0.1Pa$ 1inHg=3386.39Pa $1inH_2O=249.082Pa$ $1bar=10^5Pa$ $1kgf/cm^2=0.0980665MPa$ $1mmH_2O=9.80665Pa$ 1mmHg=133.322Pa 1Torr=133.322Pa 1at=98066.5Pa 1atm=101325Pa $1lbf/ft^2=47.8803Pa$ $1lbf/in^2=6894.76Pa$ =6.89476kPa
[动力]黏度	帕[斯卡]秒	Pa·s	泊 厘泊 千克力秒每平方米 磅力秒每平方英尺 磅力秒每平方英寸	P,Po cP $kgf\cdot s/m^2$ $lbf\cdot s/ft^2$ $lbf\cdot s/in^2$	$1P=10^{-1}Pa\cdot s$ $1cP=10^{-3}Pa\cdot s$ $1kgf\cdot s/m^2=9.80665Pa\cdot s$ $1lbf\cdot s/ft^2=47.8803Pa\cdot s$ $1lbf\cdot s/in^2=6894.76Pa\cdot s$
运动黏度	二次方米每秒	m^2/S	斯[托克斯] 厘斯[托克斯] 二次方英尺每秒 二次方英寸每秒	St cSt ft^2/s in^2/s	$1St=10^{-4}m^2/s$ $1cSt=10^{-6}m^2/s$ $1ft^2/s=9.29030\times10^{-2}m^2/s$ $1in^2/s=6.4516\times10^{-4}m^2/s$

物理量名称	法定计量单位		非法定计量单位		单位换算
	单位名称	单位符号	单位名称	单位符号	
能[量] 功 热	焦[耳] 电子伏	J eV	尔格	erg	$1erg=10^{-7}J$
			千克力米	kgf·m	1kgf·m=9.80665J
			英马力[小]时	hp·h	1hp·h=2.68452MJ
			卡	cal	1cal=4.1868J
			热化学卡	cal_{th}	$1cal_{th}$=4.1840J
			马力[小]时		1 马力·时=2.64779MJ
			电工马力[小]时		1 电工马力·时=2.68560MJ
			英热单位	Btu	1Btu=1055.06 J=1.05506kJ
			吨标准煤,吨当量煤	tec	1tec=29.3076GJ
			英尺磅力	ft·1bf	1ft·1bf=1.35582J
功率	瓦[特]	W	千克力米每秒	kgf·m/s	1kgf·m/s=9.80665W
			马力,[米制]马力	法 ch,CV;德 PS	1马力=735.499W
			英马力	hp	1hp=745.700W
			电工马力		1电工马力=746W
			卡每秒	cal/s	1cal/s=4.1868W
			千卡每[小]时	kcal/h	1kcal/h=1.163W
			热化学卡每秒	cal_{th}/s	$1cal_{th}/s$=4.184W
			英尺磅力每秒	ft·1bf/s	1ft·1bf/s=1.35582W
			尔格每秒	erg/s	$1erg/s=10^{-7}W$
质量流量	千克每秒	kg/s	磅每秒	1b/s	11b/s=0.453592kg/s
			磅每[小]时	1b/h	$11b/h =1.25998\times10^{-4}kg/s$
体积流量	立方米每秒 升每秒	m^3/s L/s	立方英尺每秒	ft^3/s	$1ft^3/s=0.0283168m^3/s$
			立方英寸每[小]时	in^3/h	$1in^3/h=4.55196\times10^{-6}L/s$
热力学温度 摄氏温度	开[尔文] 摄氏度	K ℃			表示温度差和温度间隔时： 1℃=1K 表示温度数值时： t/c−(T/K)−273.15
			华氏度	°F	表示温度差和温度间隔时： 1°F=5K/9 表示温度数值时： T/K=5[(θ/°F)+459.67]/9 T/c=5[(θ/°F)−32]/9
			兰氏度	°R	表示温度差和温度间隔时： 1°R=5K/9 表示温度数值时： T/K=5Θ/9°R t/c=5[(Θ/°R)−491.67]/9
热导率 (导热系数)	瓦[特]每米平方[尔文]	W/(m·K)	卡每厘米秒开[尔文]	cal/(cm·s·K)	1cal/(cm·s·K)=418.68 W/(m·K)
			千卡每米[小]时开[尔文]	kcal/(m·h·K)	1kcal/(m·h·K)=1.163 W/(m·K)
				$Btu/(ft^2·h·F)$	$1Btu/(ft^2·h·F)$=1.73073 W/(m·K)

续表

物理量名称	法定计量单位		非法定计量单位		单位符号
	单位换算	单位名称	单位符号	单位名称	
传热系数 表面传热系数	瓦[特]每平方米[尔文]	W/(m² · K)	卡每平方厘米秒开[尔文] 千卡每平方米[小]时开[尔文] 英热单位每平方英尺[小]时华氏度 尔格每平方厘米秒开[尔文]	cal/(cm · s · K) kcal/(m · h · K) Btu/(ft² · h · F) erg/(cm² · s · K)	1cal/(cm² · s · K)=418.68 W/(m² · K) 1kcal/(m² · h · K)=1.163 W/(m² · K) 1Btu/(ft² · h · F)=5.67826 W/(m² · K) 1erg/(cm² · s · K) =0.001 W/(m² · K)
热容 熵	焦[耳]每开[尔文]	J/K	克劳	kcal/(kg · K) $kcal_{th}$/(kg · K) Btu/(lb · F)	1kcal/(kg · K) =4186.8 J/(kg · K) 1kcalth/(kg · K)=4184J/kg J/(kg · K) 1Btu/(lb · F)=2326 J/(kg · K)
质量比热 比热容,比熵	焦[耳]每开[尔文]	J/(kg · K)	英热单位每磅兰氏度 尔格每克开	Btu/(lb · °R) erg/(g · K)	1Btu/(lb · °R)= 4186.8J/(kg · K) 1erg/(g · K)=10^{-4} J/(kg · K)
质量能 比热 质量焓 比焓	焦[耳]每千克	J/kg	千卡每千克 热化学千卡每千克 英热单位每磅 尔格每克	kcal/kg $kcal_{th}$/kg Btu/lb Erg/g	1kcal/kg=4186.8J/kg 1$kcal_{th}$/kg=4184J/kg 1Btu/lb=2326J/kg 1erg/g=10^{-4}J/kg
磁场强度	安[培]每米	A/m	奥斯特	Oe	1 Oe=79.5775A/m
磁通[量]密度 磁感应强度	特[斯拉]	T	高斯	Gs,G	1Gs=10^{-4}T
磁通[量]	韦[伯]	Wb	麦克斯韦	Mx	LMx=10^{-8}Wb
电导	西[门子]	S	欧姆	Ω	1Ω=1s
[光]亮度	坎[德拉]每平方米	cd/m²	尼特	nt	1nt=1cd/m²
[光]照度	勒[克斯]	lx	幅透 英尺烛光	Ph fc	1ph=10^4lx 1fc=10.764lx

内 容 提 要

本书是根据教育部高分子材料加工工程本科专业实验教学大纲编写而成。共分6章，分别介绍基础知识、成型工艺性能、制品性能、成型加工方法、设备与模具特性等57个实验方法。

可供本科生、研究生和进修学生使用。

每个实验包括实验原理、原材料规格、主要仪器设备、实验步骤、实验结果与实验报告，最后还有思考题。使学生通过实验达到了解原理，能独立操作，写出实验报告。

本书可供材料专业本科生，研究生用实验教材，也可供企业单位技术人员进修学习用书。